JN100068

改訂新版

Spring Framework

超入門

やさしくわかる
Webアプリ開発

樹下雅章
Masaaki Kinoshita

技術評論社

はじめに

　ITの世界は新しい言葉が多く、初めて学ぶ方には難しく感じることがあります。そんな中、多くの方がチャレンジする気持ちを持っても、難しい専門用語や前提知識の壁にぶつかり、途中で挫折してしまうことがあります。

　この本は、そんな挑戦者たちを応援するために執筆しました。Javaの基本を学んだばかりの方でも、スムーズに「Spring Framework」という新しい技術の世界へ一歩踏み出せるように、とてもわかりやすい言葉で説明しました。

　本書では、複雑な技術を簡単な図や現実世界の例を使って説明し、Springを使用した「Webアプリケーション」の作り方を一緒に学びます。難しい用語が出てきたら、その都度、簡単な言葉で何を意味するのかを解説していくため、学習が進むにつれて自然と理解が深まります。

　この本を通じて、ビギナーの方々が「Spring Framework」の基本をしっかりと理解し、自分の力でWebアプリケーションを作れるようになることを目指しています。学ぶ過程で大切なのは、最初から全てを完璧に理解しようとせず、新しいことを少しずつ吸収していく楽しさを感じることです。この本が、「学びの旅の地図」となり、皆さんが技術の世界で一歩前進する手助けになれば幸いです。

　「Spring Framework」にすでに詳しい方には、この本がとても簡単に感じられるかもしれません。しかし、ビギナーの方々が途中で挫折することなく、最後まで楽しく学べるように作りました。

　前回の本がたくさんの方に支持され、改訂版を出すことができたのは、本当に嬉しいニュースです。この新しい版では、もっとわかりやすく、実際に使える知識を身につけられるように改善しました。そして、最後まで頑張って学習してくれた方のために、特別なボーナスも用意しています。

　この本が、ITの世界で新しい一歩を踏み出す「あなた」をサポートできることを願っています。一緒に学び、成長していきましょう。

2024年2月

樹下 雅章

Spring Frameworkについて知ろう

基礎知識を身に付けよう

第 3 章

Spring Framework の コア機能（DI）を知ろう

第4章 Spring Frameworkの コア機能（AOP）を知ろう

第 **5** 章

MVC モデルを知ろう

第 **6** 章

テンプレートエンジン (Thymeleaf) を知ろう

第 7 章 サーバーにデータを送信する方法を学ぼう

第8章　バリデーション機能について知ろう

O/Rマッパー（MyBatis）を知ろう

第 10 章 アプリの作成準備を行おう

第 11 章 アプリを作成しよう（データベース操作）

第 **12** 章
アプリを作成しよう
（サービス処理）

第 13 章

アプリを作成しよう（アプリケーション層）

第14章 入力チェックを実装しよう

第15章 ログイン認証を実装しよう

第 1 章

Spring Framework について知ろう

1-1 Springの概要について 知ろう

この章では、現時点でJavaの主要フレームワークと言われる「Spring Framework」について、「Java基礎文法を知っているビギナーの方」を対象に、なるべく簡単に説明します。その後、本書で実施するハンズオンの開発環境構築を行います。この章を読み終わった後に「Spring Frameworkのイメージ」を何となく掴んで頂けたら幸いです。

1-1-1 フレームワークとは？

まず、フレームワークとは何でしょうか？フレームワークとは、簡単に言うとソフトウェアやアプリケーション開発を行う事を簡単にする「骨組み」です（図1.1）。

フレームワークのメリットとして、フレームワークが必要最低限の機能を提供してくれるため、自分ですべての機能を作成する必要がなく、アプリケーションの開発にかかる時間とコストを削減できます。デメリットとして、フレームワークを利用する開発では、フレームワーク特有の使用方法（ルール）を理解する必要があります。

図1.1 フレームワークのイメージ

メリット
骨組みが既に機能を
提供してくれている

デメリット
骨組みが提供している機能の
使用方法を理解する必要がある

骨組み

1-1-2 Spring と Spring Frameworkとは？

「Spring」と「Spring Framework」は、しばしば同じ意味で使われますが、厳密には少し違います。Spring Frameworkは、Java開発におけるフレームワークで、依存性の注入（DI）やアスペクト

指向プログラミング（AOP）などの機能を提供します[注1]。Spring Frameworkは、「Spring」のコア機能です。

　一方、Springは、「Spring Framework」を含む、多くの機能を提供する「フレームワークの集合体」を指します（**図1.2**）。

図1.2　Springの全体像

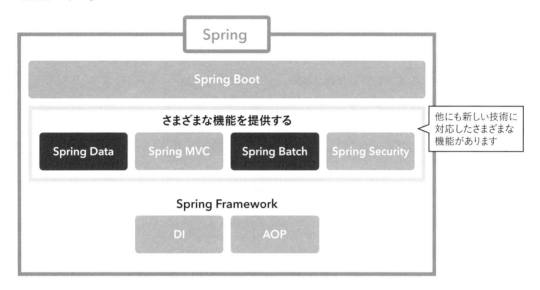

各フレームワークの概要を以下に示します。

○ Spring Boot

Springアプリケーションを煩雑な設定をせず迅速に作成する機能を提供します。

○ Spring Data

データアクセスに対する機能を提供します。

○ Spring MVC

Webアプリケーションを簡単に作成する機能を提供します。

○ Spring Batch

バッチ処理機能[注2]を提供します。

○ Spring Security

認証/認可・セキュリティ関連の機能を提供します。

（注1）　DIやAOPについては、後ほど詳しく説明しますので今はワードだけ印象付けしてください。
（注2）　バッチ処理とは、一連のタスクやデータ処理を自動的に一括で行うことです。

Spring Framework

- DI

  依存性注入の機能を提供します。

- AOP

  アスペクト指向プログラミングの機能を提供します。

　本書で扱う機能は、主に「Spring Boot」、「Spring MVC」、「DI」、「AOP」、「Spring Security」になります。詳しい説明は対応する各章にて説明しますので、現時点では「Spring」とは様々な機能（フレームワーク）を提供してくれるフレームワークの集合体だとイメージしてください。

Column │ サンプルファイルを利用しよう

　本書の学習方法としてお薦めする方法は、技術評論社の本書サポートページ（https://gihyo.jp/book/2024/978-4-297-14049-6/support）から、提供されている「リスト」をダウンロードして、ファイルに各リストを貼り付ける方法です。

　リストは動作確認済みです。まずはアプリケーションが動くことを確認し、その後、ご自身でコードについて学習することで、打ち間違いによるアプリケーションが動かないストレスから解放されます。

　ステップとしては以下がお薦めです。

- リストを使用してアプリケーションを動かす
- 各ソースコードに自分のメモをコメントで記述する
- 各ファイルの繋がりを意識するために、変数やクラス名などを自分なりに修正する

　学習方法の効率的な方法としてお話させて頂きました。

1-2 開発環境の構築をしよう（IDE）

プログラミング開発を快適に行うツールとして、「統合開発環境」というものがあります。英語では「Integrated Development Environment」略して「IDE」と呼ばれています。本書では、Javaの統合開発環境であるeclipseに対して便利な機能が既に取り込まれている「Pleiades All in One」を使用します。

1-2-1 IDEのインストール

☐ ダウンロード

「Pleiades All in One」のサイト（https://willbrains.jp/）を表示します。「Pleiades All in Oneダウンロード」のeclipseバージョン「最新版のアイコン」（本書執筆時点では、eclipse 2023）を押し、ダウンロード画面を表示します。「JavaのFull Edition」をダウンロードします（**図1.3**）。

図1.3 ダウンロード

		Platform	Ultimate	Java	C/C++	PHP	Python
Windows 64bit 32bit は 2018-09 で終了	Full Edition	Download	Download	Download	Download	Download	Download
	Standard Edition	Download	Download	Download	Download	Download	Download
Mac 64bit Mac 版について (Qiita)	Full Edition	Download	Download	Download	Download	Download	Download
	Standard Edition	Download	Download	Download	Download	Download	Download

　リンクを押すとダウンロードが始まり、exeファイルがダウンロードされます。本書はWindows x64を使用しているので「pleiades-2023-12-java-win-64bit-jre_20240218.exe」をダウンロードしました（2024年2月時点）。

　他OSを利用して本書を参照してくれている読者の方は、ご自身の端末にあったIDEをダウンロードお願いします。以降、本書はWindows端末での説明になります。

☐ インストール

　ダウンロードしたファイルをダブルクリックすると「自己解凍書庫」画面が表示されます。「Windowsによって PCが保護されました」という画面が表示された場合は、「詳細情報」リンクをクリック後、表示される「実行」ボタンをクリックしてください。作成先フォルダにこだわりがなければ、デフォルトのまま「解凍」ボタンを押します（**図1.4**）。

図1.4 解凍

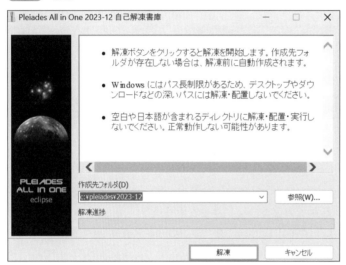

☐ 起動確認

　インストール先の「C:¥pleiades¥2023-12¥eclipse」フォルダ配下の「eclipse.exe」をダブルクリックし、IDEを起動します（**図1.5**）。起動直後、「ワークスペースとしてのディレクトリー選択」画面が表示されます。ソースコードなどのファイルを保存する場所（ワークスペース）を設定し、「この選択をデフォルトとして使用し、今後この質問を表示しない」にチェックを入れ、「起動」を押します（**図1.6**）。日本語化された eclipse の画面が表示されます（**図1.7**）。

図1.5 起動確認

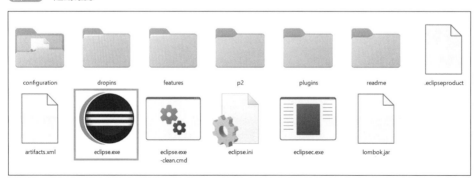

図1.6 起動確認2

図1.7 起動確認3

外観の変更（任意）

　背景色などの外観を変更したい場合は、eclipse画面の上にある「ウィンドウ」→「設定」で表示される設定画面に「外観」と入力し、「一般」→「外観」→「ルック＆フィール」に「ライト」と設定します（**図1.8**）。

図1.8 外観の変更

「適用して閉じる」ボタンを押すと、再起動を促されますので、「再開」ボタンを押します（**図1.9**）。

図1.9 外観の変更2

eclipseが再起動され、外観が変更されました（**図1.10**）。

図1.10 外観の変更3

「Pleiades All in One」には既にJava言語開発に必要な「JDK^{（注3）}」が内包されているため、自身で「JDK」をインストールする必要はありません。

（**注3**）　JDK（Java Development Kit）は、Javaプログラムを作成、コンパイル、実行するために必要なソフトウェアです。

1-3 開発環境の構築をしよう（PostgreSQL）

データベースを簡単に説明するとデータを保存しておく「場所」です。本書ではデータベースに「PostgreSQL」を使います。「PostgreSQL」はオープンソースのリレーショナルデータベース管理システム（略すとRDBMS）です。「PostgreSQL」はオープンソースのライセンスの中でも非常に緩やかなライセンスを採用しているため、用途を問わず無料で利用できます。では早速「PostgreSQL」のインストールを行いましょう。

1-3-1 PostgreSQLのインストール

ダウンロード

　ブラウザを立ち上げ、「日本PostgreSQLユーザー会」ホームページ内の「PostgreSQLダウンロードサイト」（https://www.postgresql.jp/download）を表示します（図1.11）。
　「Windows」のURLリンクを押し、表示された画面で「Download the installer」リンクを押します（図1.12）。Version「16.2」の「Windows x86-64」の「Download」アイコンを押します（図1.13）。ここでは「postgresql-16.2-1-windows-x64.exe」がダウンロードされました（2024年2月時点）。

図1.11 インストール

ダウンロードリンク

PostgreSQLのWindowsインストーラ、Linuxディストリビューション・パッケージ、ソースアーカイブ等のサイトへのリンク集です。

OS	URL
Windows	https://www.postgresql.org/download/windows/
Linux (yum)	http://yum.postgresql.org/repopackages.php

図1.12 インストール2

Windows installers

Interactive installer by EDB

Download the installer certified by EDB for all supported PostgreSQL versions.

Note! This installer is hosted by EDB and not on the PostgreSQL community servers. contact webmaster@enterprisedb.com.

図 1.13　インストール3

PostgreSQL Version	Linux x86-64	Linux x86-32	Mac OS X	Windows x86-64
16.2	postgresql.org ☐	postgresql.org ☐	⬇	⬇

☐ インストール

ダウンロードされた「postgresql-16.2-1-windows-x64.exe」をダブルクリックします。

インストール設定が開始されます。「Next」を押し、インストールを進めます。「Installation Directoryの設定」→「Select Componentsの選択」→「Data Directory」の設定まではデフォルトのままにして「Next」を押します。

Postgresデータベース管理者のパスワードの設定画面が表示されます。「パスワード」、「パスワードの確認」にパスワードを入力し、「Next」を押します。本書では「postgres」と設定しました（**図1.14**）。

図 1.14　インストール4

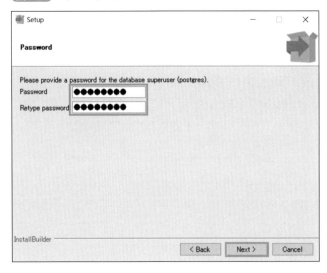

ポート番号の設定です。デフォルト「5432」のままで問題ない場合は、「Next」を押します（**図1.15**）。

図1.15 インストール5

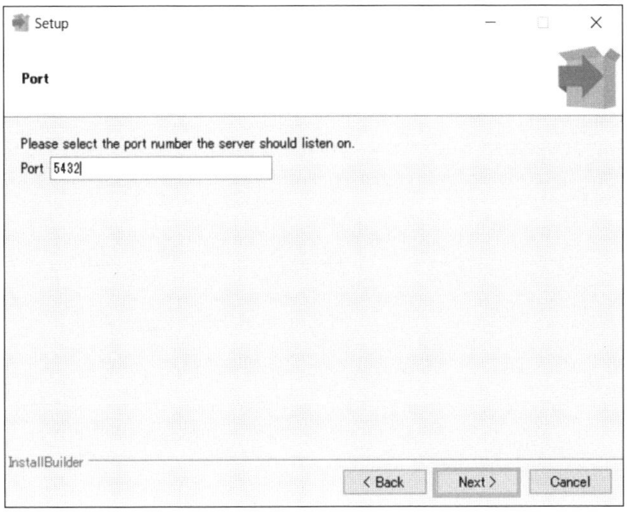

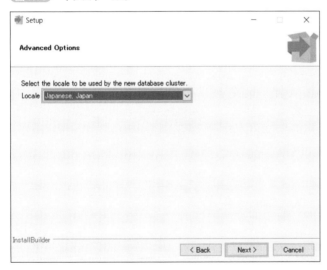

ロケールの設定で「Japanese, Japan」を選択後（**図1.16**）、「Next」を押し設定内容の確認画面で問題なければ、そのまま「Next」を押し画面を進めると、インストールが始まります。

図1.16 インストール6

インストールが完了したら、引き続き「Stack Builder」が起動され、コンポーネントを追加インストールするかを選択するためのチェックボックスが表示されます。今回は追加インストールしないため、チェックを外し「Finish」を押します（**図1.17**）。

図1.17 インストール7

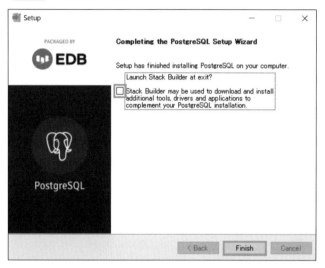

PostgreSQLのインストールが完了しました。

☐ 確認

Windows画面の左下の検索バーに「pgadmin」と入力し（**図1.18**）、象のアイコンが表示され
たら無事インストールが完了しています（**図1.19**）。

図1.18 確認   **図1.19** 確認2

第 2 章

基礎知識を身に付けよう

2-1 Javaの基礎知識を 復習しよう

「Spring Framework」の具体的な説明に入る前準備として、「Javaの基礎知識」から「インターフェース」と「依存性」について確認しましょう。後のハンズオンを実施するための必須知識となるため、既に知っている方も復習を兼ねて参照をお願いします。

2-1-1 インターフェースとは？

Javaにはクラスに含まれるメソッドの具体的な処理内容は記述せず、定数とメソッドの型のみを定義したインターフェースというものがあります。インターフェースを使用するメリットに関しては、「2-1-3 依存性とは？」にて説明しますので、ここではインターフェースの構文を説明します。

■ インターフェースの宣言

インターフェースを宣言するには、「interface」キーワードを使用します（リスト2.1）。

リスト2.1 インターフェース宣言

```
001:   public interface Greet {
002:       /**
003:        * 挨拶をする
004:        */
005:       void greeting();
006:   }
```

インターフェースは、他のクラスで実装することを前提に作成されています。そのためインターフェースで宣言したメソッドは、暗黙的に「public abstract」アクセス修飾子がつき、「抽象メソッド」と呼ばれます（リスト2.2）。リスト2.1の「インターフェース宣言」とリスト2.2の「暗黙的アクセス修飾子」は同じ意味の記述となります。

リスト2.2　暗黙的アクセス修飾子

```
001:  public interface Greet {
002:     /**
003:      * 挨拶をする
004:      */
005:     public abstract void greeting();
006:  }
```

　また、インターフェースで変数を宣言した場合、暗黙的に「public static final」修飾子がつき「定数」になります。

■ インターフェースの実装

　インターフェースを実装する時は「implements」キーワードを使用します。インターフェース実装時には、インターフェースで定義されている抽象メソッドをすべて実装する必要があり、実装しない場合は「コンパイルエラー」になります。インターフェースの抽象メソッドは、暗黙的に「public abstract」修飾子がつくので、実装時には「public」を宣言しておく必要があります（**リスト2.3**）。

リスト2.3　インターフェースを実装する

```
001:  public class MorningGreet implements Greet {
002:     @Override
003:     public void greeting() {
004:         System.out.println("おはようございます！");
005:     }
006:  }
```

　2行目の@Overrideは、「オーバーライドしてます」という注釈です。「オーバーライド」とは「スーパークラスやインターフェースのメソッドを継承や実装しているクラスで再定義すること」を意味します。

　つまり@Overrideをメソッドへ付与することで、「これはオーバーライドメソッドです。もしオーバーライドされていなければエラーです。」と教えてくれます。

2-1-2　コンパイルエラーとは？

　コンピュータがプログラムを実行するためには、人間が書いたプログラムのコードを、コンピュータが理解できる言語に変換する必要があります。この変換プロセスを「コンパイル」と言います（**図2.1**）。

図2.1 コンパイル

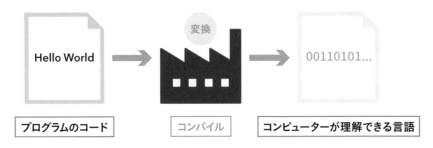

しかし、プログラムのコードに間違いや不足があると、コンパイルの過程でエラーメッセージが表示されることがあります。このようなエラーを「コンパイルエラー」と呼びます。コンパイルエラーの例と対処方法を以下に示します。

- 変数を使用する前に、変数を宣言していない
- 使用していないライブラリやモジュールを参照している
- 括弧「{}、()」やセミコロン「;」の不足や誤用

コンパイルエラーにどう対処するか？

コンパイルエラーは、「エラーメッセージ」をよく読むことで原因を特定できます。エラーメッセージには、どの行やどの部分で問題が発生しているのかが示されていることが多いです。

そのヒントを元に、コードの該当箇所を修正することで、エラーを解消できます。

コンパイルエラーは、プログラミング初心者にとっては難しく感じるかもしれませんが、エラーメッセージをしっかり読み、調査し、何が問題なのかを理解することで、スキルアップに繋がります。

エラーは怖がらず、解決する過程を名探偵のように調査してください。

2-1-3　依存性とは？

依存とは、あるものが他のものに頼っている、またはあるものが他のものなしでは存在や機能できない状態を指します。私達は日常生活の中で、電気や水道などのサービスに「依存」して生活しています。

プログラムを書くときに、「依存性」という言葉を聞いたことがありますでしょうか？ あるクラスやモジュール(注1)が、他のクラスやモジュールの機能や振る舞いに頼っていることを「依存性」といいます。

（注1）　モジュールとは、独立した機能や役割を持つソフトウェアの一部分を指します。大きなソフトウェアやプログラムを構成する小さな「部品」のようなものとイメージしてください。

「依存性」について、もう少し詳細に説明します。

まずプログラムには「使う側」と「使われる側」という関係があります（**図2.2**）。

図2.2　「使う側」と「使われる側」

| 使う側 | 使われる側 |

　使いたい機能を呼び出すには「使う側」クラスで「使われる側」クラスに対し「new」キーワードを使用してインスタンスを生成し参照を取得後、目的の機能を利用します。

　もし「使われる側」クラスが不要になって別の「使われる側」クラスを利用する場合、「使う側」クラスでは、「新たな使われる側」のクラス名及びメソッド名に書き換える作業が発生します。この書き換える箇所を「依存性がある」といいます。依存は「クラス依存（実装依存）」、「インターフェース依存」の2種類に分けることができます。

クラス依存（実装依存）

まずはクラス依存から説明します。

「使う側」クラスAで「使われる側」クラスBのメソッド「methodX」を呼んでみましょう（**図2.3**）。

- クラスAでnewキーワードを使用してクラスBインスタンスを生成します
- インスタンスからメソッド「methodX」を呼び出します

図2.3　クラス依存「インスタンスの生成」と「メソッドの呼び出し」

仕様変更があり、「使われる側」クラスを変更することになりました（**図2.4**）。新たに作成された「使われる側」クラスCを呼び出し、メソッド「methodY」を呼び出すように変更してください。

図2.4 クラス依存「使われる側」クラスの変更

みなさんなら、どのようにクラスAのメソッド「xxx」を修正しますか？
筆者なら**図2.5**のように修正します。

図2.5 クラス依存「使う側」クラスの3箇所の修正

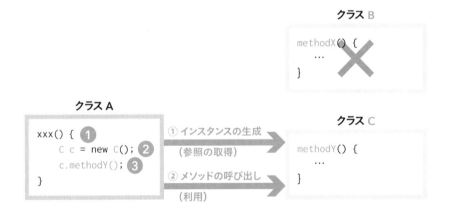

3箇所の修正がはいりました。このように、「使う側」クラスで「使われる側」クラスの型を直接記述してしまうと「使われる側」クラスを変更する場合、利用している箇所をすべて修正しなければなりません。修正箇所が増えればミスや修正漏れのリスクが高くなります。

もし修正箇所が数10箇所、数100箇所存在した場合、修正作業と修正による動作確認に掛かる時間は膨大になってしまいます。修正箇所が多いことを「依存性が高い」といいます。

インターフェース依存

次にインターフェース依存について説明します。

インターフェースIがあり、それを実装した「使われる側」クラスBがあります。「使う側」クラ

スAで、「使われる側」クラスBのメソッド「methodX」を呼んでみましょう（**図2.6**）。

- クラスAで**new**キーワードを使用してクラスBインスタンスを生成します
- インスタンスからメソッド「methodX」を呼び出します

注意点は「使う側」クラスAではインターフェースを型として利用することです！

図2.6 インターフェース依存「インスタンスの生成」と「メソッドの呼び出し」

```
        クラス A              インターフェース I                    クラス B  implements I

xxx() {                                                      methodX() {
    I i = new B();          methodX();   インターフェースIを実装      ...
    i.methodX();                                               }
}
```

　仕様変更があり、「使われる側」クラスを変更することになりました（**図2.7**）。新たに作成された「使われる側」クラスC（インターフェースIを実装）を呼び出し、メソッド「methodX」を呼び出すように変更してください。

図2.7 インターフェース依存「使われる側」クラスの変更

```
                                                            クラス B  implements I

        クラス A              インターフェース I                  methodX() {
                                        インターフェースIを実装        ...     ×
xxx() {                                                           }
    I i = new B();          methodX();
    i.methodX();                          インターフェースIを実装    クラス C  implements I
}
                                                                 methodX() {
                                                                    ...
                                                                 }
```

　みなさんなら、どのようにクラスAのメソッド「xxx」を修正しますか？筆者なら**図2.8**のように修正します。

図2.8 インターフェース依存「使う側」クラスの1箇所の修正

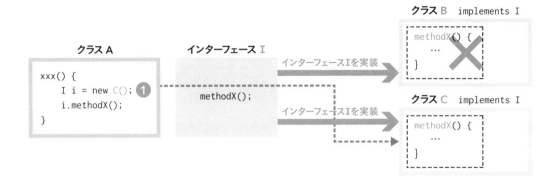

1箇所の修正がはいりました。このように、インターフェースを実装した「使われる側」クラスを変更する場合、以下のようなメリットがあります。

- インターフェースは参照を受け取る型として利用できるため、変数の型名を変更しなくて良い
- インターフェース宣言されたメソッドを利用すれば、クラスが変わってもメソッド名の変更が不要

このメリットから「クラス依存」より「インターフェース依存」を使用することで修正箇所を減らすことが可能です。修正箇所が少ないことを「依存性が低い」といいます。

2-1-4 インターフェース依存のプログラム作成

「計算処理」の役割を持つインターフェース、インターフェースを実装した「加算」と「減算」の処理を持つクラスを各々作成し、インターフェース依存の動きを確認してみましょう。

01 プロジェクトの作成

eclipseを起動し、メニューの左上から「ファイル」→「新規」→「その他」を選択します。ウィザードを選択で、「Java」→「Javaプロジェクト」を選択し、「次へ」を押します（**図2.9**）。

図2.9 プロジェクトの作成

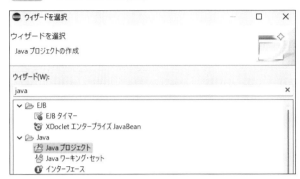

Javaプロジェクトの作成画面で、以下のように入力後「完了」ボタンを押します（**図2.10**）。すると、**図2.11**のようなプロジェクトが作成されます。

○ 設定内容

プロジェクト名	InterfaceSample
実行環境JREの使用	JavaSE-21

他はデフォルト設定のまま

図2.10 プロジェクトの作成2

図2.11 プロジェクトの作成3

※本書では「パッケージ・エクスプローラー」を
使用してプログラムを作成します。

02 「使われる側」インターフェースと実装クラスの作成

「InterfaceSample」の「src」フォルダを選択し、マウスを右クリックし、「新規」→「インター
フェース」を選択します（**図2.12**）。

図2.12 インターフェースの作成

Javaインターフェースの作成画面で、パッケージ名とインターフェース名を入力し、「完了」
ボタンを押します。パッケージ名は「used」、インターフェース名は「Calculator」と入力します（**図
2.13**）。「Calculator」インターフェースは「計算」を扱うインターフェースです。

図2.13 インターフェースの作成2

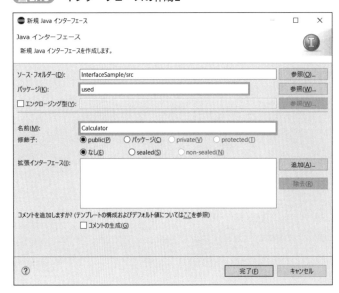

インターフェースの内容は**リスト 2.4**になります。13行目「calc」メソッドは「計算処理」を表します。

リスト 2.4 インターフェース

```
001:   package used;
002:
003:   /**
004:    * 計算処理
005:    */
006:   public interface Calculator {
007:       /**
008:        * 計算処理を実行する
009:        * @param x
010:        * @param y
011:        * @return 計算結果
012:        */
013:       Integer calc(Integer x, Integer y);
014:   }
```

次は実装クラスを作成します。パッケージ「used」を選択し、マウスを右クリックし、「新規」→「クラス」を選択し、「Calculator」インターフェースを実装した「AddCalc」クラスを作成します。「追加」ボタンを押し、インターフェースに「used.Calculator」を追加してクラスを作成します（**図2.14**）。同様に「Calculator」インターフェースを実装したクラス「SubCalc」を作成します。「AddCalc」クラスは「加算」、「SubCalc」クラスは「減算」を扱うクラスです。

図2.14 インターフェースの実装

「Calculator」実装クラス「AddCalc」、「SubCalc」の内容はそれぞれ**リスト2.5**、**リスト2.6**になります。

リスト2.5 実装クラス（加算）

```
001: package used;
002:
003: /**
004: * Calculator実装クラス<br>
005: * 加算を行う
006: */
007: public class AddCalc implements Calculator {
008:     @Override
009:     public Integer calc(Integer x, Integer y) {
010:         return x + y;
011:     }
012: }
```

リスト2.6 実装クラス（減算）

```
001: package used;
002:
003: /**
004: * Calculator実装クラス<br>
005: * 減算を行う
006: */
007: public class SubCalc implements Calculator {
008:     @Override
009:     public Integer calc(Integer x, Integer y) {
010:         return x - y;
011:     }
012: }
```

リスト2.5の10行目「calc」メソッドの処理内容（加算）を記述します。また、**リスト2.6**の10行目「calc」メソッドの処理内容（減算）を記述します。これで、「使われる側」インターフェースと実装クラスが作成されました。

03 「使う側」クラスの作成

「InterfaceSample」の「src」フォルダを選択し、マウスを右クリックし「新規」→「クラス」を選択し、「使う側」クラスを作成します。パッケージ名「use」、クラス名「Call」、「public static・・・」にチェックを入れてから、「完了」ボタンを押してください（**図2.15**）。

図2.15 使う側クラス

作成されたCallクラス（**リスト2.7**）に詳細にコメントを追加していますので、処理の内容はそちらを確認してください。「使う側」クラスが作成されました。

リスト2.7 使う側クラス

```
001:  package use;
002:
003:  import used.AddCalc;
004:  import used.Calculator;
005:
006:  /**
007:   * インターフェース依存を確認するためのクラス
008:   */
009:  public class Call {
010:      public static void main(String[] args) {
011:          // 加算クラスをインスタンス化
012:          Calculator calculator = new AddCalc();
013:          // メソッドを実行
014:          Integer result = calculator.calc(10, 5);
015:          // 結果の表示
016:          System.out.println("計算結果は「" + result + "」です。");
017:      }
018:  }
```

基礎知識を身に付けよう

2

04 アプリケーションの実行

　Javaファイル「Call」を選択し、マウスを右クリックし、「実行」→「Javaアプリケーション」を選択します。「AddCalc」の「calc」メソッド（加算）が実行され、コンソールに計算結果が表示されます（**図2.16**）。

図2.16 結果

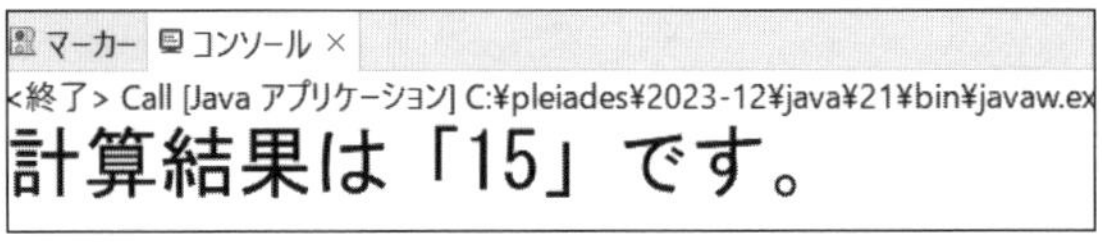

　「使われる側」クラスAddCalcからSubCalcに変更してみましょう。「Call」クラス内で使用している「AddCalc」を削除して、「SubCalc」に書き換えます（**リスト2.8**）。

リスト2.8 使う側クラスの修正

```
001:    /**
002:     * インターフェース依存を確認する
003:     */
004:    public class Call {
005:        public static void main(String[] args) {
006:            // 減算クラスをインスタンス化
007:            Calculator calculator = new SubCalc();
008:            // メソッドを実行
009:            Integer result = calculator.calc(10, 5);
010:            // 結果の表示
011:            System.out.println("計算結果は「" + result + "」です。");
012:        }
013:    }
```

　7行目「減算」を扱う「SubCalc」実装クラスをインスタンス化します。再度実行すると、「SubCalc」の「calc」メソッド（減算）が実行され、コンソールに計算結果が表示されます（**図2.17**）。

図2.17 結果

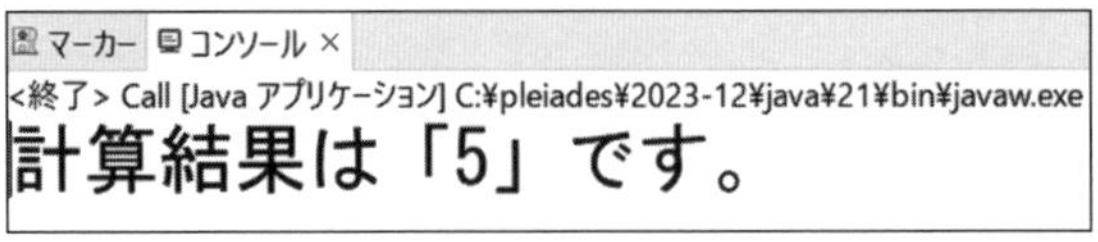

　「使う側」クラス上で1箇所修正することで、処理を切り替えることができました。Javaにおける依存性について何となくイメージすることができましたでしょうか？

　「インターフェース依存」で重要な箇所は「使う側」クラスから見ているのは、あくまでも「使わ

れる側」の「インターフェース」であるということです。この部分がオブジェクト指向プログラミングの基本的な概念の一つである「ポリモーフィズム」に繋がります。

2-1-5 ポリモーフィズムとは？

ポリモーフィズムは、言葉自体は「多態性」という意味を持ちます。内容は異なるオブジェクトが同じインターフェースやメソッドを共有し、それぞれ独自の実装を持つことを指します。この説明だとビギナーの方にはよくわからないと思いますので、現実世界の例でポリモーフィズムを例えてみます。

「リモコン」と「電気製品」の関係を考えてみてください、家にはさまざまな電気製品（テレビ、エアコン、オーディオ機器など）があり、それぞれの製品には専用のリモコンがあります。しかし、一般人は「リモコン」という一つのカテゴリーでこれらの専用リモコンを認識しています。

この「リモコン」というカテゴリーは、プログラミングの世界での「インターフェース」と考えることができます。そして、各リモコン（テレビのリモコン、エアコンのリモコンなど）は「実装クラス」と考えることができます。すべてのリモコンには「電源ボタン」があります。しかし、そのボタンを押すと、テレビは映像が表示され、エアコンは部屋が冷え始め、オーディオ機器は音が出る、というように、それぞれの製品で異なる動作をします。この「電源ボタン」の動作は、ポリモーフィズムの概念に似ています。異なるリモコンでも、同じ「電源ボタン」というインターフェースを使って、それぞれの製品特有の動作をするのです（**図2.18**）。ここでは、インターフェースを例にポリモーフィズムを説明しましたが、ポリモーフィズムは継承の「親クラス」を用いても使用できます。

図2.18 ポリモーフィズムのイメージ

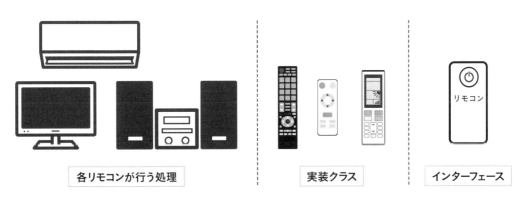

各リモコンが行う処理　　実装クラス　　インターフェース

基礎知識を身に付けよう

2

2-2 Webアプリケーション作成の必須知識を確認しよう

本書では「Spring Framework」を使用してWebアプリケーションの作成を学習していきますが、Webアプリケーションの作成は、残念ながらプログラム言語（本書ではJava）の知識だけで、作成することはできません。ここでは、「Webアプリケーション作成の必須知識」を説明します。既に知っている方も復習を兼ねて参照をお願いします。

2-2-1 クライアントとサーバー

まずは、「クライアント」と「サーバー」の関係を考えてみましょう。図2.19のとおり、「クライアント」とはサービスを受ける側、「サーバー」とはサービスを提供する側のことです。

サーバーがサービスを提供し、そのサービスをクライアントが使用するという関係性になります。

図2.19 「クライアント」と「サーバー」

2-2-2 アプリケーションとWebアプリケーション

「アプリケーション」とは「アプリケーションソフトウェア」の略語です。つまり「プログラミング言語で作成したソフトウェア」のことです。

「Webアプリケーション」とは「インターネット」を介して使うアプリケーションです。検索エンジン、通販サイト、e-ラーニングなど多くのアプリケーションが「Webアプリケーション」として世間に提供されています。

2-2-3　APサーバー

　「AP（アプリケーション）サーバー」とは「Webアプリケーション」を配置するサーバーです。「APサーバー」は常時稼働しており、「クライアント」からのアクセス（要求）を待ち続けています（**図2.20**）。

図2.20　「クライアント」と「APサーバー」

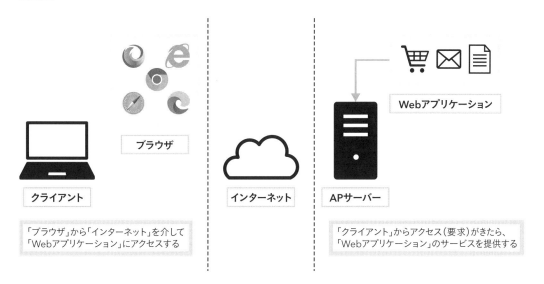

2-2-4　HTTP通信

　HTTP（HyperText Transfer Protocol：ハイパーテキスト・トランスファー・プロトコル）は、インターネット上で情報を送受信するためのプロトコル（通信のルール）です。

　「クライアント」と「APサーバー」は「HTTPリクエスト」と「HTTPレスポンス」でやり取りを行います。このことを「HTTP通信」といいます。簡単に考えるとリクエストは「要求」、レスポンスは「返答」です。「クライアント」からの「要求」に対して、「APサーバー」が「返答」します。

　HTTP通信の流れは以下になります（**図2.21**）。

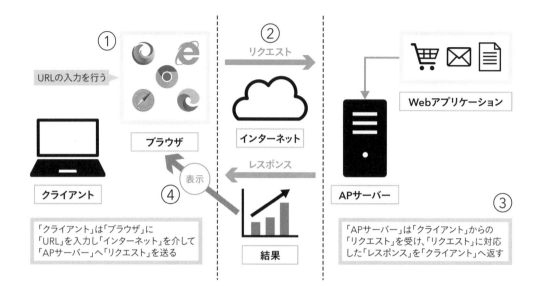

図2.21 「HTTP通信」の流れ

① 「クライアント」は「ブラウザ」にURLを入力します

② 「クライアント」から「APサーバー」に「HTTPリクエスト」が送信されます

③ 「APサーバー」は「HTTPリクエスト」を受け、「HTTPリクエスト」に対応した「HTTPレスポンス」を「クライアント」へ返します

④ 「ブラウザ」は受け取ったレスポンスを表示し、「クライアント」はそれを確認できます

2-2-5 GETメソッドとPOSTメソッド

「GETメソッド」と「POSTメソッド」は「HTTPリクエスト」の種類です。

「GETメソッド」は「ブラウザ」から「サーバー」に値を渡す時に、URLの後ろに値を足して送ることができます。URLの後ろに足される情報を「クエリストリング」または「クエリ文字列」と呼びます。「クエリストリング」の特徴は以下の3つになります。

- URLの末尾に「?」が付き、ここから「クエリストリング」の開始を示します
- 形式は「名前＝値」です
- 複数の値を渡したい場合は「&」でつなげます

ご自身のブラウザを開き、Google検索画面で何か検索を実行してみてください。アドレスバーに「クエリストリング」が見つけられます。また「クエリストリング」は大量の値を送るには適していません。

「POSTメソッド」とは「ブラウザ」から「サーバー」に値を渡す時に、「リクエストボディ」という「見えない場所」に値を格納して送る方法です。通販サイトなどで個人情報を登録する時は、

入力した内容をURLに表示させたくないため、「POSTメソッド」が使用されています。また「POSTメソッド」は大量の値を送るのに適しています。

GETメソッドとPOSTメソッドの違い

「GETメソッド」と「POSTメソッド」の違いは名称からイメージできます。

「GET」は「受け取る、もらう」という意味があり、「POST」は「郵便」という意味があります。つまり「GET」は指定したURLに対する内容を「取得」するためのメソッド、「POST」は指定したURLへ入力情報を「送信」するためのメソッドとイメージできます（**図2.22**）。

図2.22　GETとPOSTのイメージ

「GETメソッド」と「POSTメソッド」の違いの例として「ブラウザのお気に入り（ブックマーク）に登録できる」かがよく説明されます。

「GETメソッド」はURLに連結してデータを送信するため、「お気に入り（ブックマーク）」に登録するURL自体に「検索データ」を含めることができますが、「POSTメソッド」は「検索データ」を「リクエストボディ」に格納してしまうため「お気に入り（ブックマーク）」に登録できません。

また「POSTメソッド」でリクエストを送るには、HTMLの<form>タグの属性で「method="POST"」と指定する必要があります。

ブラウザのアドレス欄にURIを直接入力したり、ブラウザのお気に入り（ブックマーク）からURLへアクセスする場合は「GETメソッド」でリクエストを送っています。

3層構造

実際のサーバー構成は、Webサーバー、APサーバー、DB（データベース）サーバーの3つに分けます（**表2.1**）。このことを「3層構造」と言います（**図2.23**）。

表2.1 サーバーの役割

サーバー	役割
Webサーバー	Webブラウザを通じてユーザーと直接やり取りを行うサーバー
APサーバー	ビジネスロジック（計算、データ加工など）を処理するサーバー
DBサーバー	データの保存、更新、削除、参照などを行うサーバー

図2.23 3層構造

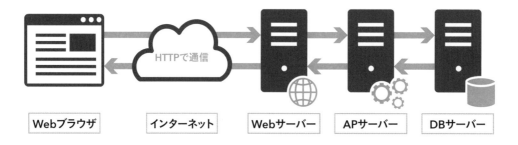

このように各サーバーにそれぞれの役割を持たせることで、システム全体が効率的に動作し、拡張や保守も容易になります。

分割の目的

○ サーバー構成

システムのスケーラビリティ（拡張性）と耐障害性を向上させるためです。負荷が高い時にサービスが停止しないようにすることや、一部のサーバーに障害が発生してもシステム全体が影響を受けないようにすることができます。

○ クラス

プログラム内でクラスを分割することで、コードの再利用性、可読性、保守性を向上させます。これにより、開発者はコードをより効率的に管理し、新機能の追加や既存のコードの修正が容易になります。

Section

2-3 開発で使用する便利な ライブラリとツールを知ろう

この章の最後として、アプリケーション開発が格段に楽になる便利なライブラリとツールを紹介します。便利なライブラリやツールを利用して、煩雑な作業から解放されましょう。便利なライブラリ「Lombok」とビルドツール「Gradle」について紹介します。

2-3-1 Lombokとは？

プログラムの世界では、便利なプログラムを集めて、ひとまとめにしたファイルのことを「ライブラリ」と呼びます。Lombok（「ロンボック」もしくは「ロンボク」と呼びます）は「ライブラリ」です。

Javaエンジニアの方なら、一度はIDEの機能を使用して「setter/getterの自動生成」を行ったことがあるのではないでしょうか。この機能は便利ですが、新たにフィールドの追加・変更・削除が発生した場合、自動生成をやり直す必要があります。

Lombokは冗長なコードを書かずに、「アノテーション」を使用することで、getterやsetterなどのコードを書かなくても自動で作成してくれます。大変便利なため開発現場でよく使用されています。

Lombokは、「ボイラープレートコード」対策ライブラリです^{（注2）}。

☐ アノテーションとは？

アノテーションを簡単に説明すると以下の3項目になります。

- アノテーションとは注釈、注記といった意味を表す英語です
- 「@xxx」のような形で記述します
- 外部ソフトウェアにやってほしいことを伝えます

アノテーションをコードに追加することで、そのコードに特定の動作や性質を持たせることができ、コンパイラや実行環境に補足状況を伝えることができます（**図2.24**）。

（注2） ボイラープレートコードとは、プログラミングで何度も繰り返し使われるような、テンプレートのようなコードのことを指します。

図 2.24 アノテーションの使用例

ソースコードから他の外部ソフトウェアに対して命令を出すしくみ

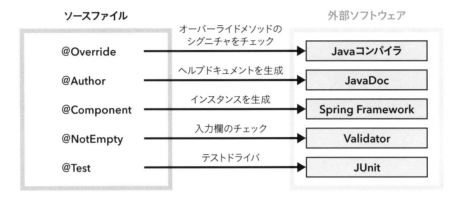

Lombokの使用方法ではアノテーションを利用します。

2-3-2 Lombokを使用したプログラムの作成

プログラムを作成しながら、Lombokの提供する機能の一部を学習しましょう。

01 プロジェクトの作成

eclipseを起動し、メニューの左上から「ファイル」→「新規」→「Springスターター・プロジェクト」を選択します（**図2.25**）。「Springスターター・プロジェクト」が見つからない場合は、「その他」を選択し「Springスターター・プロジェクト」を検索してください。

「新規Springスターター・プロジェクト」画面で、以下の様に入力後「次へ」ボタンを押します（**図2.26**）。

○ 設定内容

名前	LombokSample
型	Gradle - Groovy
パッケージング	Jar
Javaバージョン	21
言語	Java

※ 他はデフォルトのまま

図2.25 プロジェクトの作成

C:¥pleiades¥2023-09¥workspace - Eclipse IDE

ファイル(F)　編集(E)　ソース(S)　リファクタリング(T)　ナビゲート(N)　検索(A)　プロジェクト(P)　実行(R)　ウィンドウ(W)　ヘルプ(H)

新規(N)	Alt+Shift+N >		Gradle プロジェクト
ファイルを開く(.)...			Maven プロジェクト
ファイル・システムからプロジェクトを開く...			Spring スターター・プロジェクト (Spring Initializr)
最近使ったファイル(F)	>		Spring 入門コンテンツのインポート
エディターを閉じる(C)	Ctrl+W		動的 Web プロジェクト
すべてのエディターを閉じる(L)	Ctrl+Shift+W		Java プロジェクト
			プロジェクト(R)...

図2.26 プロジェクトの作成2

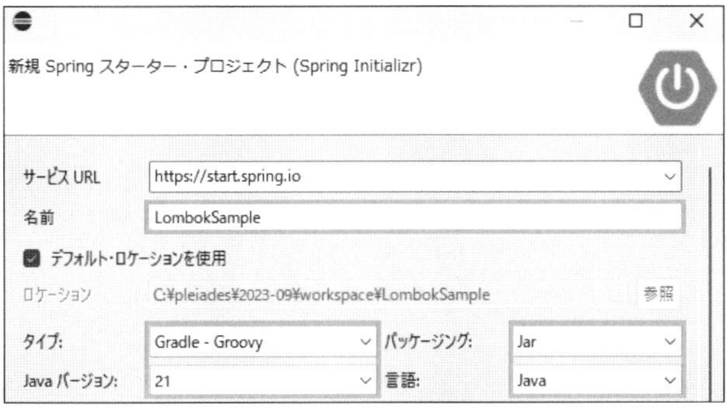

新規 Spring スターター・プロジェクト (Spring Initializr)

| サービス URL | https://start.spring.io |
| 名前 | LombokSample |

☑ デフォルト・ロケーションを使用

ロケーション　C:¥pleiades¥2023-09¥workspace¥LombokSample　　参照

| タイプ: | Gradle - Groovy | パッケージング: | Jar |
| Java バージョン: | 21 | 言語: | Java |

● 新規Springスターター・プロジェクト依存関係

　使用可能項目で、「Lombok」と入力することで、選択項目がフィルタリングされます。

　依存関係に「Lombok」を選択して、「完了」ボタンを押します（**図2.27**）。すると、プロジェクトが作成されます（**図2.28**）。

図2.27 依存関係

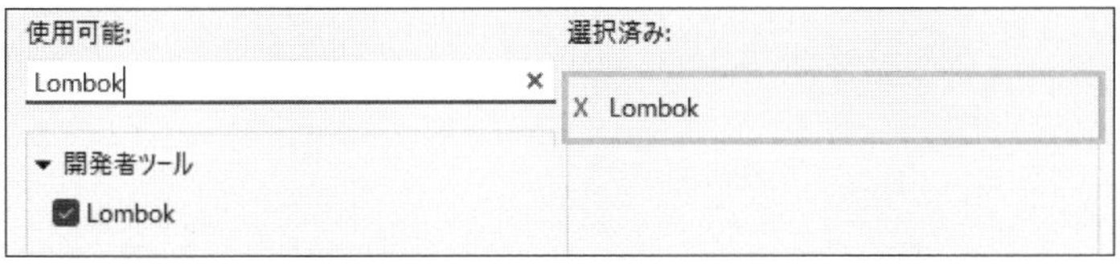

| 使用可能: | 選択済み: |
| Lombok ✕ | X　Lombok |

▼ 開発者ツール
☑ Lombok

図2.28 プロジェクトの完了

| パッケージ・エクスプローラー ✕ | プロジェクト・エクスプローラー |

> LombokSample [boot]

● プロジェクト構成

　Spring Boot プロジェクトを作成すると、フォルダ構成が自動で作成されます。

　主要なフォルダ構成として、「src/main/java」と「src/main/resources」という2つのディレクトリがあります（**表2.2**）。これらのディレクトリの役割を簡単に説明します。

ディレクトリ	役割
src/main/java	アプリケーションの主要なJavaコードを格納する
src/main/resources	アプリケーションのリソースファイルを格納します。設定ファイル、テンプレート、静的リソース（CSS、画像など）など、Javaコード以外のファイルをここに格納する

02　クラスの作成

　作成されたプロジェクトの「src/main/java」→「com.example.demo」フォルダを選択し、マウスを右クリックし、「新規」→「クラス」を選択します（**図2.29**）。以下のように入力後「完了」ボタンを押します（**図2.30**）。「クラス」が見つからない場合は、「その他」を選択し「クラス」を検索してください。

○ 設定内容

パッケージ	com.example.demo.entity
名前	User

※　他はデフォルトのまま

図2.29　クラス作成

図2.30　クラス作成2

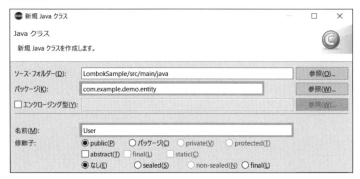

52

03　@Getter & @Setterの使用

「User」クラスの内容は**リスト2.9**のようになります。

6行目〜7行目にLombokのアノテーション「@Getter」と「@Setter」を記述します。

リスト2.9　User

```
001:    package com.example.demo.entity;
002:
003:    import lombok.Getter;
004:    import lombok.Setter;
005:
006:    @Getter
007:    @Setter
008:    public class User {
009:        /** 名前 */
010:        private String name;
011:        /** 年齢 */
012:        private int age;
013:    }
```

Lombokのアノテーション「@Getter」と「@Setter」を記述することで、上記のコードは、getName(), setName(String name), getAge(), setAge(int age)というメソッドが自動的に作成されます。

　このメソッドを「ゲッター」と「セッター」と呼びます。eclipseを使用している場合、「Ctrl ＋ Shift ＋ O（オー）」で「インポート編成」をしてくれます。インポート編成とは、インポートしているクラスを必要、不必要で調整してくれる機能です。「Ctrl ＋ O（オー）」で「クイック・アウトライン」を表示することでメソッドが作成されたことを確認できます（**図2.31**）。

図2.31　メソッドの確認

2

▼
基礎知識を身に付けよう

04 @Dataの使用

「User」クラスの内容を**リスト2.10**のように修正します。

5行目にLombokのアノテーション「@Data」を記述し、インポートの編成を行ってください。

リスト2.10 User2

```
001:    package com.example.demo.entity;
002:
003:    import lombok.Data;
004:
005:    @Data
006:    public class User {
007:        /** 名前 */
008:        private String name;
009:        /** 年齢 */
010:        private int age;
011:    }
```

Lombokのアノテーション「@Data」を記述することで、上記のコードは、ゲッター、セッター、equals(), hashCode(), toString()というメソッドを自動的に作成されます。

eclipseを使用している場合、「[Ctrl]＋[O]（オー）」で「クイック・アウトライン」を表示することでメソッドが作成されたことを確認できます（**図2.32**）。

図2.32 メソッドの確認2

equals(), hashCode(), toString()メソッドは、Javaの階層構造の最上位に位置するObjectクラスが提供するメソッドです。各メソッドの概要を以下に記述します（**表2.3**）。

表2.3 メソッドの概要

メソッド	概要
equals()	2つのオブジェクトが等しいかどうかを判断するためのメソッド
hashCode()	オブジェクトのハッシュコード（整数値）を返すメソッド
toString()	オブジェクトの文字列表現を返すメソッド

05 @AllArgsConstructor & @NoArgsConstructorの使用

「User」クラスの内容を**リスト2.11**のように修正します。

8行目〜9行目にLombokのアノテーション「**@AllArgsConstructor**」、「**@NoArgsConstructor**」を記述し、インポートの編成を行ってください。

リスト2.11 修正した**User**クラス

```
001:   package com.example.demo.entity;
002:
003:   import lombok.AllArgsConstructor;
004:   import lombok.Data;
005:   import lombok.NoArgsConstructor;
006:
007:   @Data
008:   @AllArgsConstructor
009:   @NoArgsConstructor
010:   public class User {
011:       /** 名前 */
012:       private String name;
013:       /** 年齢 */
014:       private int age;
015:   }
```

Lombokのアノテーション「**@AllArgsConstructor**」は、クラスのすべてのフィールドを引数として持つコンストラクタを自動的に生成します。「**@NoArgsConstructor**」は、引数を持たないデフォルトコンストラクタを自動的に生成します。eclipseを使用している場合、「Ctrl＋O（オー）」で「クイック・アウトライン」を表示することでメソッドが作成されたことを確認できます（**図2.33**）。

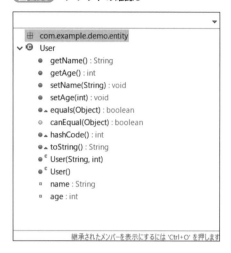

図2.33 メソッドの確認3

```
⊕  com.example.demo.entity                      ▼
∨ ⊙ User
      ●  getName() : String
      ●  getAge() : int
      ●  setName(String) : void
      ●  setAge(int) : void
      ●▲ equals(Object) : boolean
      ○  canEqual(Object) : boolean
      ●▲ hashCode() : int
      ●▲ toString() : String
      ●ᶜ User(String, int)
      ●ᶜ User()
      ▫  name : String
      ▫  age : int
              継承されたメンバーを表示にするには 'Ctrl+O' を押します
```

☐ Lombokの利点

Lombokを利用することで、クラスのコードが大幅に短縮され、読みやすくなりました。手動でこれらのメソッドを書くと、後でクラスのフィールドを変更したときにメソッドも更新する必要があるので面倒です。Lombokを使用すると、これらのメソッドは自動的に生成されるため、このような手間が省けます。それによりコードのボイラープレート（繰り返し書かれるコードの断片）を書く時間が省けるため、開発の速度が向上します。

2-3-3 Gradle（グレードル）とは？

Gradleは、Java、Groovy、Kotlinなどのプログラム言語のプロジェクトをビルド（コンパイル、テスト、パッケージ化など）するためのツールです。難しく考えずに「ビルド」とは「要求された実行環境で動作できる形式にアプリケーションやライブラリを組み立てる」ことをイメージしてください。Gradleは、ビルドツールとしての役割を持ちつつ、依存関係の管理も行えるのが特徴です。

以下にGradleの主な特徴や利点を記述します。

- 柔軟性
  Gradleのビルドスクリプトは、宣言的な記述とスクリプト記述の組み合わせで書かれるため、カスタマイズが容易です。
- パフォーマンス
  インクリメンタルビルド（変更された部分だけをビルドする機能）により、ビルド時間が短縮できます。
- 依存関係の管理
  ライブラリやフレームワークのバージョン管理を簡単に行えます。必要なライブラリを自動

的にダウンロードしてプロジェクトに組み込むことができます。

● プラグインアーキテクチャ

様々なプラグインを利用することで、追加の機能やタスクを簡単に組み込むことができます。

本書では「Gradle」の使用方法は深く掘り下げませんが、ハンズオンにてビルドファイル「build.gradle」に設定を記述することで、必要なライブラリのダウンロードを行います（依存関係の管理）。

現時点では、「Gradle」は「ビルドファイル」に設定を記述することで、色々自動的に作業をしてくれる便利なツールだとイメージしてください。Gradleに関して、もっと詳細に知りたい方は、別途ネットや参考書での学習をお願いします。

これで「SpringFramework」の説明に入る前準備が完了しました。次章からいよいよ「SpringFramework」のコア機能について説明します。

Column │ ChatAIを使おう

個人的意見になりますが、著者はエンジニアで一番大事なスキルは調査能力だと思っています。「不明なことを調べる癖」を身につければITレベルは倍速で身に付きます。

ChatAIが世間に出るまでは、インターネットの情報の海から自分が必要とする情報を自分で調査していました。情報の海から自分が納得する情報を取得するには、経験に基づく調査能力が必要であり、ビギナーの方には敷居が高いです。

それを解決する方法の1つとして、近年開発されたChatAIを利用することで効率的な情報収集を実施しましょう。

以下に筆者が実践しているChatAIの使い方を記述します。

① 質問を明確にする

質問が曖昧だと、ChatAIも的確な答えを提供することが難しくなります。質問を具体的にし、必要な情報を詳細に伝えるようにしましょう。

② 段階的に質問する

初めに複雑な質問をするのではなく、基本から段階的に質問していくことで、より理解しやすい回答が得られます。

③ 回答を検証する

ChatAIの回答が常に正しいとは限りません。得られた情報は自分で調べて検証する習慣をつけましょう。

④ サンプルコードを活用する

ChatAIはプログラミングに関する質問に対してサンプルコードを提供することができます。これらのコードを参考にして、自分で実際にコードを書いてみましょう。

⑤ エラーメッセージの解析

プログラミング中に遭遇したエラーメッセージをChatAIに投げて、原因や解決策を尋ねましょう。

ChatAIは神様ではありません。間違えた解答を教えてくることも多々あります。
以下にChatAIを使用する上での注意点を記述します。

① 自己責任の原則

ChatAIからの情報はあくまでも参考であり、実際の実装や学習には自己責任が伴います。

② 複数の情報源を活用する

ChatAIだけに頼るのではなく、公式のドキュメントやオンラインのフォーラム、チュートリアルなども参照しましょう。

③ 継続的な学習

ChatAIはあくまで学習の一環です。プログラミングは継続的な学習が必要な分野ですので、定期的に新しい知識を取り入れるようにしましょう。

ChatAIはプログラミング学習をサポートする強力なツールですが、あくまでツールであることを理解し、自分の理解と経験を積むために活用することが重要です。

Spring Frameworkの
コア機能（DI）を知ろう

Section 3-1 Spring Framework の コア機能の概要

いよいよこの章から「Spring Framework」の説明にはいります。「Spring Framework」にはコアとなる2つの機能があります。「Spring Framework」はアプリケーション全体に対して、この2つの機能を提供することで、「生産性／保守性」の高いアプリケーション構築を可能とします。ここではコアとなる2つの機能概要について説明します。

3-1-1 Dependency Injection：依存性の注入

1つ目の機能は「Dependency Injection：依存性の注入」略して「DI」です。依存性の注入とは「依存している部分を、外から注入すること」です。いったい何が何に依存していて、何を外から注入するのでしょうか。具体的な説明は使用方法含め「3-2 DIについて知ろう」で説明します。ここでは「DI」とは「プログラムにおける依存する部分を外から注入する」とだけイメージしてください（**図3.1**）。

図3.1 現時点での「Dependency Injection」イメージ

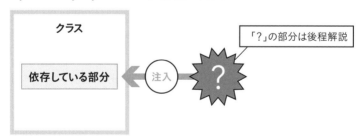

Dependency Injection：依存性の注入

3-1-2 Aspect Oriented Programming： アスペクト指向プログラミング

2つ目の機能は「Aspect Oriented Programming：アスペクト指向プログラミング）」略して「AOP」です。AOPではプログラムを以下の2つの要素で構成されていると考えます。

- 中心的関心事

  実現すべき機能を表すプログラム

- 横断的関心事

  本質的な機能ではないが品質や保守／運用等の観点で必ず必要な機能を表すプログラム

ちなみにアスペクトは、「横断的関心事」と呼ばれます。

AOP を簡単に説明すると共通処理等「横断的関心事」を抽出し、プログラムの様々な箇所で呼び出せるように設定することで、私たちは実現すべき機能「中心的関心事」のみ記述すれば良くなるという便利な仕組みです（**図3.2**）。具体的な説明は使用方法含め「4-1 AOP（アスペクト指向プログラミング）の基礎を知ろう」で説明します。

図3.2 **Aspect Oriented Programming：アスペクト指向プログラミング）**

アスペクト指向プログラミング

中心的関心事
実現したいプログラム

横断的関心事
実現したいプログラムに付随して
必要なプログラム
- 例外処理
- ログ情報の画面やファイルなどへの出力
- データベースのトランザクション制御など

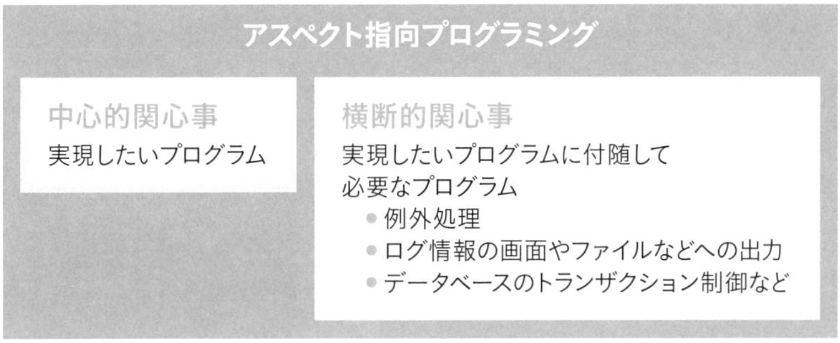

Column │ なぜクラス間の関係を疎（そ）にするのか？

クラス間の関係を疎結合にするメリットを以下に示します。

- 変更容易性

  一つのクラスを変更したとき、他のクラスに影響を与えにくくなります。つまり、システムの一部を改善・修正する際に、他の部分を壊すリスクが減少します。

- 再利用性

  各クラスが独立していれば、そのクラスを別のプロジェクトで再利用しやすくなります。一つの機能が他の多くの場所で使えるようになるため、開発効率が向上します。

- テストのしやすさ

  疎結合のクラスは、他のクラスから独立しているため、単体テスト（そのクラスだけをテストすること）がしやすくなります。

3-2 DIについて知ろう

「2-1 Javaの基礎知識を復習しよう」で「使われる側」クラスを変更する時、「使う側」クラスの修正は「クラス依存」では3箇所、「インターフェース依存」では1箇所の修正を行いました。「**Dependency Injection：依存性の注入**」略して「**DI**」を利用すると、なんと「使う側」クラスの修正を「ゼロ」にすることができます。

3-2-1 DIコンテナ

依存性の注入とは「依存している部分を、外から注入すること」です。言葉を分解すると以下になります。

- 「依存している部分」とは「使う側」クラスに「使われる側」クラスが記述されている状態
- 「外から注入」とは、「使う側」クラスの外から「使われる側」インスタンスを注入すること

今まではインスタンス生成には「new」キーワードを使用していましたが、インスタンス生成は面倒なのですべてフレームワークに任せたいです。その責務を引き受けてくれるのが「DIコンテナ」になります（図3.3）。Spring Frameworkは任意に実装したクラスをインスタンス化する機能を提供しています。つまりDIコンテナの機能を持っています。

図3.3 「Dependency Injection」のイメージ

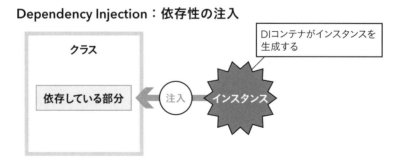

Dependency Injection：依存性の注入

クラス

依存している部分 ← 注入 ← インスタンス

DIコンテナがインスタンスを生成する

3-2-2　5つのルール

　DIコンテナにインスタンス生成を任せ、以下のルールを守ることで「使う側」クラスの修正を「ゼロ」にすることができます。

- ルール①　インターフェースを利用して依存関係を作る
- ルール②　インスタンスを明示的に生成しない
- ルール③　アノテーションを「使われる側」クラスに付与する
- ルール④　Spring Frameworkにインスタンス生成させる
- ルール⑤　インスタンスを利用したい「使う側」クラスにアノテーションを付与する

　ではルールについて順番に説明します。

ルール①

　「インターフェースを利用して依存関係を作る」とは、「依存している部分」には「インターフェース」を利用することです。

ルール②

　「インスタンスを明示的に生成しない」とは、インスタンス生成に「new」キーワードを利用しないということです。

ルール③とルール④

　「アノテーションをクラスに付与する」と「Spring Frameworkにインスタンス生成させる」をまとめて説明します。インスタンス化したいクラスにインスタンス生成アノテーションを付与します。「目印」のようなものだとイメージしてください。**図3.4**の「@Component」がアノテーションです。

図3.4 「@Component」を付与する

インスタンス生成

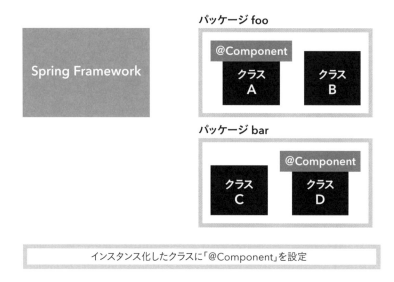

インスタンス化したクラスに「@Component」を設定

Spring Frameworkは「起動時」に対象プロジェクトのパッケージをすべてスキャンします。この機能を「コンポーネントスキャン」といいます（**図3.5**）。

図3.5 「コンポーネントスキャン」の実行

インスタンス生成

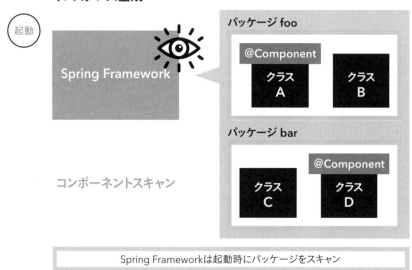

Spring Frameworkは起動時にパッケージをスキャン

コンポーネントスキャン後、Spring Frameworkはインスタンス生成アノテーションが付与されているクラスを抽出し（**図3.6**）、抽出したクラスをインスタンス化します（**図3.7**）。

図3.6　インスタンス対象クラスの抽出

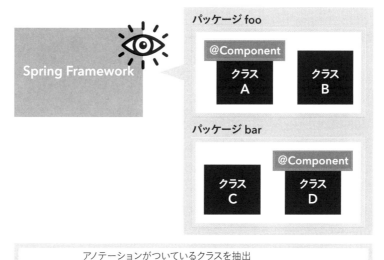

図3.7　対象クラスをインスタンス化する

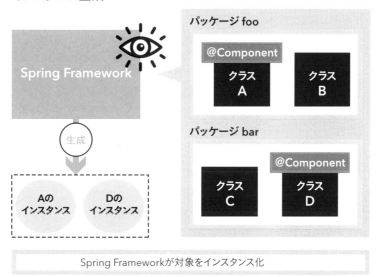

「@Component」のようなインスタンス生成アノテーションのことを「ステレオタイプアノテーション」と呼び、用途別に4種類あります。インスタンス生成を担うアノテーションが4種類あるのには理由があります。

　その理由は「使い分け」です。簡単に言うと「4種類ともインスタンス生成という役割は同じだ

が、使用する場所によってアノテーションを使い分けしよう」ということです。では「使用する場所」とは何を指すのでしょうか。「使用する場所」を具体的に説明するには「レイヤ」について説明する必要があります。

○ **レイヤ別で使用するインスタンス生成アノテーション**

アプリケーションを作成する時、レイヤで分ける事が推奨されています。レイヤとは「層」の意味で、階層構造になっている各々の層のことをいい、レイヤで分けることを「レイヤ化」といいます。

「レイヤ化」を簡単に言うと「複雑なものをまとめて理解するよりも、階層化してそれぞれの階層に意味づけを行うことにより対象物を理解しよう」という考え方になります。

様々なレイヤの分け方がありますが、ここでは**表3.1**に示す3レイヤに分割した場合について説明します。

補足として、以下の3レイヤは「Domain Driven Design：ドメイン駆動設計」略して「DDD」で説明されている用語になります（**表3.1**）。ただし、用語は使用していますが「DDD」の考えにのっとっているわけではありません。

表中にでてくる「ビジネスロジック」についての詳細は「5-1-1 MVCモデルとは？」で説明します。

表3.1 レイヤ

レイヤ	概要
アプリケーション層	ユーザー（クライアント）とアプリケーションとの「対話の場」です。ユーザーからの要求（入力）を受け取り、必要な情報（出力）をユーザーに返します
ドメイン層	アプリケーションの「心臓部（コア部分）」です。ここでビジネスのルールや、アプリケーションが行うべき主要な作業（ビジネスロジック）を記述します。簡単に言うと「実現したいサービスそのもの」を記述する部分です。ECサイトを例にすると、商品管理サービスや注文処理サービスのビジネスロジックを記述します
インフラストラクチャ層	この層は「書記」のようなイメージです。データベースにデータを保存したり、外部サービスと通信したりする役割を担います

簡単に言うと、アプリケーション層は「お客様とやりとりする場所」、ドメイン層は「仕事をする場所」、インフラストラクチャ層は「データを保管する場所」です。

以下に、ステレオタイプアノテーションに関して記述します（**表3.2**、**図3.8**）。

表3.2　レイヤ別でのインスタンス生成アノテーション説明（主たる処理）

アノテーション	付与するレイヤ	詳細
@Controller	アプリケーション層の「コントローラ」に付与します	このアノテーションが付与されたクラスは、Webリクエストの「ハンドラ[1]」として動作します。具体的には、HTTPリクエストを受け取り、適切な「ビジネスロジック」を呼び出し、レスポンスを返す役割を持ちます
@Service	ドメイン層の「ビジネスロジック」に付与します	このアノテーションは、ビジネスロジックやトランザクション境界を持つクラスに付与されます。後述する@Transactionalと組み合わせて使用されることが多いです
@Repository	インフラストラクチャ層のデータベースアクセス処理に付与します	このアノテーションは、データベースとのやり取りを行う「リポジトリクラス[2]」に付与され、データベースアクセスに関連する特別な処理が提供されます

※1 「ハンドラ」とは、特定のイベントやリクエストを「処理」するためのコードや機能のことを指し、「ビジネスロジック」とは業務処理を指します。

※2 「リポジトリクラス」とは、データベースとのやり取りを担当するクラスのことです。

図3.8　レイヤ別でのインスタンス生成アノテーション使用例（主たる処理）

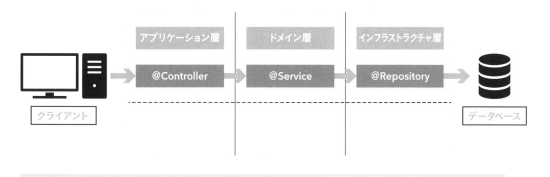

「@Component」は特定の役割を持たない場合に使用します（**表3.3**、**図3.9**）。

表3.3　レイヤ別でのインスタンス生成アノテーション説明（サブ処理）

アノテーション	付与するレイヤ	詳細
@Component	レイヤに属さず「@Controller」「@Service」「@Repository」の用途以外のインスタンス生成対象のクラスに付与します	特定の役割（コントローラ、サービス、リポジトリ）を持たない場合に使用されます。ユーティリティクラス[※]やヘルパークラスなど、アプリケーション内で再利用されるようなクラスに付与します

※ 「ユーティリティクラス」とは、アプリケーション全体で共通して使用される操作を提供するためのクラスで、「ヘルパークラス」とは、特定のクラスやモジュールの機能をサポートまたは補完するためのクラスです。

3

▼ Spring Frameworkのコア機能（DI）を知ろう

67

図3.9 レイヤ別でのインスタンス生成アノテーション使用例（サブ処理）

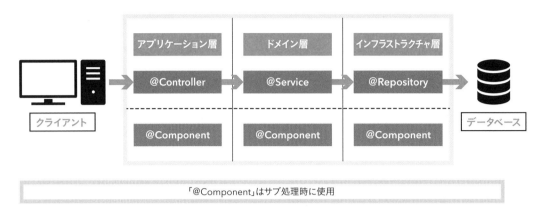

これらのステレオタイプアノテーションは、Springの「コンポーネントスキャン」と連携して動作します。これにより、ステレオタイプアノテーションを付与するだけで、クラスのインスタンス生成や依存関係の注入が自動的に行われるようになります。

☐ ルール⑤

インスタンスを利用したい「使う側」クラスにアノテーションを付与するについて説明します。「Spring Framework」によって生成されたインスタンスを利用するクラスで、参照を受け取る「フィールド」を宣言し、「フィールド」に「@Autowired」アノテーションを付与します。

ではDIコンテナにインスタンス生成を任せ、5つのルールを守ってプログラムを作成してみましょう。

3-2-3　DIを利用したプログラムの作成

「挨拶」の役割を持つインターフェース、インターフェースを実装した「朝の挨拶」と「夕方の挨拶」の処理を持つクラスを各々作成し、アノテーションを付与することでDIの動きを確認できるプログラムを作成します。

01　プロジェクトの作成

eclipseを起動し、メニューの左上から「ファイル」→「新規」→「Springスターター・プロジェクト」を選択します（**図3.10**）。「Springスターター・プロジェクト」が見つからない場合は、「その他」を選択し「Springスターター・プロジェクト」を検索してください。

図3.10 Springスターター・プロジェクト

ファイル(F)	編集(E)	ソース(S)	リファクタリング(T)	ソース	ナビゲート(N)	検索(A)	プロジェクト(P)	実行(R)	ウィンドウ(W)

新規(N)	Alt+Shift+N >	🐘 Gradle プロジェクト
ファイルを開く(.)...		🐱 Maven プロジェクト
📁 ファイル・システムからプロジェクトを開く...		🌱 Spring スターター・プロジェクト (Spring Initializr)
最近使ったファイル(F)	>	🌱 Spring 入門コンテンツのインポート

「新規Springスターター・プロジェクト」画面で、以下のように入力後「次へ」ボタンを押します（**図3.11**）。

○ **設定内容**

名前	DISample
タイプ	Gradle-Groovy
パッケージング	Jar
Javaバージョン	21
言語	Java

※ 他はデフォルト設定

図3.11 設定内容

依存関係で「Spring Boot DevTools（開発ツール）」を選択して、「完了」ボタンを押します（**図3.12**）。プロジェクトが作成されます（**図3.13**）。Spring Boot DevTools（開発ツール）は、Spring Bootアプリケーションの開発を迅速かつ効率的に行えるツールです。ソースコードに変更があった場合、アプリケーションを自動的に再起動するなどの機能を提供します。

図3.12 依存関係

使用可能:	選択済み:
spring ✕	✕ Spring Boot DevTools
▼ 開発者ツール	
☐ GraalVM Native Support	
☑ Spring Boot DevTools	
☐ Spring Configuration Processor	
☐ Spring Modulith	

3　Spring Frameworkのコア機能（DI）を知ろう

図3.13 プロジェクトの作成

02 「使われる側」インターフェースと実装クラスの作成

「DISample」の「src/main/java」フォルダを選択し、マウスを右クリックし、「新規」→「インターフェース」を選択します。インターフェース設定画面にて以下の「設定内容」を記述後、「完了」ボタンを押します。「インターフェース」が見つからない場合は、「その他」を選択し「インターフェース」を検索してください。

○ 設定内容

パッケージ	com.example.demo.used
名前	Greet

※ 他はデフォルト設定

「Greet」インターフェースの内容は**リスト3.1**のようになります。11行目「greet」メソッドは「挨拶処理」を表します。

リスト3.1 インターフェース

```
001: package com.example.demo.used;
002:
003: /**
004:  * 挨拶インターフェース
005:  */
006: public interface Greet {
007:     /**
008:      * 挨拶を返す
009:      * @return 挨拶
010:      */
011:     String greeting ();
012: }
```

パッケージ「used」を選択し、マウスを右クリックし、「新規」→「クラス」を選択します。「Greet」インターフェースを実装した「MorningGreet」クラスを作成します（**図3.14**）。
同様に「Greet」インターフェースを実装した「EveningGreet」クラスを作成します。「MorningGreet」クラスは「朝の挨拶」、「EveningGreet」クラスは「夕方の挨拶」を扱うクラスです。

図3.14 実装クラスの作成

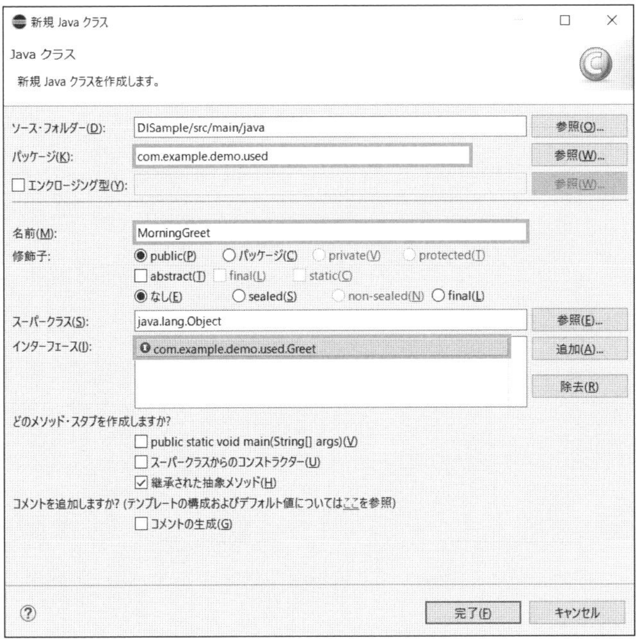

「Greet」インターフェースの実装クラス「MorningGreet」の内容は**リスト3.2**のようになります。9行目で「朝の挨拶」を返しています。

リスト3.2 実装クラス

```
001:    package com.example.demo.used;
002:
003:    /**
004:     *  朝の挨拶を行う
005:     */
006:    public class MorningGreet implements Greet {
007:        @Override
008:        public String greeting() {
009:            return "おはようございます";
010:        }
011:    }
```

同様に、「Greet」インターフェースの実装クラス「EveningGreet」の内容は**リスト3.3**のようになります。9行目で「夕方の挨拶」を返しています。

リスト3.3 実装クラス2

```
001:    package com.example.demo.used;
002:
003:    /**
004:     * 夕方の挨拶を行う
005:     */
006:    public class EveningGreet implements Greet {
007:        @Override
008:        public String greeting() {
009:            return "こんばんは";
010:        }
011:    }
```

03 ルール③④の実施

　ルール③で示した「アノテーションをクラスに付与する」とルール④「Spring Frameworkにインスタンス生成させる」を実施します。具体的には「Greet」インターフェースを実装したクラス「MorningGreet」に「@Component」を付与します（**リスト3.4**）。

　インポート宣言に「import org.springframework.stereotype.Component;」が追加されます。

　インポートがされない場合は、eclipseのシュートカットキー「[Ctrl]＋[Shift]＋O（オー）」を使用して「import文の編成」を実施してください。または、eclipse画面上側の「ソース」→「インポートの編成」を実施してください（**図3.15**）。

リスト3.4 @Componentの付与

```
001:    @Component
002:    public class MorningGreet implements Greet {
```

図3.15 インポートの編成

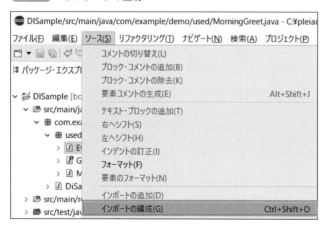

72

04 「使う側」クラスの作成

「Springスターター・プロジェクト」でプロジェクトを作成すると、デフォルトで自分が作成した「プロジェクト名＋Application」クラスが作成されます（**リスト3.5**）。このクラスには「@SpringBootApplication」アノテーションが付与されています。

@SpringBootApplicationは、Spring Bootアプリケーションを始める際のスタート地点となるアノテーションです。このアノテーションにより、多くのデフォルト設定や自動設定が行われ、開発者は迅速にアプリケーションの開発を開始することができます。ここではクラス「DiSampleApplication」はSpringBootアプリケーションの「起動クラス」とだけイメージしてください。

リスト3.5 起動クラス

```
001:    package com.example.demo;
002:
003:    import org.springframework.boot.SpringApplication;
004:    import org.springframework.boot.autoconfigure.SpringBootApplication;
005:
006:    /**
007:     * SpringBoot起動クラス
008:     */
009:    @SpringBootApplication
010:    public class DiSampleApplication {
011:        public static void main(String[] args) {
012:            SpringApplication.run(DiSampleApplication.class, args);
013:        }
014:    }
```

05 ルール①②⑤の実施

ルール①、②、⑤で示した「インターフェースを利用して依存関係を作る」、「インスタンスを明示的に生成しない」、インスタンスを利用したい「使う側」クラスにアノテーションを付与するの3つを実施します。

具体的には「Spring Framework」によって生成されたインスタンスを利用したい箇所に、参照を受け取る「フィールド」を宣言し、フィールドに「@Autowired」アノテーションを付与します。ここでは「使う側」クラス「DiSampleApplication」で「使われる側」インターフェース「Greet」をフィールドに宣言し、変数に「@Autowired」アノテーションを付与します（**リスト3.6**）。

リスト3.6 フィールド

```
001:    /** 注入される箇所（インターフェース） */
002:    @Autowired
003:    private Greet g;
```

「使われる側」インターフェース「Greet」のメソッド「greeting」を実行するメソッドを作成します。メソッド名は「execute」とします（**リスト3.7**）。

リスト3.7 実行メソッド

```
001:    /**
002:     * 実行
003:     */
004:    private void execute() {
005:        String msg = g. greeting();
006:        System.out.println(msg);
007:    }
```

「main」メソッドを**リスト3.8**のように修正します（自分自身のexecuteメソッドを呼ぶように作成します）。

リスト3.8 起動メソッド

```
001:    /**
002:     * SpringBoot起動
003:     * @param args
004:     */
005:    public static void main(String[] args) {
006:        SpringApplication.run(DiSampleApplication.class, args)
007:        .getBean(DiSampleApplication.class).execute();
008:    }
```

使う側クラス「DiSampleApplication」修正後の全体像のリストは以下のようになります（**リスト3.9**）。

リスト3.9 使う側クラス「**DiSampleApplication**」（修正後）

```
001:    package com.example.demo;
002:
003:    import org.springframework.beans.factory.annotation.Autowired;
004:    import org.springframework.boot.SpringApplication;
005:    import org.springframework.boot.autoconfigure.SpringBootApplication;
006:
007:    import com.example.demo.used.Greet;
```

```
008:
009:    /**
010:     * SpringBoot起動クラス
011:     */
012:    @SpringBootApplication
013:    public class DiSampleApplication {
014:        /**
015:         * SpringBoot起動
016:         * @param args
017:         */
018:        public static void main(String[] args) {
019:            SpringApplication.run(DiSampleApplication.class, args)
020:            .getBean(DiSampleApplication.class).execute();
021:        }
022:
023:        /** 注入される箇所(インターフェース) */
024:        @Autowired
025:        private Greet g;
026:
027:        /**
028:         * 実行
029:         */
030:        private void execute() {
031:            String msg = g. greeting();
032:            System.out.println(msg);
033:        }
034:    }
```

06 実行

　Javaファイル「DiSampleApplication」を選択し、マウスを右クリックし、「実行」→「Spring Boot アプリケーション」を選択します。

　「@Component」を付与した「MorningGreet」クラスのメソッド「greeting」が呼ばれます（**図 3.16**）。

図3.16 実行結果

```
2023-10-21T18:19:23.158+09:00  INFO 4420 ---
2023-10-21T18:19:23.181+09:00  INFO 4420 ---
おはようございます
```

　仕様変更があり、「使われる側」クラスを変更することになりました。「EveningGreet」のメソッド「greeting」を呼び出すように変更してください。「MorningGreet」クラスのインスタンス生成アノテーション「@Component」を削除またはコメントアウトします（**リスト3.10**）。

リスト3.10 コメントアウト

```
001:    //@Component      コメントアウトします
002:    public class MorningGreet implements Greet {
```

「EveningGreet」クラスに「@Component」を付与します（**リスト3.11**）。

リスト3.11 アノテーション付与

```
001:    @Component
002:    public class EveningGreet implements Greet {
```

Javaファイル「DiSampleApplication」を選択し、マウスを右クリックし、「実行」→「Spring Bootアプリケーション」を選択します。「@Component」を付与した「EveningGreet」クラスのメソッド「greeting」が呼ばれます（**図3.17**）。

図3.17 実行結果2

```
2023-10-21T18:21:30.746+09:00   INFO  14024
2023-10-21T18:21:30.767+09:00   INFO  14024
こんばんは
```

07 ソースコードの説明

Spring Frameworkは起動時に「コンポーネントスキャン」によって「使われる側」MorningGreetクラスに「@Component」アノテーションが付与されていることから、MorningGreetクラスのインスタンスを生成します。

「@Autowired」アノテーションに従い「使われる側」MorningGreetクラスのインスタンスが「使う側」クラスの「フィールド」Greetに注入されます。

実行するとMorningGreetクラスのgreetingメソッドが実行されます。

仕様変更に対応するため「使われる側」MorningGreetの「@Component」アノテーションを削除またはコメントアウトし、「使われる側」EveningGreetクラスに「@Component」アノテーションを付与すれば「@Autowired」アノテーションに従い、「使われる側」EveningGreetクラスのインスタンスが「使う側」クラスの「フィールド」Greetに注入されます。

実行するとEveningGreetクラスのgreetingメソッドが実行されます。

3-2-4　まとめ

「DIコンテナの利用」と「5つのルール」を守ることで、仕様変更に対して「使う側」クラスの修正をゼロにすることができました。DIについて何となくイメージすることができましたでしょうか？

以下に重要点をまとめます。

- Spring Frameworkは任意に実装したクラスをインスタンス化する機能を提供します（DIコンテナ）
- Spring Frameworkを利用したアプリケーションではインスタンスを明示的に生成しません（「new」キーワードを使わない）
- ステレオタイプアノテーション（ここでは「@Component」）をクラスに付与する事でSpringFrameworkにインスタンスを生成させます
- 生成されたインスタンスを利用したい箇所でフィールドを用意し、アノテーション（ここでは「@Autowired」）を付与することでSpring Frameworkはインスタンスが必要なことを判断しインスタンスを注入します
- インターフェースを利用した依存関係を作り、DIを使用することで「使われる側」クラスを変更する場合、「使う側」クラスの修正をゼロにすることができます

Column │ DIコンテナを現実世界の例で考える

あなたが旅行を計画しているとします。しかし、飛行機のチケット、ホテルの予約、観光ツアーなど、全てを自分で手配するのは大変です。そこで、旅行会社に行き、彼らにあなたの旅行計画の手配を依頼します。

ここでの「旅行会社」は「DIコンテナ」に相当します。旅行会社はあなたの旅行に必要な全ての要素（飛行機のチケット、ホテル、ツアー）つまりは「インスタンス」を提供します。あなたは、それらの詳細を自分で手配する必要はありません。

旅行会社を利用することで、旅行の各要素を自分で管理する複雑さが取り除かれます。プログラムでは、DIを使用することで、クラスはその実装の詳細（どのデータベースを使用するか、どのサービスに接続するかなど）から分離されます。

3-3 DIについて知ろう （インスタンス生成）

ここではDIについて深堀します。引き続き見慣れない言葉が出てきますが「そうなんだ」位の気持ちで学習してください。まずは「Bean」という言葉から説明します。

3-3-1 Beanとは？

Spring Frameworkは、「DIコンテナ」というJavaインスタンスを生成する機能を持っています。アプリケーションの起動時に必要な設定を読み込み（コンポーネントスキャン）、インスタンスを生成してDIコンテナに保持します。DIコンテナで管理されているインスタンスのことを「Bean」と呼びます。簡単に考えると「Bean」を必要なときに取り出して処理をさせるのがSpringの使用方法になります（図3.18）。

図3.18 Bean

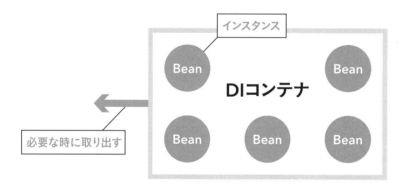

3-3-2 Bean定義とは？

Spring Frameworkに「このクラスをBeanにします」と指示することを「Beanを定義する」と言います。Beanを定義する主要な方法には、下記の3つがあります。

① クラスにアノテーションを付加する
② Java Configクラスにメソッドを作成する
③ XML設定ファイルに記述する

本書では、Springアプリケーション開発で近年よく利用されている①と②を説明します。

①については、「3-2 DIについて知ろう」で説明していますので、ここでは②の「Java Config クラスにメソッドを作成する」についてプログラムを作成しながら説明します。

3-3-3 Java Configを使用したプログラム

インターフェース「BusinessLogic」、インターフェースを実装した「TestLogicImpl」クラスと「SampleLogicImpl」クラスを各々作成後、「Java Config」クラスを作成し、DIの動きを確認できるプログラムを作成します。

01 プロジェクトの作成

eclipseを起動し、メニューの左上から「ファイル」→「新規」→「Springスターター・プロジェクト」を選択します。「Springスターター・プロジェクト」が見つからない場合は、「その他」を選択し「Springスターター・プロジェクト」を検索してください。「新規Springスターター・プロジェクト」画面で、以下のように入力後「次へ」ボタンを押します。

○ 設定内容

名前	JavaConfigSample
タイプ	Gradle-Groovy
パッケージング	Jar
Javaバージョン	21
言語	Java

※ 他はデフォルト設定

依存関係で「Spring Boot DevTools（開発ツール）」を選択後「完了」ボタンを押し、プロジェクトが作成されます（**図3.19**）。

図3.19 プロジェクト作成

02 「使われる側」インターフェースと実装クラスの作成

「JavaConfigSample」の「src/main/java」フォルダを選択し、マウスを右クリックし、「新規」→「インターフェース」を選択します。インターフェース設定画面にて以下の「設定内容」を記述後、「完了」ボタンを押します。

パッケージ	com.example.demo.service
名前	BusinessLogic

※ 他はデフォルト設定

「BusinessLogic」インターフェースの内容は**リスト 3.12**のようになります。5行目に処理を表すメソッドを定義します。

リスト3.12 **BusinessLogic**

```
001:  package com.example.demo.service;
002:
003:  public interface BusinessLogic {
004:      /** 処理 */
005:      void doLigic();
006:  }
```

インターフェース実装クラスを作成していきましょう。「JavaConfigSample」の「src/main/java」フォルダを選択し、マウスを右クリックし、「新規」→「クラス」を選択します。クラス設定画面にて以下の「設定内容」を記述後、「完了」ボタンを押します。

○ 設定内容

パッケージ	com.example.demo.service.impl
名前	TestLogicImpl
インターフェース	com.example.demo.service.BusinessLogic

※ 他はデフォルト設定

「TestLogicImpl」実装クラスの内容は**リスト 3.13**のようになります。

リスト3.13 **TestLogicImpl**

```
001:  package com.example.demo.service.impl;
002:
003:  import com.example.demo.service.BusinessLogic;
004:
005:  public class TestLogicImpl implements BusinessLogic {
006:      @Override
007:      public void doLigic() {
008:          System.out.println("テストです");
009:      }
010:  }
```

同様に以下の「設定内容」で、「SampleLogicImpl」実装クラスを作成します。

○ 設定内容

パッケージ	com.example.demo.service.impl
名前	SampleLogicImpl
インターフェース	com.example.demo.service.BusinessLogic

※ 他はデフォルト設定

「SampleLogicImpl」クラスの内容は**リスト3.14**のようになります。

リスト3.14 **SampleLogicImpl**

```
001:    package com.example.demo.service.impl;
002:
003:    import com.example.demo.service.BusinessLogic;
004:
005:    public class SampleLogicImpl implements BusinessLogic {
006:        @Override
007:        public void doLigic() {
008:            System.out.println("サンプルです");
009:        }
010:    }
```

03 「Java Config」クラスの作成

「Java Config」は、Javaアプリケーションやフレームワークの設定をJavaのクラスで行う方法を指します。「Java Config」は2つのアノテーションを使用します。

* @Configuration

  クラスに追加することで、そのクラスが設定クラスであることを示します。

* @Bean

  メソッドに追加することで、そのメソッドがBeanを返すことを示します。このBeanはDIコンテナによって管理されます。

「JavaConfigSample」の「src/main/java」フォルダを選択し、マウスを右クリックし、「新規」›「クラス」を選択します。クラス設定画面にて以下の「設定内容」を記述後、「完了」ボタンを押します。

○ 設定内容

パッケージ	com.example.demo.config
名前	AppConfig

※ 他はデフォルト設定

「AppConfig」クラスの内容は**リスト3.15**のようになります。

```
001:    package com.example.demo.config;
002:
003:    import org.springframework.context.annotation.Bean;
004:    import org.springframework.context.annotation.Configuration;
005:
006:    import com.example.demo.service.BusinessLogic;
007:    import com.example.demo.service.imple.SampleLogicImpl;
008:    import com.example.demo.service.imple.TestLogicImpl;
009:
010:    @Configuration
011:    public class AppConfig {
012:        @Bean(name = "test")
013:        public BusinessLogic dataLogic() {
014:            return new TestLogicImpl();
015:        }
016:
017:        @Bean(name = "sample")
018:        public BusinessLogic viewLogic() {
019:            return new SampleLogicImpl();
020:        }
021:    }
```

　12行目「@Bean(name = "test")」の記述で、メソッドがBeanを返すことを示します。返される
Beanの中身が14行目の「TestLogicImpl」インスタンスです。name属性で設定した「test」は、
TestLogicImplインスタンスをDIコンテナに「test」という名前のBeanとして登録します。

　17行目「@Bean(name = "sample")」も同様で、返されるBeanの中身が19行目の
「SampleLogicImpl」インスタンスです。name属性で設定した「sample」は、SampleLogicImpl
インスタンスをDIコンテナに「sample」という名前のBeanとして登録します。

04　「起動」クラスの作成

　デフォルトで作成される「com.example.demo」パッケージにある
「JavaConfigSampleApplication」クラスの内容を**リスト3.16**のように修正します。

リスト3.16　JavaConfigSampleApplication

```
001:    package com.example.demo;
002:
003:    import org.springframework.beans.factory.annotation.Autowired;
004:    import org.springframework.beans.factory.annotation.Qualifier;
005:    import org.springframework.boot.SpringApplication;
006:    import org.springframework.boot.autoconfigure.SpringBootApplication;
007:
```

```
008:    import com.example.demo.service.BusinessLogic;
009:
010:    @SpringBootApplication
011:    public class JavaConfigSampleApplication {
012:
013:        /** 起動メソッド */
014:        public static void main(String[] args) {
015:            SpringApplication.run(JavaConfigSampleApplication.class, args)
016:            .getBean(JavaConfigSampleApplication.class).exe();
017:        }
018:
019:        /** DI */
020:        @Autowired
021:        @Qualifier("test")
022:        private BusinessLogic business1; // TestLogicImplのインスタンス
023:
024:        /** DI */
025:        @Autowired
026:        @Qualifier("sample")
027:        private BusinessLogic business2; // SampleLogicImplのインスタンス
028:
029:        /** 実行メソッド */
030:        public void exe() {
031:            business1.doLigic();
032:            business2.doLigic();
033:        }
034:    }
```

21行目「@Qualifier("test")」、26行目「@Qualifier("sample")」は、@Qualifierアノテーションを使用して、AppConfigクラスで定義したBeanの名前を指定しています。これにより、TestLogicImplとSampleLogicImplのインスタンスがそれぞれbusiness1とbusiness2に注入されます。

05 実行

Javaファイル「JavaConfigSampleApplication」を選択し、マウスを右クリックし、「実行」→「Spring Boot アプリケーション」を選択します。「Java Config」クラスで設定したBeanがDIされることを確認てさます（**図3.20**）。

図3.20 実行結果

```
2023-10-21T19:10:19.381+09:00  INFO 13216
テストです
サンプルです
```

3-3-4 まとめ

「Java Config」クラスの動作について以下に記述します（**図3.21**）。

図3.21 「Java Config」クラス

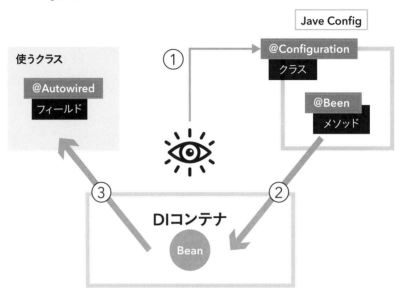

① Spring アプリケーションが起動すると、まず「コンポーネントスキャン」が行われ、@
Configuration が付けられたクラスが見つかると、そのクラス内の Bean 定義が読み込まれ
ます

②「@Bean」が付けられたメソッドが実行され、その結果として返されるオブジェクトが DI コ
ンテナに Bean として登録されます

③「@Autowired」が付けられたフィールドを見つけると、DI コンテナは適切な Bean を探し、
そのフィールドにインスタンスを注入します

「Java Config」クラスを使用したインスタンス生成について何となくイメージできましたで
しょうか？次はインジェクション方法について深掘りしましょう。

3-4 DIについて知ろう （インジェクション）

ここでは、インスタンスを注入する箇所に付与する「@Autowired」について深堀します。「使うクラス」の「フィールド」に対して「@Autowired」を付与する方法は「フィールドインジェクション」といいます。インジェクションの方法は大きく分けて3つあります。

3-4-1 インジェクションの方法

フィールドインジェクション

フィールドインジェクションの主な特徴と記述例は以下のとおりです（**表3.4**）。

表3.4 フィールドインジェクションの特徴

概要	クラスのフィールド（変数）に直接依存性を注入する方法
記述方法	フィールドに「@Autowired」を付与する
特徴	コードがシンプルになるが、テスト時にモック※化が難しくなる可能性がある

※ モック化は、テストの際に実際のオブジェクトやサービスの代わりに使用するダミーのオブジェクトを作成することを指します。このダミーオブジェクトを「モック」と呼びます。

○ 記述例

```
@Autowired
private SomeService someService;
```

セッターインジェクション

セッターインジェクションの主な特徴と記述例は以下のとおりです（**表3.5**）。

表3.5 セッターインジェクションの特徴

概要	セッターメソッド※を通じて依存性を注入する方法
記述方法	セッターメソッドに「@Autowired」を付与する
特徴	必要な依存性だけを注入することができる

※ セッターメソッドは、オブジェクト指向プログラミングにおいて、クラスのプライベート変数の値を外部から設定するためのメソッドです。

```
private SomeService someService;

@Autowired
public void setSomeService(SomeSerivice someService) {
    this.someService = someService;
}
```

■ コンストラクタインジェクション

コンストラクタインジェクションの主な特徴と記述例は以下のとおりです（**表3.6**）。

表3.6 コンストラクタインジェクションの特徴

概要	コンストラクタを通じて依存性を注入する方法
記述方法	コンストラクタに@Autowiredアノテーションを付与する
特徴	不変性※が保たれ、テスト時にモック化が容易になる

※ 不変性とは、あるオブジェクトが一度作成された後、その状態やデータが変更されない特性を指します。
　 つまり、オブジェクトの内容は固定され、後から変更することができません。

○ 記述例

```
private final SomeService someService;

@Autowired
public SomeClass(SomeService someService) {
    this.someService = someService;
}
```

Spring 4.3以降、コンストラクタが1つだけの場合、「@Autowired」を省略することができます。
これにより、コンストラクタインジェクションがさらにシンプルになります。

```
private final SomeService someService;

@Autowired  ←  省略可能
public SomeClass(SomeService someService) {
    this.someService = someService;
}
```

Column | インジェクションの推奨方法

インジェクションの方法で推奨されるのは「コンストラクタインジェクション」です。

推奨される理由はフィールドに「final」修飾子を付与して不変性を保証する場合、「コンストラクタインジェクション」のみが使用できるためです。なお、Javaでは「final」修飾子を付与したフィールドは、その値が変更不可能になります。

これらのフィールドの値は、宣言時かコンストラクタ内でのみ設定できます。

初めから「コンストラクタインジェクション」の方法を教えれば良いだろうと思った方がいると思いますが、「フィールドインジェクション」の方が「DI」のイメージをしやすいので、本書では「フィールドインジェクション」から説明させて頂きました。「フィールドインジェクション」は非推奨です。

3-4-2 各インジェクションを利用したプログラムの作成

「フィールドインジェクション」、「セッターインジェクション」、「コンストラクタインジェクション」、「Lombok」との連携を用いた「インジェクション」の動きを確認できるプログラムを作成します。

01 プロジェクトの作成

eclipseを起動し、メニューの左上から「ファイル」→「新規」→「Springスターター・プロジェクト」を選択します。「新規Springスターター・プロジェクト」画面で、以下のように入力後「次へ」ボタンを押します。

○ 設定内容

名前	InjectionSample
タイプ	Gradle-Groovy
パッケージング	Jar
Javaバージョン	21
言語	Java

※ 他はデフォルト設定

依存関係で「Spring Boot DevTools（開発者ツール）」、「Lombok（開発者ツール）」を選択後「完了」ボタンを押し、プロジェクトが作成されます（**図3.22**）。

図3.22 プロジェクト作成

02 「使われる側」クラスの作成

　DIする対象インスタンスは「インターフェース」の実装クラスのみというルールがある訳ではないです。DIとはインスタンスを注入することなので普通のクラスもDIできます。今回は普通のクラスをDIしてみましょう。「InjectionSample」の「src/main/java」フォルダを選択し、マウスを右クリックし、「新規」→「クラス」を選択します。クラス設定画面にて以下の「設定内容」を記述後、「完了」ボタンを押します。

○ **設定内容**

パッケージ	com.example.demo.service
名前	SomeService

※ 他はデフォルト設定

　「SomeService」クラスの内容は**リスト3.17**のようになります。10行目に処理を表すメソッドを定義します。

リスト3.17 SomeService

```
001: package com.example.demo.service;
002:
003: import org.springframework.stereotype.Component;
004:
005: @Component
006: public class SomeService {
007:
008:     /** サービス処理 */
009:     public void doService() {
010:         System.out.println("あるサービス");
011:     }
012: }
```

03 各「インジェクション」を試すクラスの作成

今回「フィールドインジェクション」、「セッターインジェクション」、「コンストラクタインジェクション」、「コンストラクタインジェクション（アノテーションなし）」、「コンストラクタインジェクション（Lombok使用）」を試したいので、その処理元となるインターフェースを作成します。

「InjectionSample」の「src/main/java」フォルダを選択し、マウスを右クリックし、「新規」→「インターフェース」を選択します。インターフェース設定画面にて以下の「設定内容」を記述後、「完了」ボタンを押します。

○ 設定内容

パッケージ	com.example.demo.example
名前	Example

※ 他はデフォルト設定

「Example」インターフェースの内容は**リスト3.18**のようになります。5行目に処理を表すメソッドを定義します。

リスト3.18　**Example**

```
001:   package com.example.demo.example;
002:
003:   public interface Example {
004:       /** 実行 */
005:       void run();
006:   }
```

● フィールドインジェクション

実装クラスを作成していきます。「InjectionSample」の「src/main/java」フォルダを選択し、マウスを右クリックし、「新規」→「クラス」を選択します。クラス設定画面にて以下の「設定内容」を記述後、「完了」ボタンを押します。

○ 設定内容

パッケージ	com.example.demo.example.impl
名前	FieldInjectionExample
インターフェース	com.example.demo.example.Example

※ 他はデフォルト設定

「FieldInjectionExample」クラスの内容は**リスト3.19**のようになります。

```
001:    package com.example.demo.example.impl;
002:
003:    import org.springframework.beans.factory.annotation.Autowired;
004:
005:    import com.example.demo.example.Example;
006:    import com.example.demo.service.SomeService;
007:
008:    //@Component
009:    public class FieldInjectionExample implements Example {
010:
011:        /** フィールドインジェクション */
012:        @Autowired
013:        private SomeService someService;
014:
015:        /** 実行 */
016:        @Override
017:        public void run() {
018:            someService.doService();
019:        }
020:    }
```

　8行目「//@Component」は現時点ではコメントアウトにします。12行目でフィールドに「@Autowired」を付与することで、「フィールドインジェクション」をしています。

● セッターインジェクション

　「InjectionSample」の「src/main/java」フォルダを選択し、マウスを右クリックし、「新規」→「クラス」を選択します。クラス設定画面にて以下の「設定内容」を記述後、「完了」ボタンを押します。

○ 設定内容

パッケージ	com.example.demo.example.impl
名前	SetterInjectionExample
インターフェース	com.example.demo.example.Example

※　他はデフォルト設定

　「SetterInjectionExample」クラスの内容は**リスト3.20**のようになります。

リスト3.20 SetterInjectionExample

```
001:   package com.example.demo.example.impl;
002:
003:   import org.springframework.beans.factory.annotation.Autowired;
004:
005:   import com.example.demo.example.Example;
006:   import com.example.demo.service.SomeService;
007:
008:   //@Component
009:   public class SetterInjectionExample implements Example{
010:       /** フィールド */
011:       private SomeService someService;
012:
013:       /** セッターインジェクション */
014:       @Autowired
015:       public void setSomeService(SomeService someService) {
016:           this.someService = someService;
017:       }
018:
019:       /** 実行 */
020:       public void run() {
021:           someService.doService();
022:       }
023:   }
```

8行目「//@Component」は現時点ではコメントアウトにします。14行目でセッターメソッドに「@Autowired」を付与することで、「セッターインジェクション」をしています。

● コンストラクタインジェクション

「InjectionSample」の「src/main/java」フォルダを選択し、マウスを右クリックし、「新規」→「クラス」を選択します。クラス設定画面にて以下の「設定内容」を記述後、「完了」ボタンを押します。

○ 設定内容

パッケージ	com.example.demo.example.Impl
名前	ConstructorInjectionExample
インターフェース	com.example.demo.example.Example

※ 他はデフォルト設定

「ConstructorInjectionExample」クラスの内容は**リスト3.21**のようになります。

ConstructorInjectionExample

```
001:    package com.example.demo.example.impl;
002:
003:    import org.springframework.beans.factory.annotation.Autowired;
004:
005:    import com.example.demo.example.Example;
006:    import com.example.demo.service.SomeService;
007:
008:    //@Component
009:    public class ConstructorInjectionExample implements Example {
010:        /** フィールド */
011:        private final SomeService someService;
012:
013:        /** コンストラクタインジェクション */
014:        @Autowired
015:        public ConstructorInjectionExample(SomeService someService) {
016:            this.someService = someService;
017:        }
018:
019:        /** 実行 */
020:        public void run() {
021:            someService.doService();
022:        }
023:    }
```

　8行目「//@Component」は現時点ではコメントアウトにします。14行目でコンストラクタに「@Autowired」を付与することで、「コンストラクタインジェクション」をしています。

● コンストラクタインジェクション (アノテーションなし)

　「InjectionSample」の「src/main/java」フォルダを選択し、マウスを右クリックし、「新規」→「クラス」を選択します。クラス設定画面にて以下の「設定内容」を記述後、「完了」ボタンを押します。

○ 設定内容

パッケージ	com.example.demo.example.impl
名前	ConstructorInjectionOmitExample
インターフェース	com.example.demo.example.Example

※ 他はデフォルト設定

　「ConstructorInjectionOmitExample」クラスの内容は**リスト3.22**のようになります。

リスト 3.22 ConstructorInjectionOmitExample

```
001:   package com.example.demo.example.impl;
002:
003:   import com.example.demo.example.Example;
004:   import com.example.demo.service.SomeService;
005:
006:   //@Component
007:   public class ConstructorInjectionOmitExample implements Example {
008:       /** フィールド */
009:       private final SomeService someService;
010:
011:       /** コンストラクタインジェクション */
012:       public ConstructorInjectionOmitExample(SomeService someService) {
013:           this.someService = someService;
014:       }
015:
016:       /** 実行 */
017:       public void run() {
018:           someService.doService();
019:       }
020:   }
```

　6行目「//@Component」は現時点ではコメントアウトにします。Spring 4.3以降、コンストラクタが1つだけの場合、@Autowiredアノテーションを省略することができます。そのため12行目のコンストラクタから「@Autowired」を外します。

● コンストラクタインジェクション（アノテーションなし&Lombok）

　「InjectionSample」の「src/main/java」フォルダを選択し、マウスを右クリックし、「新規」→「クラス」を選択します。クラス設定画面にて以下の「設定内容」を記述後、「完了」ボタンを押します。

○ 設定内容

パッケージ	com.example.demo.example.impl
名前	ConstructorInjectionOmitLombokExample
インターフェース	com.example.demo.example.Example

※ 他はデフォルト設定

　「ConstructorInjectionOmitLombokExample」クラスの内容は**リスト 3.23**のようになります。

リスト 3.23　ConstructorInjectionOmitLombokExample

```
001:   package com.example.demo.example.impl;
002:
003:   import com.example.demo.example.Example;
004:   import com.example.demo.service.SomeService;
005:
006:   import lombok.RequiredArgsConstructor;
007:
008:   //@Component
009:   @RequiredArgsConstructor
010:   public class ConstructorInjectionOmitLombokExample implements Example {
011:       /** フィールド */
012:       private final SomeService someService;
013:
014:       // コンストラクタが省略できる
015:
016:       /** 実行 */
017:       public void run() {
018:           someService.doService();
019:       }
020:   }
```

8行目「//@Component」は現時点ではコメントアウトにします。

9行目「@RequiredArgsConstructor」は、Lombokが提供するアノテーションの1つです。このアノテーションをクラスに付与すると、そのクラスの「final」が付けられたフィールドのみを引数とするコンストラクタを自動的に生成します。そのため、コンストラクタを自分で記述することを省略できます。かつSpring 4.3以降、コンストラクタが1つだけの場合、「@Autowired」を省略することができるため、**リスト3.23**の記述が可能です。

04 「起動」クラスの作成

デフォルトで作成される「com.example.demo」パッケージにある「InjectionSampleApplication」クラスの内容を**リスト3.24**のように修正します。

リスト 3.24　InjectionSampleApplication

```
001:   package com.example.demo;
002:
003:   import org.springframework.beans.factory.annotation.Autowired;
004:   import org.springframework.boot.SpringApplication;
005:   import org.springframework.boot.autoconfigure.SpringBootApplication;
006:
007:   import com.example.demo.example.Example;
008:
```

```
009:    @SpringBootApplication
010:    public class InjectionSampleApplication {
011:        /** 起動 */
012:        public static void main(String[] args) {
013:            SpringApplication.run(InjectionSampleApplication.class, args)
014:                .getBean(InjectionSampleApplication.class).exe();
015:        }
016:
017:        /** DI */
018:        @Autowired
019:        private Example example;
020:
021:        /** 実行 */
022:        private void exe() {
023:            example.run();
024:        }
025:    }
```

19行目で各「インジェクション」を試すクラスをDIしています。

05 実行

　まずはフィールドインジェクションを確認しましょう。「FieldInjectionExample」実装クラス名の上の「@Component」のコメントを外します。importに「org.springframework.stereotype.Component;」が追加されます。

　Javaファイル「InjectionSampleApplication」を選択し、マウスを右クリックし、「実行」→「Spring Boot アプリケーション」を選択します（**図3.23**）。

図3.23 実行結果

```
2023-10-21T19:41:30.963+09:00  INFO 15356
あるサービス
```

　「SomeService」クラスの処理が実行され、「あるサービス」と表示されます。処理の動きを**図3.24**に示します。

図3.24 処理の動き

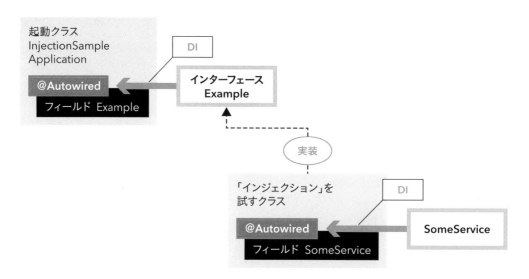

図3.24の例はフィールドインジェクションですが、

- セッター
- コンストラクタ
- コンストラクタ省略
- コンストラクタ省略＆Lombok

も同様のイメージになります。

次はセッターインジェクションを確認しましょう。

「FieldInjectionExample」実装クラス名の上の「@Component」をコメントアウトに戻します。その後「SetterInjectionExample」実装クラス名の上の「@Component」のコメントを外します。

Javaファイル「InjectionSampleApplication」を選択し、マウスを右クリックし、「実行」→「Spring Bootアプリケーション」を選択します。実行結果は**図3.21**と同様です。

同様にコンストラクタインジェクション「ConstructorInjectionExample」、コンストラクタインジェクション（アノテーションなし）「ConstructorInjectionOmitExample」、コンストラクタインジェクション（アノテーションなし＆Lombok）「ConstructorInjectionOmitLombokExample」を実行して、処理を確認してください。

注意点は、確認する「インジェクション」を試すクラス以外の「@Component」をコメントアウトし、試すクラスには「@Component」を付与することです。

3-4-3　DIのイメージ

　最後にDIを現実世界で表すストーリーを話します。DIの理解に繋がるきっかけになれば幸いです。

　あなたは新しい「冷蔵庫」を購入しました。しかし、冷蔵庫は自分で「電気」を生成する機能がありません。電気がないと、冷蔵庫は食品を冷やすことができません。そこで家の電源コンセントに冷蔵庫のプラグを接続します。この電気は、電気会社から供給されています。電気が供給されることで、冷蔵庫はちゃんと食品を冷やすことができるようになります。

　この例でいうと、

- 冷蔵庫　　使うクラス
- 電気　　　使われるクラス（必要な機能やデータ）
- 電気会社　DIコンテナ

となります。

　つまり、DIとは「必要なもの（電気）を外部から提供してもらう」ことを指します。使うクラス（冷蔵庫）は、自分で必要なものを作るのではなく、外部（電気会社：DIコンテナ）から提供される電気（使われるクラス）を利用します（**図3.25**）。

図3.25　DIのイメージ

Column │ コンストラクタインジェクションが推奨される理由

　コンストラクタインジェクションが推奨される理由を以下に列挙します。

- 単一責任の原則
　オブジェクト指向プログラミングの基本原則の一つで、「一つのクラスは一つの機能だけを持つべき」という考え方です。コンストラクタインジェクションを使用すると、一つのクラスがたくさんの責任（機能）を持っている場合、その依存関係が多いことに気づきやすくなります。これにより、適切なクラス設計が促進されます。

- 不変性

  コンストラクタインジェクションでは、依存関係をfinal（変更不可）として宣言できます。これにより、オブジェクトの不変性（状態が変更されない性質）が保たれ、プログラムがより安全で予測可能になります。フィールドインジェクションの場合、final宣言はできないため、依存関係が変更可能なままです。

- 循環依存の防止

  コンストラクタインジェクションでは、依存関係がコンストラクタの呼び出し時に設定され、その後変更不可能になります。このため、もし循環依存（互いに依存し合っている状態）がある場合、アプリケーションの起動時にエラーが発生し、問題が明らかになります。他のインジェクション方法では、このような問題を早期に検出することが難しいです。

  これらの点から、コンストラクタインジェクションは、より堅牢で整理されたコードを書くための良い方法とされています。フィールドインジェクションはコードを簡潔に書くことができますが、上記のような利点が得られないため、非推奨となっています。

  単一責任の原則は、「SOLIDの原則」の1つになります。

  「SOLIDの原則」はオブジェクト指向プログラミングにおける5つの基本的な設計原則の集まりです。

  SOLIDは以下の各原則の頭文字から取られています。

- S - 単一責任の原則（Single Responsibility Principle）

  一つのクラスは一つのことだけを行うべきです。

- O - 開放/閉鎖の原則（Open/Closed Principle）

  新しい機能を追加したい時、既存のコードを変えずに済むようにするべきです。

- L - リスコフの置換原則（Liskov Substitution Principle）

  サブクラスはスーパークラスの代わりとして使えるべきです。

- I - インターフェース分離の原則（Interface Segregation Principle）

  大きな一つのインターフェースよりも、小さなインターフェースをたくさん作る方が良いです。

- D - 依存関係逆転の原則（Dependency Inversion Principle）

  プログラムは具体的な実装よりも、より抽象的な概念に依存すべきです。

  これらのルールに従うと、プログラムが読みやすく、保守しやすく、拡張しやすくなります。

第 4 章

Spring Frameworkのコア機能（AOP）を知ろう

4-1 AOP（アスペクト指向プログラミング）の基礎を知ろう

「3-1 Spring Frameworkのコア機能の概要」で「Aspect Oriented Programming：アスペクト指向プログラミング）」略して「AOP」について簡単に説明しました。ここではAOPについて、もう少し詳しくデータベースへのアクセス処理プログラムを例に説明します。

4-1-1 AOPの例（データベースアクセス）

データベースアクセス処理には例外発生時の対応処理を必ず含める必要があります。例外処理を記述しないと、プログラムが停止しますし、Javaの場合は例外処理をプログラムに含めないとコンパイルもできません（図4.1）。

図4.1 データベースへのアクセス処理

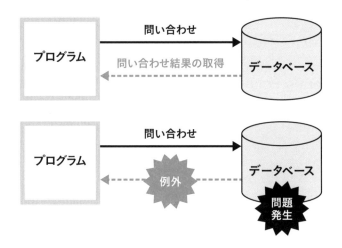

多数のデータベースアクセス処理を作成すると、例外処理の内容はいつも同じですが、例外処理は必要なため常に作成しなければなりません。例外処理を含めるとプログラムコードは増え、複雑になってしまいます。「実現したいプログラム」は「データベースへのアクセス処理」であり、「例外処理」は「実現したいプログラムに付随する」プログラムになります。

「実現したいプログラム＝中心的関心事」、「付随するプログラム＝横断的関心事」を分離してプログラムを作成できないでしょうか（図4.2）。

図4.2 データベースへのアクセス処理での「中心的関心事」と「横断的関心事」

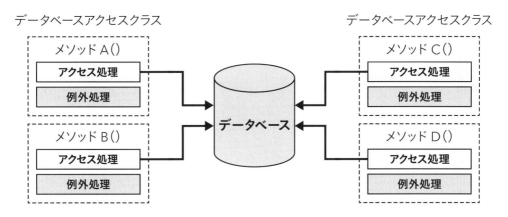

4-1-2 AOPの固有用語

　Spring Frameworkが提供しているAOP機能を利用することで「中心的関心事」と「横断的関心事」を分離してプログラムを簡単に作成できます。

　具体的な使用方法の説明に入る前にAOPの固有用語について説明します（**表4.1**、**図4.3**）。

表4.1 AOP固有用語

用語	内容
Advice「アドバイス」	特定のタイミング（例えば、メソッドが呼び出される前や後）で実行されるコードです。つまり「横断的関心事」を具体的にコードで表現したもの（メソッド）です
JoinPoint「ジョインポイント」	アドバイスが実行される具体的な場所です
Pointcut「ポイントカット」	どのジョインポイント（場所）でアドバイス（コード）が実行されるかを指定するための表現やパターン、つまりは条件です
Aspect「アスペクト」	アドバイス（何をするか）とポイントカット（いつ実行するか）を組み合わせたもの（クラス）です。つまり「横断的関心事」を「どのように」かつ「どこで」実行するかを定義したものです
Interceptor「インターセプタ」	インターセプタは、特定の操作（通常はメソッド呼び出し）を「捕捉」して、その前後で何らかの処理を行うオブジェクトです
Target「ターゲット」	ターゲットは、アスペクトが適用される対象です

図4.3 AOP固有用語のイメージ

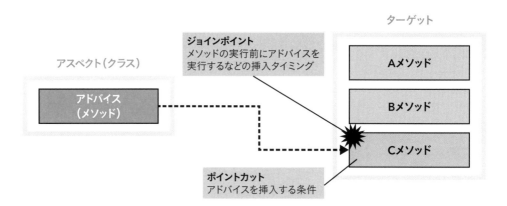

Spring Frameworkでは「インターセプタ」という仕組みを使って横断的関心事（Advice）を中心的関心事（Target）に挿入しているように見せることができます。

クラスAからクラスBのメソッドXを呼ぶ場合のインターセプタの動きを説明します。クラスBのメソッドXを「中心的関心事」と「横断的関心事」に分離させ、Aspect「アスペクト」とAdvice「アドバイス」を作成します（**図4.4**）。

図4.4 「中心的関心事」と「横断的関心事」の分離

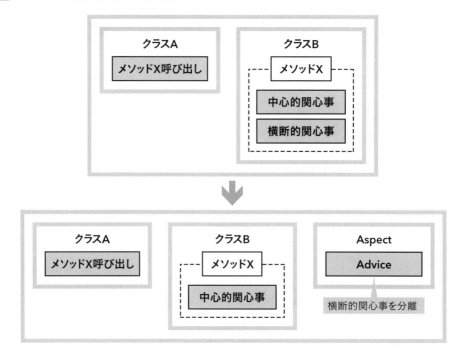

AOPを利用すると、クラスAからクラスBのメソッドX（中心的関心事）を呼び出しているだけに見えます（**図4.5**）。

図4.5 呼び出しイメージ

しかし内部的にはAOP Proxy（Spring Frameworkが自動生成）が処理を横取りし、「メソッドX」及びAdvice「アドバイス」の呼び出し制御をしているのです（**図4.6**）。

図4.6 実際に行われている呼出しイメージ

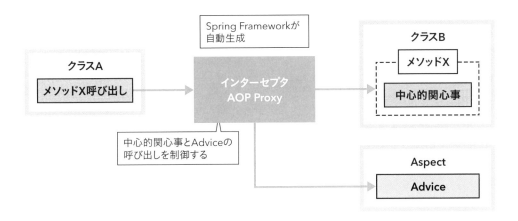

表4.2はAOPでよく使われるSpring Frameworkが用意するアドバイス（Advice）の種類と説明です。

表4.2 Adviceの種類

Advice	内容	例
Before Advice（@Before）	中心的関心事が「始まる前」に、追加の処理（横断的関心事）を行います	ログ・インチェック、権限チェックなど
After Returning Advice（@AfterReturning）	中心的関心事が「正常に終了した後」に、追加の処理を行います	データベーストランザクションのコミット、成功メッセージの表示など
After Throwing Advice（@AfterThrowing）	中心的関心事で「例外が発生した場合」、追加の処理を行います	エラーログの記録、ユーザーへのエラーメッセージ表示など
After Advice（@After）	中心的関心事が「終了した後」に、成功か失敗かに関わらず、追加の処理を行います	リソースの解放、後処理など

Around Advice （@Around）	中心的関心事の「前後」で、追加の処理を行います。このタイプは最も柔軟性があります	処理時間の計測、トランザクションの制御など

　これらのアドバイスは、特定のタイミングで追加の処理（横断的関心事）を挿入するために使用されます。これにより、コードの再利用性とメンテナンス性が向上します。

4-1-3 　Pointcut式

自分でAdviceを作成する場合（具体的な作成方法は、「4-2　AOPのプログラムを作成しよう」で説明します）、パッケージ、クラス、メソッド等、Advice挿入対象を条件で指定できます。
指定する条件方法にはPointcut式を使用します。Pointcut式は数種類ありますが、本書では「execution」指示子を説明します。

○ execution指示子の構文

```
execution(戻り値の型　パッケージ.クラス.メソッド(引数))
```

　Pointcut式は以下に示すワイルドカードを利用することで、柔軟に適用範囲を指定することができます。

- ＊（アスタリスク）
  - パッケージ　　　：任意の1階層のパッケージを表します。
  - メソッドの引数　：1つの任意の引数を表します。
  - 戻り値　　　　　：任意の型の戻り値を表します。
  - 例　　　　　　　：com.example.* はcom.exampleパッケージ直下にあるすべてのクラスを指します。
- ..（ドット2文字）:
  - パッケージ　　　：0個以上の任意のパッケージを表します。
  - メソッドの引数　：0個以上の任意の引数を表します。
  - 例　　　　　　　：com.example..* は com.exampleパッケージとそのサブパッケージにあるすべてのクラスを指します。
- ＋（プラス）:
  - クラス名の後に記述すると、そのクラスとそのサブクラスや実装クラスすべてを表します。
  - 例：Animal+ は Animal クラスとそのすべてのサブクラスを指します。

　具体的な記述例を**表4.3**に示します。

表4.3　「execution」指示子の記述例

記述例	内容
execution(* com.example.service. DemoService.*(..))	DemoServiceクラスのメソッドにAdviceを適用します
execution(* com.example.service. DemoService.select*(..))	DemoServiceクラスのselectで始まるメソッドに Adviceを適用します
execution(String com.example.service. DemoService.*(..))	DemoServiceクラスの戻り値がString型のメソッドに Adviceを適用します
execution(* com.example.service. DemoService.*(String,..))	DemoServiceクラスの最初の引数がString型のメソッ ドにAdviceを適用します
execution(* com.example.service.*.*(..))	指定されたパッケージ下のすべてのクラスのメソッドに Adviceを適用します（サブパッケージは含みません）
execution(* com.example.service..*.*(..))	com.example.serviceパッケージおよびそのサブパッ ケージに存在するすべてのクラスのメソッドにAdvice を適用します
execution(* com.example.service. DemoService.*(*))	DemoServiceクラスの引数が1つの任意の型である メソッドにAdviceを適用します

Column ｜ 現実世界の例でAOPをイメージする

- 中心的関心事

  「どの部屋を掃除するか」に当たります。つまり、キッチンを掃除する、リビングを片付ける、バスルームを磨くなど、それぞれの部屋での特有のタスクです。これがプログラミングで言う「中心的関心事」、つまりアプリケーションの主な機能や目的です。

- 横断的関心事

  家の掃除で言うところの「ほうきやモップを使う」や「ゴミを拾う」など、どの部屋を掃除する時にも共通して必要になる作業です。プログラミングにおいては、ログの記録、セキュリティのチェック、エラーのハンドリングなど、多くの機能や部分に共通して影響を与える作業や処理がこれに当たります。

- AOPの役割

  AOPは、これら「横断的関心事」を「中心的関心事」から分離し、一箇所で管理します。掃除の例で言えば、どの部屋を掃除するにしても「ほうきやモップを使う」というルールを一箇所で定めておき、どの部屋を掃除する時もそのルールに従って作業を進めるようにすることです。

  つまり、AOPを使うと、共通の作業（横断的関心事）を一箇所で管理し、それぞれの特定のタスク（中心的関心事）に集中できるようになり、全体として効率的でわかりやすいプログラムを作ることができるのです。

4-2 AOPのプログラムを作成しよう

自分でAdvice「アドバイス」を作成し、Pointcut式でAdvice「アドバイス」挿入場所を指定して、AOPの動きを確認できるプログラムを作成してみましょう。

4-2-1 プロジェクトの作成とAOP使用の準備

eclipseを起動し、メニューの左上から「ファイル」→「新規」→「Springスターター・プロジェクト」を選択します。「新規Springスターター・プロジェクト」画面で、以下のように入力後「次へ」ボタンを押します。

○ 設定内容

名前	AOPSample
タイプ	Gradle-Groovy
パッケージング	Jar
Javaバージョン	21
言語	Java

※ 他はデフォルト設定

依存関係で「Spring Boot DevTools（開発者ツール）」を選択後「完了」ボタンを押すと、プロジェクトが作成されます（**図4.7**）。

図4.7 プロジェクトの作成

AOPを使用するために作成したプロジェクト内、「Gradle」の設定ファイル「build.gradle」に「implementation 'org.springframework.boot:spring-boot-starter-aop'」を追記します（**リスト4.1**）。

　build.gradle

```
001:  dependencies {
002:      // AOPを使用するために追加
003:      implementation 'org.springframework.boot:spring-boot-starter-aop'
004:      implementation 'org.springframework.boot:spring-boot-starter'
005:      developmentOnly 'org.springframework.boot:spring-boot-devtools'
006:      testImplementation 'org.springframework.boot:spring-boot-starter-test'
007:  }
```

4-2-2　Target「ターゲット」の作成

「AOPSample」の「src/main/java」フォルダを選択し、マウスを右クリックし、「新規」→「クラス」を選択します。クラス設定画面にて以下の「設定内容」を記述後、「完了」ボタンを押します。

○ **設定内容**

パッケージ	com.example.demo.service
名前	TargetService

※ 他はデフォルト設定

「TargetService」クラスの内容は**リスト4.2**のようになります。

　TargetService

```
001:  package com.example.demo.service;
002:
003:  import org.springframework.stereotype.Service;
004:
005:  @Service
006:  public class TargetService {
007:
008:      public void sayHello(String name) {
009:          System.out.println("ハロー, " + name + "!");
010:      }
011:
012:      public void sayGoodbye(String name) {
013:          System.out.println("グッバイ, " + name + "!");
014:      }
015:  }
```

5行目「@Service」でステレオタイプアノテーションを付与して、インスタンス生成対象にしています。

4-2-3 Aspect「アスペクト」の作成

「AOPSample」の「src/main/java」フォルダを選択し、マウスを右クリックし、「新規」→「クラス」を選択します。クラス設定画面にて以下の「設定内容」を記述後、「完了」ボタンを押します。

○ 設定内容

パッケージ	com.example.demo.aop
名前	LoggingAspect

※ 他はデフォルト設定

「LoggingAspect」クラスの内容は**リスト4.3**のようになります。

リスト4.3　**LoggingAspect**

```
001: package com.example.demo.aop;
002:
003: import java.time.LocalDateTime;
004: import java.time.format.DateTimeFormatter;
005:
006: import org.aspectj.lang.JoinPoint;
007: import org.aspectj.lang.ProceedingJoinPoint;
008: import org.aspectj.lang.annotation.Aspect;
009: import org.springframework.stereotype.Component;
010:
011: @Aspect
012: @Component
013: public class LoggingAspect {
014:
015:     // @Before("execution(* com.example.demo.service.TargetService.*(..))")
016:     public void beforeAdvice(JoinPoint joinPoint) {
017:         LocalDateTime startTime = LocalDateTime.now(); // 現在の日時を取得
018:         String formattedTime = startTime.format(DateTimeFormatter.
               ofPattern("HH:mm:ss:SSS"));
019:         System.out.println("------- 【@Before】-------");
020:         System.out.println("Before method：" + joinPoint.getSignature());
021:         System.out.println("メソッド開始: " + formattedTime);
022:     }
023:
024:     // @After("execution(* com.example.demo.service.TargetService.*(..))")
025:     public void afterAdvice(JoinPoint joinPoint) {
026:         LocalDateTime endTime = LocalDateTime.now(); // 現在の日時を取得
027:         String formattedTime = endTime.format(DateTimeFormatter.
               ofPattern("HH:mm:ss:SSS"));
028:         System.out.println("------- 【@After 】-------");
029:         System.out.println("After  method：" + joinPoint.getSignature());
```

```
030:            System.out.println("メソッド終了: " + formattedTime);
031:        }
032:
033:        // @Around("execution(* com.example.demo.service.TargetService.*(..))")
034:        public Object aroundAdvice(ProceedingJoinPoint joinPoint) throws Throwable {
035:            long startTime = System.currentTimeMillis();
036:            System.out.println("===== 【@Around：前】=====");
037:            System.out.println("■Target");
038:            System.out.println("  クラス  :" + joinPoint.getSignature().
                   getDeclaringTypeName());
039:            System.out.println("  メソッド:" + joinPoint.getSignature().getName());
040:
041:            Object result = joinPoint.proceed(); // 実行メソッドを呼び出す
042:
043:            System.out.println("===== 【@Around：後】=====");
044:            long elapsedTime = System.currentTimeMillis() - startTime;
045:            System.out.println("Method execution time: " + elapsedTime + "
                   milliseconds.");
046:            return result;
047:        }
048:    }
```

　アドバイスを記述するクラスには、11行目「@Aspect」を付与し、そしてインスタンス生成のステレオタイプアノテーション12行目「@Component」を付与します。

　15行目「@Before」は、指定されたPointcut式に一致するメソッドが呼び出される前に実行されるアドバイスを定義します。execution(* com.example.demo.service.TargetService.*(..))はPointcut式で、com.example.demo.service.TargetServiceクラスの任意のメソッドが呼び出される「前」にこのアドバイスが実行されることを指定します。

　16行目「JoinPoint」は、アドバイスが適用される対象のメソッドやフィールドに関する情報を提供するオブジェクトです。

　16行目〜22行目「beforeAdvice」メソッドは、コンソールに@Beforeアドバイスが実行されたこと、どのメソッドが呼び出されるのか、そしてそのメソッドが何時呼び出されたかを出力します。

　25行目〜31行目「afterAdvice」メソッドの処理内容は「beforeAdvice」メソッドと変わりありませんが、@ Afterは、指定されたPointcut式に一致するメソッドが呼び出される「後」に実行されるアドバイスを定義します。

　33行目「@Around」は、指定されたPointcut式に一致するメソッドが呼び出される「前後」に実行されるアドバイスを定義します。

　34行目「ProceedingJoinPoint」は、アドバイスが適用される対象のメソッドに関する情報を提供する特別なJoinPointです。このオブジェクトを使用して、41行目のように対象のメソッドを明示的に呼び出すことができます。

　34行目〜47行目「aroundAdvice」メソッドは、メソッドが呼び出される前に、現在の時間（ミリ秒）を記録し、対象のメソッド（joinPoint.proceed()）を実際に呼び出しメソッドが終了した後、

その実行にかかった時間（ミリ秒）を計算しています。現時点では各Adviceのアノテーションを
コメントアウトしています。

補足として「@Around」が他のAdviceと違う点を以下に記述します。

- 引数には「ProceedingJoinPoint」インターフェース型の引数を指定する
- Advice中で「ProceedingJoinPoint」インターフェースのproceed()メソッドを呼び出すこと
  で、Targetのメソッドを呼び出せるため、前後で様々な処理を記述可能
- 戻り値を返す必要がある場合は「Object型」の戻り値で値を返す

4-2-4 起動クラスの作成と動作確認

デフォルトで作成される「com.example.demo」パッケージにある「AopSampleApplication」
クラスの内容を**リスト4.4**のように修正します。新しく説明する内容はありません。

リスト4.4 AopSampleApplication

```
001: package com.example.demo;
002:
003: import org.springframework.beans.factory.annotation.Autowired;
004: import org.springframework.boot.SpringApplication;
005: import org.springframework.boot.autoconfigure.SpringBootApplication;
006:
007: import com.example.demo.service.TargetService;
008:
009: @SpringBootApplication
010: public class AopSampleApplication {
011:     /** 起動 */
012:     public static void main(String[] args) {
013:         SpringApplication.run(AopSampleApplication.class, args)
014:         .getBean(AopSampleApplication.class).exe();
015:     }
016:
017:     /** DI */
018:     @Autowired
019:     private TargetService service;
020:
021:     /** 実行 */
022:     private void exe() {
023:         service.sayHello("太郎");
024:         // わかりやすいように区切りを表示
025:         System.out.println("■□■□■□■□■□");
026:         service.sayGoodbye("花子");
027:     }
028: }
```

「@Before」の確認

LoggingAspectクラスの「@Before」のコメントを解除後、Javaファイル「AopSampleApplication」を選択し、マウスを右クリックし、「実行」→「Spring Boot アプリケーション」を選択します（**図4.8**）。

図4.8 @Before実行結果

```
------- 【@Before】-------
Before method : void com.example.demo.service.TargetService.sayHello(String)
メソッド開始: 08:44:05:115
ハロー, 太郎!
■□■□■□■□■□
------- 【@Before】-------
Before method : void com.example.demo.service.TargetService.sayGoodbye(String)
メソッド開始: 08:44:05:117
グッバイ, 花子!
```

Targetが呼ばれる「前」にAdviceが適応されることを確認できます。再度「@Before」をコメントアウトします。

「@After」の確認

LoggingAspectクラスの「@After」のコメントを解除後、Javaファイル「AopSampleApplication」を選択し、マウスを右クリックし、「実行」→「Spring Boot アプリケーション」を選択します（**図4.9**）。

図4.9 @After実行結果

```
ハロー, 太郎!
------- 【@After 】-------
After  method : void com.example.demo.service.TargetService.sayHello(String)
メソッド終了: 08:45:23:809
■□□■□■□□■□
グッバイ, 花子!
------- 【@After 】-------
After  method : void com.example.demo.service.TargetService.sayGoodbye(String)
メソッド終了: 08:45:23:810
```

Targetが呼ばれる「後」にAdviceが適応されることを確認できます。再度「@After」をコメントアウトします。

「@Around」の確認

LoggingAspectクラスの「@Around」のコメントを解除後、Javaファイル「AopSampleApplication」を選択し、マウスを右クリックし、「実行」→「Spring Boot アプリケーション」を選択します（**図**

4.10）。

図4.10 @Around実行結果

```
=====【@Around：前】=====
■Target
  クラス    : com.example.demo.service.TargetService
  メソッド : sayHello
ハロー，太郎!
=====【@Around：後】=====
Method execution time: 1 milliseconds.
■□■□■□■□■□■□
=====【@Around：前】=====
■Target
  クラス    : com.example.demo.service.TargetService
  メソッド : sayGoodbye
グッバイ，花子!
=====【@Around：後】=====
Method execution time: 0 milliseconds.
```

Targetが呼ばれる「前後」にAdviceが適応されることを確認できます。なお、「After Returning Advice」と「After Throwing Advice」も作り方は同じため今回は作成を割愛します。

Column | 学習のワンポイント

　プログラミングを学ぶ時、「ただコードを書く」のではなく、「どうやっていいコードを作るか」を考えることがすごく重要です。この考え方を学ぶのは、ちょうど建築でいい家を建てるために設計図を学ぶのと似ています。

　DI（依存性の注入）とAOP（アスペクト指向プログラミング）は、Springフレームワークでよく聞く言葉かもしれませんが、実はどんなプログラミング言語やフレームワークにも役立つ普遍的な概念です。

　DI（依存性の注入）は、プログラムの一部が他の部分にどう依存しているかを上手に管理する方法です。

　AOP（アスペクト指向プログラミング）は、プログラムのあちこちで必要になる共通機能を、管理する方法です。

　上記のようなソフトウェア設計の原則やパターンを学ぶことで、将来プログラムに変更や追加が必要になった時にもスムーズに対応できるようになります。つまり、変化に強く、長く使える「設計図」を作るスキルを身につけることができるわけです。これは、プログラミングの世界で長く生きていく上で、とても価値のある投資になります。

　ソフトウェア設計の原則やパターンを学ぶことは、単にコードを書く技術を向上させるだけではなく、未来のあらゆる変更に対応できる強固な基盤を築くことにつながります。

Spring Frameworkが提供するAOP機能を理解しよう

Spring Frameworkは様々な共通機能をAOPで提供しています。提供される機能は「アノテーション」をクラスやメソッドに付与することで利用できます。ここでは本書で後述するSpring Frameworkが提供するAOPの1つ「トランザクション管理機能」について紹介します。

4-3-1 トランザクション管理

トランザクション管理には「@Transactional」を使用します。「@Transactional」をメソッドに付与することで、データベースアクセス処理メソッドが正常終了したらトランザクションをコミットし、例外がスローされた場合はロールバックを行います（**図4.11**）。「@Transactional」アノテーションの具体的な説明は、使用方法含め後の章で説明しますので少々お待ちください。

図4.11 @Transactionalのメソッドへの付与

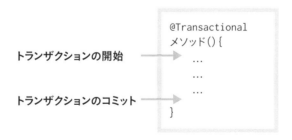

4-3-2 AOPのイメージ

最後にAOPの考え方をストーリーで説明します。AOPの理解に繋がるきっかけになれば幸いです。

例えば、プログラムの開発中に動作状況をチェックする「自分用の確認ログ」を多数のクラスに「System.out.println」文を書いて出力したいとします。これはものすごく面倒くさいやり方です。多数のクラスがあったら、それぞれのクラスのそれぞれのメソッドに「System.out.println」文を書かないといけません。

更にプログラムが完成したら、すべての「自分用の確認ログ」を削除しないといけないのです。

こういう「多数のクラスにわたって共通して必要となる処理」が「横断的関心事」です。

　もしも、さまざまなクラスの中にあるメソッドに「System.out.println」文を自動的に挿入できる機能があったら、これはかなり便利ですね。そして必要がなくなった時にすべて自動的に削除できたら、これこそが「AOPの考え方」なのです。

　AOPの重要点を以下にまとめておきます。

　AOPではプログラムを2つの要素「中心的関心事」と「横断的関心事」で構成されていると考えます。

- 「中心的関心事」
  アプリケーションが実現すべき主要な機能やビジネスロジックを指します。例えば、ユーザー認証、データベースのCRUD操作などがこれに該当します。
- 「横断的関心事」
  複数のコンポーネントや関数で共通して必要とされるが、主要なビジネスロジックとは直接関係ない機能を指します。例えば、ロギング、セキュリティ、トランザクション管理などです。

　AOPの主な目的は、横断的関心事を「分離」し、コードの再利用性と保守性を高めることです。具体的には、Aspectと呼ばれるモジュールに横断的関心事をまとめ、既存のコード（中心的関心事）に影響を与えずにこれを適用します。

　Spring Frameworkは、AOPを用いて多くの「共通機能（トランザクション管理、セキュリティ、ロギングなど）」を提供しています。これにより、開発者はビジネスロジックに集中でき、コードの品質も向上します（**図4.12**）。

図4.12　AOPのメリット

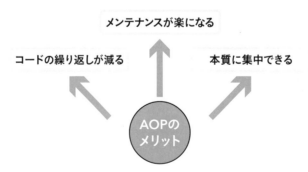

114

第 **5** 章

MVCモデルを知ろう

MVCモデルについて知ろう

この章では、Springが提供するWebアプリケーションを簡単に作るための機能「Spring MVC」を使用し、Webアプリケーションを作成します。まずは「SpringMVC」の説明に入る前に有名なプログラム作成方法である「MVCモデル」について説明します。

5-1-1 MVCモデルとは？

MVCモデルとは、「プログラムの処理を役割毎に分けてプログラムを作成する考え方」でWebシステムの開発に頻繁に用いられます。役割はModel（モデル：M）、View（ビュー：V）、Controller（コントローラ：C）の3種類に分類されます（**図5.1**）。

図5.1 MVCモデルの分類

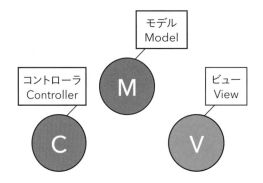

☐ Model（モデル：M）

システムにおいて「ビジネスロジック」は、「システムのコア部分」や「システムの主要な機能」などと説明されます。これは一般的に「業務処理」または「サービス処理」とも呼ばれます。この「業務処理」は、システムがユーザーに提供する具体的なサービスや機能を実現するコードのことを示します。

オンラインショッピングサイトを例に説明すると、商品の検索やカートへの追加、注文処理などがこの「ビジネスロジック」に該当します。

MVCモデルにおいて、この「ビジネスロジック」は「Model」部分で実装されます。簡単に言えば、「Model」は「システムがユーザーに提供するサービスや機能をプログラムで具体化する場所」と

イメージしてください（**図5.2**）。

図5.2 モデル

View（ビュー：V）

一言で説明すると「見た目」です。ユーザーからの入力、ユーザーへの結果出力などシステムの中で「表示部分」に該当し、Webアプリケーションでは主に画面に相当します（**図5.3**）。

図5.3 ビュー

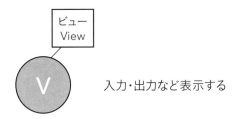

Controller（コントローラ：C）

ビジネスロジックを行う「Model」と画面表示を行う「View」をコントロール（制御）する役割を持ちます。ユーザーからの入力を「View」から受け取り、受け取ったデータをもとに「Model」に指示を伝えます。また「Model」から受け取った結果を「View」に伝え、反映させ画面に表示します（**図5.4**）。

図5.4 コントローラ

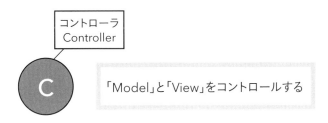

MVCモデルの全体像

「ビジネスロジック」Model（モデル：M）、「見た目」View（ビュー：V）、「制御」Controller（コントローラ：C）と役割分担することで、プログラムの独立性が高くなります（**図5.5**）。

図5.5　全体像

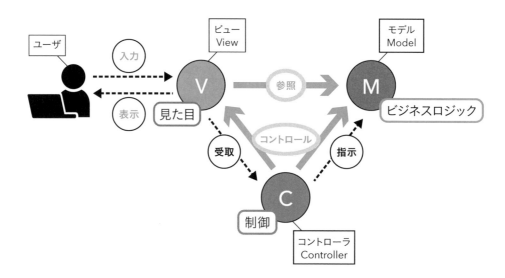

MVCモデルのメリットは以下になります。

* 役割の明確化
  MVCモデルでは、各コンポーネントが独立しているため、一つのコンポーネントを変更しても他のコンポーネントに影響を与えにくいです。これにより、メンテナンスや拡張が容易になります。
* 再利用性
  各コンポーネントが独立しているため、再利用が容易です。例えば、同じビジネスロジック（モデル）を異なる画面（ビュー）で表示する、または同じ画面（ビュー）に異なるビジネスロジック（モデル）を適用することが容易になります。
* テスト容易性
  MVCの各コンポーネントは独立しているため、単体テストが行いやすくなります。

このように、MVCモデルはアプリケーション開発に多くのメリットを提供します。

Column | 筆者からのポイント

難しく考えてはダメです。ITでは良く〇〇パターンとか××モデルとか△△構造など、様々な言葉で分散方法を説明してきます。難しい言葉にビギナーの方はやられてしまうのです。

現実世界に置き換えて考えましょう。今回はタンスの中に衣類をしまう方法に置き換えてみます。

タンスで衣類を分類するメリットは以下になります。

- 整理整頓

  一つ一つの引き出し毎に、特定の種類の衣類をしまうルールを設定することで、新しい衣類を追加するときも、しまう引き出しに迷わず、すぐに整理できます。ITでもルール通りに役割の場所にプログラムを格納することで整理できます。

- 効率的なアクセス

  ルールで衣類を分けておくと、どこの引き出しに何があるのか必要なものをすぐに見つけられます。ITでも同様で、情報が整理されているとアクセスが速くなります。

- 柔軟性

  季節が変われば、冬服と夏服の位置を入れ替えるなど、柔軟に対応できます。ITでもルール通りに分類することで、一部を変更する際に、他の部分に影響を与えにくくでき、仕様変更に柔軟に対応できます。

現実世界で例えるとITの不明言語も「なるほどね」ってなりませんか？

図5.A 現実世界に置き換える

ルールに則り、整理整頓を実施し、
分散すれば、メリットがある！

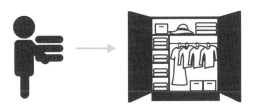

5-2 Spring MVCについて知ろう

「MVCモデル」について役割分担のイメージができましたか？では次にSpringが提供するWebアプリケーションを簡単に作るためのフレームワーク「Spring MVC」の説明をします。正式名称は「Spring Web MVC」で、一般的に「Spring MVC」と呼ばれます。

5-2-1 Spring MVCとは？

「Spring MVC」は、Webアプリケーションを効率的に開発するためのフレームワークです。このフレームワークは「フロントコントローラ・パターン」に基づいて設計されています。

「フロントコントローラ・パターン」とは、デザインパターン[注1]の一つであり、すべてのクライアントからのリクエストを最初に一つの「コントローラ」が受け取ります。このフロントコントローラは、リクエストに応じて適切な処理を行うコントローラにリクエストを振り分けます。

Spring MVCの主な機能として、画面遷移の管理や、クライアント（通常はWebブラウザ）とサーバー間でのデータの入出力を簡単に行えるようにする機能があります。

主な構成要素を表5.1に示します。

表5.1 Spring MVCの構成要素

要素	概要
DispatcherServlet	「フロントコントローラ」です。すべてのクライアントからのリクエストを最初に受け取ります
Model	「コントローラ」から「ビュー」に渡す表示データを格納するオブジェクトです。HttpServletRequestやHttpSessionと同様の機能を提供します
コントローラ	リクエストに応じて適切な処理を行います
ビジネスロジック	データベースへのアクセス、データの取得、加工などを担います。この部分は開発者が設計と実装を行います（Spring MVCとは直接関係ありません）
ビュー	画面表示処理を担います

（注1） デザインパターンとは、「こういう風に作成したら良い」という先人達の知恵が詰まった設計パターンのことです。

5-2-2 リクエスト受信からレスポンス送信までの流れ

「Spring MVC」でのリクエストからレスポンスまでの流れを**図5.6**に記述します。

図5.6 リクエスト受信からレスポンス送信までの流れ

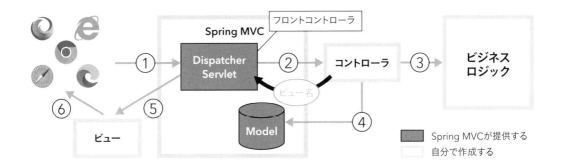

図5.6を簡単に説明します。

すべてのリクエストを受信するフロントコントローラである「DispatcherServlet」が「クライアント」からの「リクエスト」を受け取ります（①）。

「DispatcherServlet」が「コントローラ」の「リクエストハンドラメソッド^(注2)」を呼び出します（②）。

「コントローラ」は、「ビジネスロジック」を呼び出し、「処理結果」を取得します（③）。

処理結果を「Model」に設定し、「ビュー名」を返却します（④）。

それを受け、「DispatcherServlet」がビュー名に対応する「ビュー」に対して、画面表示処理を依頼します（⑤）。

「クライアント」が「レスポンス」を受け取り、ブラウザに処理結果が表示されます（⑥）。

なお、実際はSpring MVCは内部で様々なクラスが処理をしてくれていますが、本書ではまず「DispatcherServlet」と「Model」に着目して頂きたいため省略しています。

図5.6を参照すると、煩雑な処理は「Spring MVC」が担当してくれるため、実際に私達が作成する部分としては、「コントローラ」、「ビジネスロジック」、「ビュー」の3つということがわかります。

説明よりもプログラムを作成した方がイメージしやすいので「Spring MVC」を使用してプログラムを作成してみましょう。

（注2） 「リクエストハンドラメソッド」は、ユーザーからのリクエスト（要求）を「受け取って」、「処理する」役割を持っているため「ハンドラ（取扱者）」と呼ばれます。

5-3 Spring MVCを使ってみよう

これから「Spring MVC」を使用して、Webアプリケーションを作成していきますが、もしWebの知識について自信がないという方は、「2-2 Webアプリケーション作成の必須知識を確認しよう」を参照してから、プログラムの作成に進んでください。

5-3-1 Spring MVCのプログラムの作成

　「リクエスト」で送られる「URL」に対応する「メソッド」のことを「リクエストハンドラメソッド」と呼びます。「コントローラ」に「リクエストハンドラメソッド」を作成後、「ビュー」を作成して「ブラウザ」で「Hello View!!!」と表示するプログラムを作成します。

01 プロジェクトの作成

　eclipseを起動し、メニューの左上から「ファイル」→「新規」→「Springスターター・プロジェクト」を選択します。「新規Springスターター・プロジェクト」画面で、以下のように入力して「次へ」ボタンを押します。

○ 設定内容

名前	SpringMVCViewSample
タイプ	Gradle-Groovy
パッケージング	Jar
Javaバージョン	21
言語	Java

※ 他はデフォルト設定

　依存関係で以下を選択して、「完了」ボタンを押します（**図5.7**）。なお、選択した「Spring Web（Web）」が「Spring MVC」になります。

- Spring Boot DevTools（開発者ツール）
- Thymeleaf（テンプレートエンジン）
- Spring Web（Web）

図5.7 依存関係

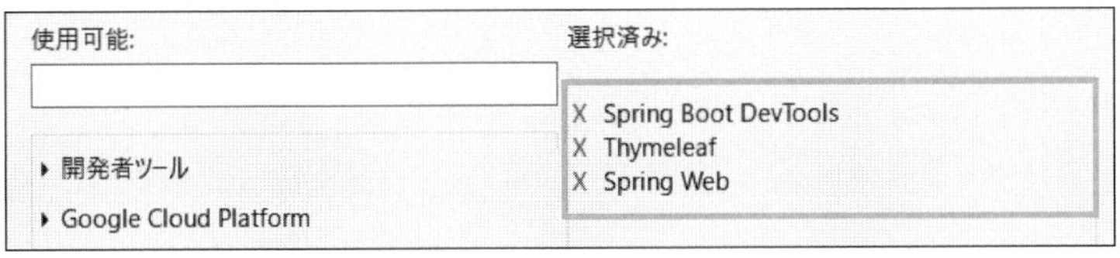

使用可能:	選択済み:
	X Spring Boot DevTools
▸ 開発者ツール	X Thymeleaf
▸ Google Cloud Platform	X Spring Web

Column | Thymeleaf(タイムリーフ)とは?

テンプレートエンジンは、データと特定の形式(テンプレート)を組み合わせて、最終的な表示内容(ビュー)を作成するツールです(**図5.B**)。

Thymeleaf(タイムリーフ)はそのようなテンプレートエンジンの一つで、Spring Bootで使用が推奨されています。簡単に言えば、ThymeleafはSpring Bootと一緒に使うと、データを画面に表示する作業を簡単にしてくれます。

図5.B テンプレートエンジン

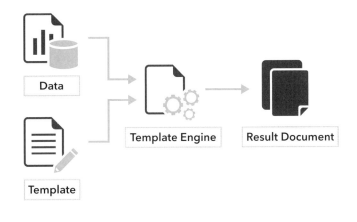

Column | Spring Web MVC(Spring MVC)とは?

Springが提供するWebアプリケーションを開発するためのフレームワークです。このフレームワークは、MVC(Model-View-Controller)という設計パターンに基づいています。

---

02 コントローラの作成

実際に私達が作成する部分の「コントローラ」を作成します。「SpringMVCViewSample」の「src/

5
▼
MVCモデルを知ろう

main/java」フォルダを選択し、マウスを右クリックし、「新規」→「クラス」を選択します。クラス設定画面にて以下の「設定内容」を記述後、「完了」ボタンを押します。

○ 設定内容

パッケージ	com.example.demo.controller
名前	HelloViewController

※ 他はデフォルト設定

「HelloViewController」クラスの内容は**リスト5.1**のようになります。

リスト5.1　**HelloViewController**

```
001:    package com.example.demo.controller;
002:
003:    import org.springframework.stereotype.Controller;
004:    import org.springframework.web.bind.annotation.GetMapping;
005:    import org.springframework.web.bind.annotation.RequestMapping;
006:
007:    @Controller
008:    @RequestMapping("hello")
009:    public class HelloViewController {
010:
011:        @GetMapping("view")
012:        public String helloView() {
013:            // 戻り値は「ビュー名」を返す
014:            return "hello";
015:        }
016:    }
```

「コントローラ」は「POJO」クラスで作成します。「POJO」とは「Plain Old Java Object」の略語です。意味としては「シンプルなJavaオブジェクト」つまり何かクラスを継承するなど特殊な処理をしていないJavaオブジェクトを指しているとイメージしてください。

リスト5.1の7行目「@Controller」は「インスタンス生成」アノテーション（ステレオタイプアノテーション）です[注3]。このアノテーションが付与されたクラスは、HTTPリクエストを受け取り、適切な「ビジネスロジック」を呼び出し、レスポンスを返す役割を持ちます。「@Controller」はクライアントとのデータ入出力を制御する「アプリケーション層」の「コントローラ」に付与します。

リスト5.1の8行目「コントローラ」の「リクエストハンドラメソッド」と「URL」をマッピングするには「@RequestMapping」アノテーションをクラスまたはメソッドに付与します。「@RequestMapping」アノテーションは様々な属性を指定することができますが、基本的にはvalue

---

（注3）　ステレオタイプアノテーションの詳細は「3-2-2　5つのルール」で説明しているので、忘れてしまっている方は参照をお願いします。

属性とmethod属性を指定します（**表5.2**、**リスト5.2**、**リスト5.3**）。

表5.2 指定する属性

属性	概要
value属性	マッピングするURLパスを指定します。valueは最初の「/」を省略できます。つまり、「/hello」と「hello」は同じ意味です。URLパスのみ指定する場合は属性名「value」を省略できます。複数のURLパスを指定することもできます
method属性	「GET」や「POST」などのHTTPメソッドを指定します。「GET」を指定するには「RequestMethod.GET」を使用します。「POST」を指定するには「RequestMethod.POST」を使用します。複数のHTTPメソッドを指定することもできます。クラスに「@RequestMapping」を付与する場合は指定しません

リスト5.2 value属性の例

```
001:    // value属性で処理対象のURLパスをマッピングします。
002:    @RequestMapping(value = "hello")
003:    // value属性だけなら省略できます
004:    @RequestMapping("hello")
005:    // 複数のURLパスを指定できます
006:    @RequestMapping(value = { "hello", "hellospring" })
```

リスト5.3 method属性の例

```
001:    // methodでHTTPメソッド「GET」を指定します。
002:    @RequestMapping(value = "hello", method = RequestMethod.GET)
003:    // 複数のmethodを指定できます（HTTPメソッド「GET」、「POST」を指定します）
004:    @RequestMapping(value = "hello", method = { RequestMethod.GET, RequestMethod.
        POST })
```

リスト5.1の11行目「@GetMapping」は「@RequestMapping」のGETリクエスト用のアノテーションです。使用することで記述の省略と可読性の向上に繋がります。属性としては「@RequestMapping」の「value」属性は同様に使用できますが、「method」属性はありません。

リスト5.4に@GetMappingの使用方法を記述します。

リスト5.4 @GetMappingの例

```
001:    // value属性だけなら省略できます
002:    @GetMapping("hello")
003:    // 複数のURLパスを指定できます
004:    @GetMapping(value = { "hello", "hellospring" })
```

「@RequestMapping」のPOSTリクエスト用のアノテーションが「@PostMapping」です。使用することで記述の省略と可読性の向上に繋がります。属性としては「@RequestMapping」の「value」属性は同様に使用できますが、「method」属性はありません。

リスト5.5に「@PostMapping」の使用方法を記述します。

5

▼
MVCモデルを知ろう

リスト5.5　@PostMappingの例

```
001:     // value属性だけなら省略できます
002:     @PostMapping("hello")
003:     // 複数のURLパスを指定できます
004:     @PostMapping(value = { "hello", "hellospring" })
```

リスト5.1の14行目、リクエストハンドラメソッドの戻り値を「ビュー名」にすることで、「テンプレートエンジン」の「ビュー」がレスポンスのHTMLを生成します。

03　URLマッピング

HelloViewControllerクラスは、クラスに「@RequestMapping("hello")」アノテーション（リスト5.1の8行目）を付与し、リクエストハンドラメソッドに「@GetMapping("view")」アノテーション（リスト5.1の11行目）を付与しています。

クライアントからURL「http://localhost:8080/hello/view」がGETメソッドで送信されると、「HelloViewController」クラスの「helloView」メソッドが呼ばれます。

通常、Webアプリケーションにアクセスする際は、

---

http:// ［サーバー名］：［ポート番号］ / ［アプリケーション名］ / ［機能名］

という形になります。しかし、Spring Bootでは特に設定しない限り、［アプリケーション名］（もしくは「コンテキストパス」とも呼ばれます）は省略されます。

つまり、このURLは「自分のコンピューター（localhost）の8080番のポートで動いているSpring Bootアプリケーションの、"hello/view"という機能にアクセスしてください」という意味になります。

04　ビューの作成

Spring Bootプロジェクトで「ビュー」を作成する時は、以下のルールに従ってください。

Q 「ビュー」はどこに置く？

　A 「resources/templates」というフォルダに配置します（図5.8）。

Q 沢山の画面がある時はどうする？

　A 機能別にサブフォルダを作って、その中に各ビューを配置します。

Q サブフォルダを作ったら、どうやってリクエストハンドラメソッドで指定するの？

　A リクエストハンドラメソッドの中で、templatesフォルダ以下のパスを指定します。例えば、「templates/user/login.html」というファイルがあれば、「user/login」と指定します。

Column | Spring BootでのURL表記について

「http://localhost:8080/hello/view」について補足します（表5.A）。

表5.A Spring BootでのURL表記

言葉	補足
localhost	「自分自身」を指すコンピューターの名前です。つまり、自分のコンピューター内で動いているプログラムにアクセスするときに使用する文字です
8080	「ポート番号」と呼ばれるもので、コンピューター内で複数のプログラムがネットワークを使うときに、どのプログラムにデータを送るかを区別するための番号です。イメージとしては「部屋番号」のようなものです[1]
hello/view	アプリケーション内で特定の機能やページに直接アクセスするための「ルーティング[2]」による、エンドポイント[3]です

※1 「8080」はSpring Bootに内包されているTomcatサーバーの「ポート番号」です。
※2 「ルーティング」とは、Webアプリケーションでユーザーが特定のURLにアクセスしたときに、どの部分（通常は「コントローラ」と呼ばれるプログラムの一部）が動くのかを決定する仕組みです。 簡単に言えば、ルーティングはWebアプリケーション内の「道案内」のようなものです。
※3 エンドポイントとは、APIやWebサービスが外部からアクセスを受けるためのURLです。

Q スタイルシート（CSS）やJavaScriptはどこに置く？

A 「resources/static」というフォルダに配置することで、使用できます。

このルールに従うと、プロジェクトが整理されて、後で修正や追加がしやすくなります。

図5.8 ビューの配置場所

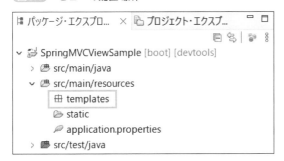

ではビューを作成します。「src/main/resources」→「templates」フォルダを選択し、マウスを右クリックし、「新規」→「その他」を選択します。

「HTMLファイル」を選択し（**図5.9**）、「次へ」ボタンを押し、ファイル名に「hello.html」と入力後、「完了」ボタンを押します（**図5.10**）。すると、templatesフォルダ内にhello.htmlが作成されます（**図5.11**）。

図5.9 HTMLファイル選択

図5.10 ファイル名入力

図5.11 ファイル作成

　hello.htmlの内容は**リスト5.6**のようになります。<body>タグの中に、8行目<h1>タグで「Hello View!!!」を囲むだけの記述内容になります。

🔹 **リスト5.6**　**hello.html**

```
001:    <!DOCTYPE html>
002:    <html>
003:    <head>
004:        <meta charset="UTF-8">
005:        <title>View Sample</title>
006:    </head>
007:    <body>
008:        <h1>Hello View!!!</h1>
009:    </body>
010:    </html>
```

05　実行と確認

　今回作成したのは、SpringBootのWebアプリケーションです。実行方法は複数ありますが、ここでは「Bootダッシュボード」での実行方法を紹介します。

　メニューから「ウィンドウ」→「ビューの表示」→「その他」を選択します。「ビューの表示」ダイアログにて「Bootダッシュボード」を選択し、「開く」を押します（**図5.12**）。

　「Bootダッシュボード」が表示されたら、自身で作成した「SpringMVCViewSample」が表示されていることを確認し、「SpringMVCViewSample」を選択後、「起動」ボタンを押します（**図5.13**）。

図5.12　**Boot**ダッシュボード

図5.13　**Boot**ダッシュボードの起動

　起動すると自動的に「コンソール」が表示され、サーバーが起動したこと、対象のアプリケーションがスタートしたことが「コンソール」に表示されます（**図5.14**）。

129

図5.14 コンソールでの確認

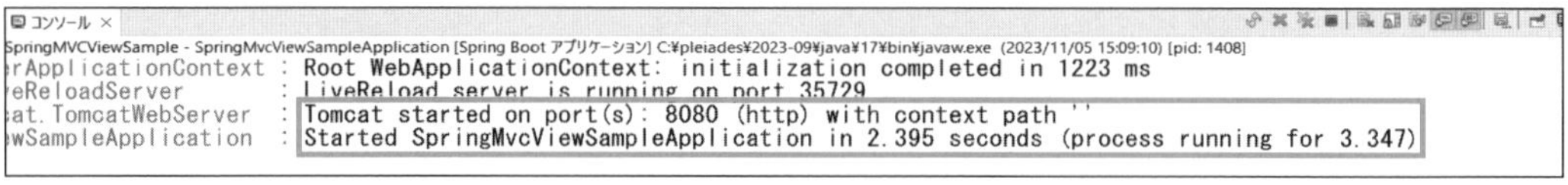

「Tomcat started on port(s): 8080」はTomcatの起動を示します。Spring BootはTomcatサーバーを内包しているため、サーバーの設定などをせずに使用できます。「Started SpringMvcViewSampleApplication」はアプリケーションがスタートしたことを示します。

ブラウザを立ち上げ、アドレスバーに「http://localhost:8080/hello/view」と入力してください。

ブラウザに「Hello View!!!」と表示されました（**図5.15**）。

図5.15 ブラウザの表示

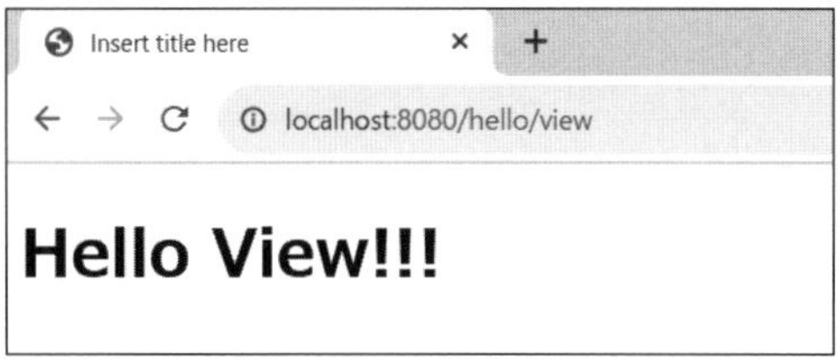

5-3-2 まとめ

ここまでの処理の流れを**図5.16**に示します。

図5.16 処理の流れ

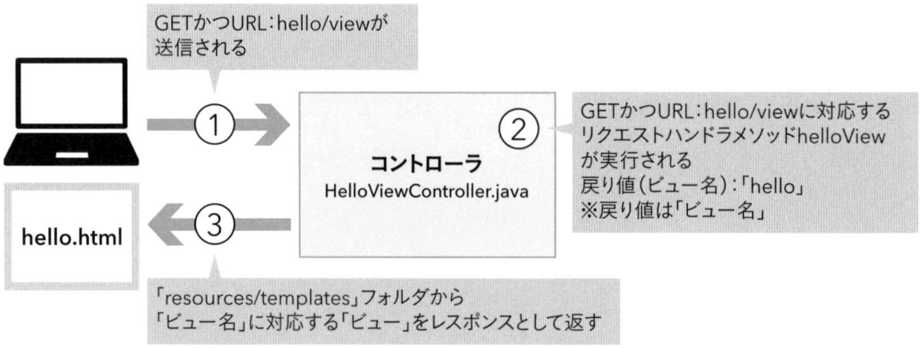

「ビジネスロジック」はまだ作成していませんが、「コントローラ」と「ビュー」を自分で作成し、「クライアント」から送られてくる「URL」に対応する「リクエストハンドラメソッド」が戻り値として「ビュー名」を返し、対応する「ビュー」を表示する「Spring MVC」の流れがなんとなくイメージできたのではないでしょうか。

第 6 章

テンプレートエンジン（Thymeleaf）を知ろう

6-1 Thymeleafについて知ろう

この章では、「**Spring Boot**」で使用が推奨されている「**Thymeleaf**」という「**テンプレートエンジン**」について使用方法を説明した後、「**Thymeleaf**」を「**ビュー**」としてWebアプリケーションを作成します。

6-1-1 Thymeleafとは？

Thymeleaf（タイムリーフ）の特徴を以下に簡単に説明します。

- HTMLベースで使いやすい
  ThymeleafはHTMLを基本にしているので、普通のHTMLとほとんど変わりません。特別なコードを書くことで、ページに動きをつけたり、データを表示したりできます。
- 動的なページ作成
  条件分岐（もし〜なら、これを表示）や繰り返し（このリストを何回も表示）など、プログラミングの基本的な機能を使って、動的なWebページを作れます。
- ナチュラルテンプレート
  Thymeleafは「ナチュラルテンプレート」とも呼ばれます。これは、テンプレートがそのままのHTMLとしても見れるということです。これにより、デザイナーは特別なツールなしでテンプレートを確認できます。
- デザイナーとの分業作業が楽
  Thymeleafのテンプレートはそのままブラウザで見ることができます。これにより、デザイナーとプログラマーが同時に作業しやすくなります。

　これらの特徴が、Thymeleafを使う理由としてよく挙げられます。特に、「デザイナーとの分業作業が楽」に行える点は大きな利点です。

　「Thymeleaf」に関して、具体的な使用方法の説明に入る前に、皆さんに覚えて頂きたいことがあります。それは「Model」です。今「MVCモデル」のModel（モデル：M）を思い描いた方がいらっしゃいましたら、惜しいです。今回皆さんに覚えて頂くのは、**図5.6**で出てきたSpring MVCが提供する「Model」になります（**図6.1**）。

図6.1　リクエスト受信からレスポンス送信までの流れ（図5.6再録）

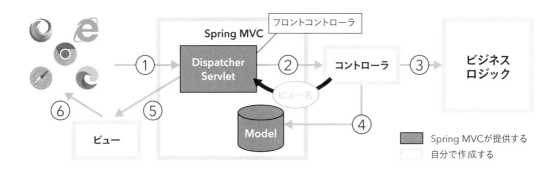

6-1-2　Modelインターフェースとは？

Spring MVCの「Model」インターフェースについて、ビギナーにわかりやすく説明します（**表6.1**）。一言でいうと、「Model」はデータをWebページに表示するための便利なツールです。

表6.1　「Model」インターフェース

特徴	内容
データの運び屋	「Model」は、プログラムで処理したデータをウェブページ（ビュー）に表示するために使います。要するに、データをビューに渡す「運び屋」のような役割を果たします
自動管理	Spring MVCがこの「Model」を自動で管理してくれます。つまり、プログラムで使いたいデータを簡単に「設定・取得」ができます
使い方が容易	「Model」を使用する時は、関数（リクエストハンドラメソッド）の引数に「Model型」を指定するだけです。すると、Spring MVCが勝手に設定してくれます

6-1-3　覚えて欲しいメソッド

「Model」にオブジェクトを格納するためのメソッドは色々用意されていますが、まずは以下を覚えてください。

☐ addAttribute

指定された名前に対して、指定された値を設定します。格納したい値に対して、ニックネームを付けているイメージです。「ビュー」ではニックネームに使用した「名前」を利用します（**図6.2**）。

図6.2 addAttribute

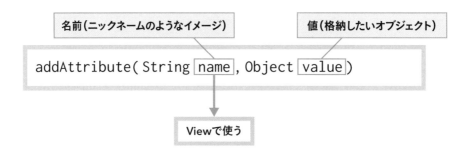

説明よりもプログラムを作成した方がイメージしやすいため、「Model」インターフェースを使用して、「ビュー」側の「Thymeleaf」にデータを連携するプログラムを作成してみましょう。

Column | 現実世界でaddAttributeをイメージする

Modelのの addAttribute(String name, Object value) メソッドを使うことは、現実世界で「ニックネーム」と「人物」を結びつけるようなものです。この結び付け方は、「キーとバリューのペアを使ったデータ管理」と言われ、プログラミングでは一般的に「連想配列」、「マップ」、または「辞書」と呼ばれます。この方法は、キーを通じて関連するバリューを簡単に見つけ出し、取得することができます。

このようにデータを関連づけることで、プログラム内でのデータ管理が効率的になり、ユーザーへの情報提供が明確かつ簡潔に行えます。

ニックネームからその人物の詳細を引き出すように、キーを使って必要な情報（バリュー）をすぐに取り出すことが可能です。

6-2 Modelを使った プログラムを作成しよう

「ビュー」側で「**Thymeleaf**」を使用して、「コントローラ」から「ビュー」を表示させる プログラムを作成しましょう。「コントローラ」に「リクエストハンドラメソッド」を作成し、 「ブラウザ」で「タイムリーフ!!!」と表示するプログラムを作成します。

6-2-1 Modelを使ったプロジェクト

「5-3-1 Spring MVCのプログラムの作成」で作成したプログラム「SpringMVCViewSample」を 使用します。今回のポイントは、「コントローラ」の「リクエストハンドラメソッド」の「引数」です。

○ 設定内容

パッケージ	com.example.demo.controller
名前	HelloViewController

01 コントローラの修正

上記「コントローラ」について「リクエストハンドラメソッド」を追加します。 追加する内容は、**リスト6.1**になります。

リスト6.1 **HelloViewController**への追加

```
001:    @GetMapping("model")
002:    public String helloView(Model model) {
003:        // 「Model」にデータを格納する
004:        model.addAttribute("msg", "タイムリーフ!!!");
005:        // 戻り値は「ビュー名」を返す
006:        return "helloThymeleaf";
007:    }
```

「Thymeleaf」を使用する場合、「コントローラ」にて「ビュー」で表示するデータを用意する必 要があります。その時に使用するのが「Model」インターフェースです。

2行目「リクエストハンドラメソッド」の引数に「Model型」を渡します。すると「Spring MVC」 が自動的に「Model型のインスタンス」を設定してくれるため、4行目「Model」の「addAttribute」

メソッドを使用することができます。「addAttribute」メソッドでは、引数で「名前：msg」、「値：タイムリーフ!!!」を格納します。

もしソースコードに「×印」が出た場合は、インポートの編成を行い、「import org.springframework.ui.Model;」をインポートしてください。

02 ビューの作成

「helloView」メソッドの戻り値「ビュー名：helloThymeleaf」に対する「helloThymeleaf.html」を作成し、「resources/templates」フォルダに配置します。

「src/main/resources」→「templates」フォルダを選択し、マウスを右クリックし、「新規」→「その他」を選択します。

「HTMLファイル」を選択し、「次へ」ボタンを押し、ファイル名に「helloThymeleaf.html」と入力後、「完了」ボタンを押します（**図6.3**）。

図6.3 HTMLファイルの作成

helloThymeleaf.htmlの内容は**リスト6.2**になります。

リスト6.2 helloThymeleaf.html

```
001: <!DOCTYPE html>
002: <!-- Thymeleafを使用することを宣言する -->
003: <html xmlns:th="http://www.thymeleaf.org">
004: <head>
005:     <meta charset="UTF-8">
006:     <title>Hello Thymeleaf </title>
007: </head>
008: <body>
009:     <h1 th:text="${msg}">表示される部分</h1>
010: </body>
011: </html>
```

3行目に「Thymeleafを使用することを宣言」します。「Thymeleaf」の機能は「th:xxx属性名」の形式で埋め込みます。9行目で<h1>タグの内側に「th:text」属性を埋め込みます。th:textの使用

例を**表6.2**に示します。

表6.2 th:text

書式	説明
<タグ名 th:text="文字列"></タグ名>	文字列を表示する
<タグ名 th:text="${名前}"></タグ名>	設定した「名前」で「値」を表示する

03 実行と確認

○ **ナチュラルテンプレート**

Thymeleafは「ナチュラルテンプレート」とも呼ばれ、テンプレートをそのままのHTMLとしても見れるという利点がありました。その利点を確認してみましょう。

まずはパッケージ・エクスプローラーからhelloThymeleaf.htmlを選択し、マウスを右クリックし、「次で開く」→「Webブラウザー」を選択します（**図6.4**）。

図6.4 Webブラウザーの選択

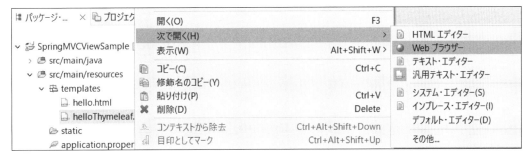

<h1>タグで囲まれた「表示される部分」という文字がeclipseの「内部ブラウザ」に表示されます（**図6.5**）。これはアプリケーションを起動せずファイルの内容を表示しています。

デザイン担当は、このような形で「ナチュラルテンプレート」を利用してデザインを調整します。

図6.5 Webブラウザーての表示

○ **アプリケーション起動**

今度は、アプリケーションを起動して確認を行います。

「Bootダッシュボード」にて、「SpringMVCModelSample」が表示されていることを確認し、「SpringMVCModelSample」を選択後、「起動」ボタンを押します。

「コンソール」で対象のアプリケーションが起動したことを確認後、ブラウザを立ち上げ、アドレスバーに「http://localhost:8080/hello/model」と入力してください。ブラウザに「タイムリーフ!!!」と表示されます（**図6.6**）。

図6.6 ブラウザの表示

処理の流れは**図6.7**のようになります。

図6.7 処理の流れ

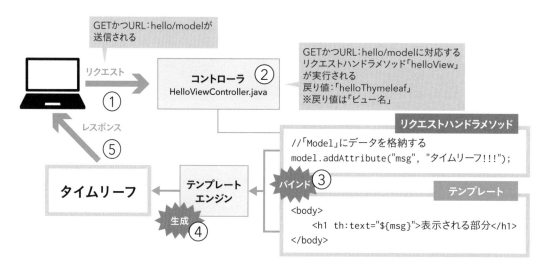

「リクエストハンドラメソッド」にて「ビュー」で「表示したいデータ」を「Model」のメソッド「addAttribute(名前, 値)」を使用して格納します。

「Thymeleaf」には「データを埋め込む場所」を「${名前}」を使用して設定します（**図6.8**）。気を付ける箇所は、「ビュー」で使用できるのは「addAttribute(名前, 値)」の「名前」だということです。

138

図6.8 「名前」を使用する

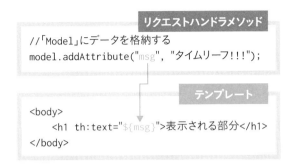

6-2-2 ModelAndViewの使用方法

Modelの仲間に「ModelAndView」があります。簡単に言うと、データ（Model）と表示する画面（View）を一緒に管理するクラスです。これを使うと、リクエストハンドラメソッドでデータと画面を一緒に設定できます。プログラムを作成しながら確認しましょう。

○ 設定内容

パッケージ	com.example.demo.controller
名前	HelloViewController

上記「コントローラ」に「リクエストハンドラメソッド」を追加します。追加する内容は、**リスト6.3**になります。

リスト6.3 HelloViewController（ModelAndView使用）

```
001:  @GetMapping("modelandview")
002:  public ModelAndView helloView2(ModelAndView modelAndView) {
003:      // データを格納する
004:      modelAndView.addObject("msg", "タイムリーフ!!!");
005:      // 画面を設定する
006:      modelAndView.setViewName("helloThymeleaf");
007:      return modelAndView;
008:  }
```

2行目で「ModelAndView」を引数と設定することで、Springがこのオブジェクトを自動的に生成してくれます。

4行目「modelAndView.addObject("msg", "タイムリーフ!!!")」でModelAndViewオブジェクトにビューで表示する「値」を追加しています。「msg」という名前で「タイムリーフ!!!」という値を設定しています。

6行目「modelAndView.setViewName("helloThymeleaf")」で表示するビュー（HTMLファイル）を

テンプレートエンジン（Thymeleaf）を知ろう

指定します。この場合、先ほど作成した「helloThymeleaf.html」という名前のビューを設定しています。

　7行目「return modelAndView」で設定したModelAndViewオブジェクトを返します。これにより、指定したビューに設定したデータが渡されて表示されます。なお、もしソースコードに「×印」が出た場合は、インポートの編成を行い「import org.springframework.web.servlet.ModelAndView;」をインポートしてください。

　アプリケーションを起動し、「コンソール」で対象のアプリケーションが起動したことを確認後、ブラウザを立ち上げ、アドレスバーに「http://localhost:8080/hello/modelandview」と入力してください。ブラウザに「タイムリーフ!!!」と表示されます（**図6.9**）。

　このようにModelAndViewを使うと、「データ」と「画面」の設定が一箇所で完了します。ただし本書では、この後のソースコードは統一感を持たせるため「Model」を使用するソースコードで書かせて頂きます。

図6.9　**ModelAndView使用**

Column | ModelとModelAndViewの使い分け

　Spring MVCにおけるModelとModelAndViewは、どちらもWebアプリケーションでデータをビュー（HTMLページなど）に渡すために使われますが、使い方に違いがあります。

● Model
　単にデータをビューに渡すだけの場合に便利です。コントローラーのメソッドの戻り値がビューの名前を直接返す場合によく使われます。
● ModelAndView
　ビューの名前と一緒にデータを渡したい場合や、条件によって異なるビューを表示させたい場合に便利です。ビューとデータをより細かく制御したい場合に使います。

　簡単に言うと、Modelは「データを渡すためのバッグ」のようなもので、ModelAndViewは「データと行き先のビューの名前が書かれたバッグ」のようなものです。どちらを使うかは、アプリケーションの要件や好みによります。

6-3 Thymeleafを使ってみよう

ここでは「Thymeleaf」の使用方法を、「プログラム」を作成しながら学習しましょう。難しく考えず「ビュー」側でも制御構文（条件分岐や繰り返しなど）が記述できたり、既に用意されているライブラリを使用して表示方法を変更できるんだなと思ってください。

6-3-1 Thymeleafを使ったプロジェクト

eclipseを起動し、メニューの左上から「ファイル」→「新規」→「Springスターター・プロジェクト」を選択します。

「新規Springスターター・プロジェクト」画面で、以下のように入力して「次へ」ボタンを押します。

○ 設定内容

名前	ThymeleafSample
タイプ	Gradle-Groovy
パッケージング	Jar
Javaバージョン	21
言語	Java

※ 他はデフォルト設定

依存関係で以下を選択して、「完了」ボタンを押します（**図6.10**）。

- Spring Boot DevTools（開発者ツール）
- Lombok（開発者ツール）
- Thymeleaf（テンプレートエンジン）
- Spring Web（Web）

図6.10 依存関係

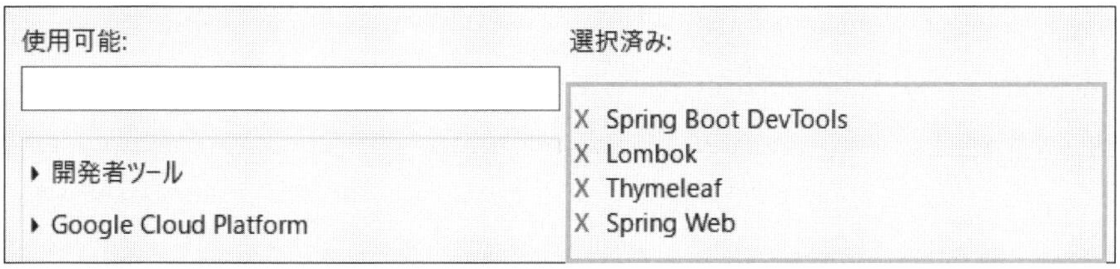

最初に、Thymeleafの使用方法を説明します。その後にハンズオンを実施しましょう。

☐ 直接文字を埋め込む

直接文字を埋め込む例を**リスト6.4**に示します。

リスト6.4　直接文字を埋め込む

```
001:    <!-- 01：直接文字を埋め込む -->
002:    <h1 th:text="'hello world'">表示する部分</h1>
```

「th:text="【出力文字】"」とすることで、設定した文字を出力できます。また【出力文字】の部分は「Thymeleaf」独自式「${名前}」を使用できます。属性値の値設定で「"（ダブルクォーテーション）」を使用しているので、文字を設定する時は、「'（シングルクォーテーション）」で囲みます。

☐ インライン処理

インライン処理の例を**リスト6.5**に示します。

リスト6.5　インライン処理

```
001:    <!-- 02：インライン処理 -->
002:    <h1>こんにちは！[[${name}]]さん</h1>
```

[[${名前}]]を使用すると、タグの属性への追加ではなく本体へ変数を埋め込めます。「固定値」と「変数」を組み合わせたい場合には、こちらの方法が便利です。

☐ 値結合

値結合の例を**リスト6.6**に示します。

リスト6.6　値結合

```
001:    <!-- 03：値結合 -->
002:    <h1 th:text="'明日は、' + '晴れ' + 'です。'">表示する部分</h1>
```

「+」を利用して「値」の連結ができます。

値結合（リテラル置換）

値結合（リテラル置換）の例を**リスト6.7**に示します。

リスト6.7 値結合（リテラル置換）

```
001:    <!-- 04：値結合（リテラル置換） -->
002:    <h1 th:text="|こんにちは！${name}さん|">表示する部分</h1>
```

値結合はリテラル置換を使用することで、"| 文字 |"で記述ができます。文字の中で「${名前}」式も合わせて使用できます。

ローカル変数

ローカル変数の例を**リスト6.8**に示します。

リスト6.8 ローカル変数

```
001:    <!-- 05：ローカル変数 -->
002:    <div th:with="a=1, b=2">
003:        <span th:text="|${a} + ${b} = ${a+b}|"></span>
004:    </div>
```

「th:with="変数名＝値"」で変数に値を代入できます。変数のスコープ（変数を使用できる有効範囲）は定義されたタグ内部でのみ使用できます。また、算術演算子「+」、「-」、「*」、「/」、「%」が使用できます。

比較と等価

比較と等価の例を**リスト6.9**に示します。

リスト6.9 比較と等価

```
001:    <!-- 06：比較と等価 -->
002:    <span th:text="1 > 10"></span>
003:    <span th:text="1 < 10"></span>
004:    <span th:text="1 >= 10"></span>
005:    <span th:text="1 <= 10"></span>
006:    <span th:text="1 == 10"></span>
007:    <span th:text="1 != 10"></span>
008:    <span th:text="太郎 == 太郎"></span>
009:    <span th:text="太郎 != 太郎"></span>
```

比較等価演算子「>」、「<」、「>=」、「<=」、「==」、「!=」が使用できます（文字列の比較もできます）。

条件演算子

条件演算子の例を**リスト6.10**に示します。

リスト6.10 条件演算子

```
001:    <!-- 07：条件演算子 -->
002:    <p th:text="${name} == '太郎'? '太郎さんです！':'太郎さんではありません。'"></p>
```

三項演算子「【条件】？【値1】:【値2】」が利用できます。【条件】が「true」の場合は【値1】が、「false」の場合は【値2】が表示されます。

条件分岐（true）

条件分岐（true）の例を**リスト6.11**に示します。

リスト6.11 条件分岐（**true**）

```
001:    <!-- 08：条件分岐(true) -->
002:    <div th:if="${name} == '太郎'">
003:        <p>太郎さんです！</p>
004:    </div>
```

「th:if="【条件】"」で「true（真）」となった場合、「th:if」を記述したタグと子要素を表示します。

条件分岐（false）

条件分岐（false）の例を**リスト6.12**に示します。

リスト6.12 条件分岐（**false**）

```
001:    <!-- 09：条件分岐(false) -->
002:    <div th:unless="${name} == '花子'">
003:        <p>花子さんではありません。</p>
004:    </div>
```

「th:unless="【条件】"」で「false（偽）」となった場合、「th:unless」を記述したタグと子要素を表示します。

switch

switchの例を**リスト6.13**に示します。

> **リスト6.13** switch

```
001:    <!-- 10：switch -->
002:    <div th:switch="${name}">
003:        <p th:case="太郎" th:text="|${name}です！|"></p>
004:        <p th:case="ジロウ" th:text="|${name}です！|"></p>
005:        <p th:case="花子" th:text="|${name}です！|"></p>
006:        <p th:case="*">名簿にありません</p>
007:    </div>
```

親要素の「th:switch」の値と、子要素に記述する「th:case」の値が等しい場合、HTML要素を出力します。どの値にも一致しない値を出力する場合は「th:case="*"」を指定します。

参照（データをまとめたオブジェクト）

参照（データをまとめたオブジェクト）の例を**リスト6.14**に示します。

> **リスト6.14** 参照（データをまとめたオブジェクト）

```
001:    <!-- 11：参照（データをまとめたオブジェクト） -->
002:    <p th:text="${mb.id}">ID</p>
003:    <p th:text="${mb.name}">名前</p>
004:    <p th:text="${mb['id']}">ID：[]でアクセス</p>
005:    <p th:text="${mb['name']}">名前：[]でアクセス</p>
```

「カプセル化」されているフィールドを参照する場合、アクセス修飾子「public」のgetXxx()というゲッターメソッドを作成しておくことで「オブジェクト名.フィールド」で参照できます。また「オブジェクト名['フィールド']」のように「角括弧」で参照することもできます。

参照（th:object）

参照（th:object）の例を**リスト6.15**に示します。

> **リスト6.15** th:object

```
001:    <!-- 12：参照（th:object） -->
002:    <div th:object="${mb}">
003:        <p th:text="*{id}">ID</p>
004:        <p th:text="*{name}">名前</p>
```

```
005:        <p th:text="*{['id']}">ID：[]でアクセス</p>
006:        <p th:text="*{['name']}">名前：[]でアクセス</p>
007:    </div>
```

「データをまとめたオブジェクト」を「th:object」という形で設定することで、子要素にて「*{フィールド名}」でまとめることができます。また「*['フィールド']」のように「角括弧」で参照することもできます。

■ 参照（List）

参照（List）の例を**リスト6.16**に示します。

<kbd>リスト6.16</kbd>　**List**

```
001:    <!-- 13：参照（List） -->
002:    <p th:text="${list[0]}">方角</p>
003:    <p th:text="${list[1]}">方角</p>
004:    <p th:text="${list[2]}">方角</p>
005:    <p th:text="${list[3]}">方角</p>
```

「List」や「配列」の要素を参照するには、「インデックス」を利用します。

■ 参照（Map）

参照（Map）の例を**リスト6.17**に示します。

<kbd>リスト6.17</kbd>　**Map**

```
001:    <!-- 14：参照（Map） -->
002:    <p th:text="${map.tanaka.name}">名前1</p>
003:    <p th:text="${map.suzuki.name}">名前2</p>
004:    <p th:text="${map['tanaka']['name']}">名前1：[]でアクセス</p>
005:    <p th:text="${map['suzuki']['name']}">名前2：[]でアクセス</p>
```

「Map」の要素を参照するには「キー」を利用して値を参照します。「map.キー」で参照できます。または「map['キー']」のように角括弧で参照することもできます。

■ 繰り返し

繰り返しの例を**リスト6.18**に示します。

リスト6.18 繰り返し

```
001:    <!-- 15：繰り返し -->
002:    <div th:each="member : ${members}">
003:        <p>[[${member.id}]] : [[${member.name}]]</p>
004:    </div>
```

「th:each="【要素格納用変数】:${【繰り返し処理するオブジェクト】}"」で、繰り返し処理することができます。【要素格納用変数】は、繰り返し処理の中でのみ有効です。「Iterable」インターフェース（「for-eachループ」文の対象にすることができる）を実装したクラスであれば、「th:each」で繰り返し処理することができます。javaでいう「拡張for文」のようなイメージです。

繰り返しのステータス

繰り返しのステータス例を**リスト6.19**に示します。

リスト6.19 繰り返しのステータス

```
001:    <!-- 16：繰り返しのステータス -->
002:    <div th:each="member, s : ${members}" th:object="${member}">
003:        <p>
004:            index-> [[${s.index}]], count-> [[${s.count}]],
005:            size-> [[${s.size}]], current-> [[${s.current}]],
006:            even-> [[${s.even}]], odd-> [[${s.odd}]],
007:            first-> [[${s.first}]], last-> [[${s.last}]],
008:            [[*{id}]] : [[*{name}]]
009:        </p>
010:    </div>
```

「th:each="【要素格納用変数】,【ステータス変数】:【繰り返し処理するオブジェクト】"」のように、【要素格納用変数】の宣言に続けて、【ステータス変数】を宣言することで、繰り返しの「状態を保持した【ステータス変数】」を使用できます。上記の例では【ステータス変数】として「s」を宣言しています。繰り返しステータス変数の一覧は**表6.3**を参照してください。

表6.3 ステータス変数

ステータス 変数	機能概要
index	0から始まるインデックス、現在のインデックスを表示する
count	1から始まるインデックス、現在のインデックスを表示する
size	【繰り返し処理するオブジェクト】のサイズを表示する
current	現在の繰り返し要素のオブジェクトを表示する
even	現在の要素が偶数番目か判定する。偶数ならtrue、偶数じゃないならfalseを表示する

odd	現在の要素が奇数番目か判定する。奇数ならtrue、奇数じゃないならfalseを表示する
first	現在の要素が最初か判定する。最初ならtrue、最初じゃないならfalseを表示する
last	現在の要素が最後か判定する。最後ならtrue、最後じゃないならfalseを表示する

ユーティリティオブジェクト

「Thymeleaf」は、よく使われるクラスを「#名前」という定数として定義しているため、変数式の中で利用することができます（**表6.4**）。データ出力時に、よく利用されるのが「数値、日時、文字列」のフォーマット変換です。

表6.4 ユーティリティオブジェクト

ユーティリティオブジェクト	機能概要
#strings	Stringクラスの定数
#numbers	Numberクラスの定数
#bools	Booleanクラスの定数
#dates	Dateクラスの定数
#objects	Objectクラスの定数
#arrays	Arrayクラスの定数
#lists	Listクラスの定数
#sets	Setクラスの定数
#maps	Mapクラスの定数

「整数値のフォーマット変換」には「#numbers.formatInteger」、「浮動小数点数のフォーマット変換」には「#numbers.formatDecimal」を利用します。「カンマ」を利用する場合は「'COMMA'」と記述し、「小数点」を利用する場合は「'POINT'」を記述します（**リスト6.20**）。

リスト6.20 ユーティリティオブジェクト（数値）

```
001:  <!-- 17：ユーティリティオブジェクト（数値) -->
002:  <div th:with="x=1000000, y=123456.789">
003:  整数のフォーマット:<span th:text="${#numbers.formatInteger(x, 3, 'COMMA')}"></
      span><br/>
004:  浮動小数点のフォーマット:<span th:text="${#numbers.formatDecimal(y, 3, 'COMMA',
      2,'POINT')}"></span>
005:  </div>
```

「日時のフォーマット変換」は現在の日時取得、年、月、日の取得、曜日を取得するメソッドなどが提供されています。「createNow()」メソッドを利用すると「現在の日時」を取得することができます。

　「format()」メソッドには「日時を保持した変数」と「フォーマット変換文字列」を指定します。「year、month、day」メソッドへ「日時を保持した変数」を引数として渡すと「年、月、日」を取得できます。「dayOfWeek()」メソッドで曜日を表した整数（日〜土曜日を整数【1〜7】で表す）を取得することができます（**リスト6.21**）。

リスト6.21　ユーティリティオブジェクト（日時）

```
001:    <!-- 17：ユーティリティオブジェクト（日時）-->
002:    <div th:with="today=${#dates.createNow()}">
003:    yyyy/mm/dd形式:<span th:text="${#dates.format(today, 'yyyy/MM/dd')}"></span><br/>
004:    yyyy年mm月dd日形式:<span th:text="${#dates.format(today, 'yyyy年MM月dd日')}"></span><br/>
005:    yyyy年:<span th:text="${#dates.year(today)}"></span><br/>
006:    MM月:<span th:text="${#dates.month(today)}"></span><br/>
007:    dd日:<span th:text="${#dates.day(today)}"></span><br/>
008:    曜日:<span th:text="${#dates.dayOfWeek(today)}"></span><br/>
009:    </div>
```

　「#strings」は文字列の長さや大文字/小文字変換などStringクラスと同様のメソッドを提供しています（**リスト6.22**）。

リスト6.22　ユーティリティオブジェクト（文字列）

```
001:    <!-- 17：ユーティリティオブジェクト（文字列）-->
002:    <div th:with="str1='abcdef'">
003:    大文字変換:<span th:text="${#strings.toUpperCase(str1)}"></span><br/>
004:    空文字判定:<span th:text="${#strings.isEmpty(str1)}"></span><br/>
005:    長さ:<span th:text="${#strings.length(str1)}"></span><br/>
006:    </div>
```

HTMLファイルの部品化

　コードに重複があるとメンテナンスが煩雑になります。「フラグメント」を使い共通部分を部品化してメンテナンスしやすいコードを書きましょう。「フラグメント」とは「断片」という意味です。フラグメントは、HTMLの一部分を切り出して再利用するための機能です。例えば、ヘッダーやフッターなど、複数のページで共通して使う部分を一箇所にまとめることができます。フラグメントの方法を以下で説明します。

　ファイル「common.html」に共通で使う部分を記述し、共通で使う部分を利用するファイルを「main.html」とします。「フラグメント」を利用するには「th:fragment」属性を利用します。「th:fragment」属性を指定した要素内の子要素がフラグメント対象になります。属性にはフラグメントを「識別する名称」を指定します（**リスト6.23**）。

```
001:    <!-- common.html -->
002:    <div th:fragment="header">
003:        <h1>===【ヘッダー】===</h1>
004:    </div>
005:    <div th:fragment="footer">
006:        <h1>===【フッター】===</h1>
007:    </div>
```

　2行目「th:fragment="header"」、5行目「th:fragment="footer"」でフラグメントの「識別する名称」を定義しています。

　フラグメントのインクルードには「th:insert」を使用します（**リスト6.24**）。

```
001:    <!-- main.html -->
002:    <div th:insert="common :: header"></div>
```

　「th:insert」を使うと、「common.html」の中にある「header」フラグメントを挿入します。

　「::」の左辺に「フラグメントのファイル名」、右辺に「th:fragment属性に定義された【識別名称】」を指定します。

　フラグメントの置換には「th:replace」を使用します（**リスト6.25**）。

```
001:    <!-- main.html -->
002:    <div th:replace="common :: footer"></div>
```

　「th:replace」を使うと、このdivタグ自体が「common.html」の「footer」フラグメントに置き換わります。

■ ベースレイアウト

　「ベースレイアウト」とは、複数のテンプレートで「同じデザインレイアウト」を利用する場合、共通となるレイアウトの「ベースとするファイル」のことです。ベースレイアウトは「パラメータ付きフラグメント」を利用することで実現できます。文章で説明するよりもプログラムで作成した方がイメージがつきやすいので、後ほど詳細に説明します。

　では、先ほど作成したThymeleafSampleプロジェクトに、Thymeleafの使用方法を実装していきましょう。

6-3-3 コントローラとビューの作成

01 コントローラの作成

「コントローラ」を作成します。「src/main/java」→「com.example.demo」フォルダを選択し、マウスを右クリックし、「新規」→「クラス」を選択します。

パッケージを「com.example.demo.controller」名前を「ThymeleafController」としてクラスを作成します（**図6.11**）。

図6.11 コントローラの作成

```
▤ パッケージ・エクスプロ... ×  ▥ プロジェクト・エクスプ...     ⌐ ⌐
                                                  ▤ ⬓ | ⬚ ⦙
∨ ▥ ThymeleafSample [boot] [devtools]
  ∨ ▨ src/main/java
    ∨ ⊞ com.example.demo
      ∨ ⊞ controller
        › ◪ ThymeleafController.java
      › ◪ ThymeleafSampleApplication.java
  › ▨ src/main/resources
```

「ThymeleafController」クラスの内容は**リスト6.26**になります。

リスト6.26 ThymeleafController

```
001:  package com.example.demo.controller;
002:
003:  import org.springframework.stereotype.Controller;
004:  import org.springframework.ui.Model;
005:  import org.springframework.web.bind.annotation.GetMapping;
006:
007:  @Controller
008:  public class ThymeleafController {
009:      @GetMapping("show")
010:      public String showView(Model model) {
011:          // 戻り値は「ビュー名」を返す
012:          return "main";
013:      }
014:  }
```

クライアントからURL「http://localhost:8080/show」がGETメソッドで送信されると、「Thymeleaf Controller」クラスの「showView」メソッドが呼ばれ、12行目で戻り値として「ビュー名：main」を返します。後で使用するので、10行目の引数に「Model型」を設定します。

151

02 ビューの作成

「showView」メソッドの戻り値「ビュー名：main」に対する「main.html」を作成し、「resources/templates」フォルダに配置します。

「src/main/resources」→「templates」フォルダを選択し、マウスを右クリックし、「新規」→「その他」を選択します。「HTMLファイル」を選択し、「次へ」ボタンを押し、ファイル名に「main.html」と入力後、「完了」ボタンを押します。

「main.html」の内容は**リスト6.27**になります。2行目に「Thymeleafを使用することを宣言」します。

リスト6.27 main.html

```
001:  <!DOCTYPE html>
002:  <html xmlns:th ="http://www.thymeleaf.org">
003:  <head>
004:      <meta charset="UTF-8">
005:      <title>Thymeleaf Sample</title>
006:  </head>
007:  <body>
008:  </body>
009:  </html>
```

6-3-4 「直接文字を埋め込む」から「値結合」の実例

01 コントローラへの追記

「コントローラ：ThymeleafController」の「showView」メソッドに**リスト6.28**の内容を追記します。

リスト6.28 ThymeleafController の追記

```
001:  @GetMapping("show")
002:  public String showView(Model model) {
003:      // 「Model」にデータを格納する
004:      model.addAttribute("name", "太郎");
005:      // 戻り値は「ビュー名」を返す
006:      return "main";
007:  }
```

4行目「リクエストハンドラメソッド」内にて「ビュー」で「表示したいデータ」を「Model」のメソッド「addAttribute(名前, 値)」を使用して格納します。「名前：name」、「値：太郎」を設定しました。
Thymeleafでは「データを埋め込む場所」を「${名前}」を使用して表示します。

02 ビューへの追記

「ビュー：main.html」の「bodyタグの中」に**リスト6.29**の内容を追記します。

リスト6.29 main.htmlへの追記

```
001:    <!-- 01：直接文字を埋め込む -->
002:    <h1 th:text="'hello world'">表示する部分</h1>
003:    <!-- 02：インライン処理 -->
004:    <h1>こんにちは！[[${name}]]さん</h1>
005:    <!-- 03：値結合 -->
006:    <h1 th:text="'明日は、' + '晴れ' + 'です。'">表示する部分</h1>
```

4行目でModelに「値：太郎」を格納した時に設定した、「名前：name」を ${name} の形で使用します。また [[${name}]] の形で使用すると、タグの属性への追加ではなく本体へ変数を埋め込めます。

03 確認

「Bootダッシュボード」にて、「ThymeleafSample」が表示されていることを確認し、「ThymeleafSample」を選択後、「起動」ボタンを押します。ブラウザを立ち上げ、アドレスバーに「http://localhost:8080/show」と入力します（**図6.12**）。

図6.12 確認

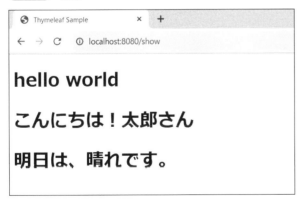

6-3-5 「値結合（リテラル置換）」から「比較と等価」の実例

01 ビューへの追記

「ビュー：main.html」の「bodyタグの中」に**リスト6.30**の内容を追記します。

リスト6.30 **main.htmlへの追記**

```
001: <hr>
002: <!-- 04：値結合(リテラル置換) -->
003: <h1 th:text="|こんにちは！${name}さん|">表示する部分</h1>
004: <!-- 05：ローカル変数 -->
005: <div th:with="a=1,b=2">
006:     <span th:text="|${a} + ${b} = ${a+b}|"></span>
007: </div>
008: <!-- 06：比較と等価 -->
009: <span th:text="1 > 10"></span>
010: <span th:text="1 < 10"></span>
011: <span th:text="1 >= 10"></span>
012: <span th:text="1 <= 10"></span>
013: <span th:text="1 == 10"></span>
014: <span th:text="1 != 10"></span>
015: <span th:text="太郎 == 太郎"></span>
016: <span th:text="太郎 != 太郎"></span>
```

3行目で「"| 文字 |"」を使用して「リテラル置換の値結合」を行っています。5行目で「th:with="変数名=値"」で変数に値を代入しています。

02 確認

「ビュー」に追記した後、ブラウザで「再読み込み」ボタンを押します。すると、画面が表示されます（**図6.13**）。

図6.13 **確認**

こんにちは！太郎さん

1 + 2 = 3
false true false true false true true false

6-3-6 「条件演算子」から「条件分岐（false）」の実例

01 ビューへの追記

「ビュー：main.html」の「bodyタグの中」に**リスト6.31**の内容を追記します。

リスト6.31 main.htmlへの追記

```
001:   <hr>
002:   <!-- 07：条件演算子 -->
003:   <p th:text="${name} == '太郎'? '太郎さんです！':'太郎さんではありません。'"></p>
004:   <!-- 08：条件分岐 (true) -->
005:   <div th:if="${name} == '太郎'">
006:       <p>太郎さんです！</p>
007:   </div>
008:   <!-- 09：条件分岐 (false) -->
009:   <div th:unless="${name} == '花子'">
010:       <p>花子さんではありません。</p>
011:   </div>
```

「th:if」や「th:unless」の処理を書くためだけに\<div>タグを増やす処理をしたくない場合は、「\<th:block>」タグの属性に「th:if」や「th:unless」を記述します（**リスト6.32**）。「\<th:block>」タグは、レンダリング(注1)後に消去され、「HTML」のソースに残りません（**図6.14**）。

リスト6.32 th:blockの例

```
001:   <!-- 08：条件分岐 (true) -->
002:   <th:block th:if="${name} == '太郎'">
003:       <p>太郎さんです！</p>
004:   </th:block>
```

確認は、ブラウザの開発者ツールを利用することで確認できます。本書ではブラウザに「Google Chrome」を利用しているので、ブラウザ上でマウスの「右クリック→検証」をクリックすることで開発者ツールを起動し、確認しています。

図6.14 th:blockの例

```
    <!-- 08：条件分岐 (true)  -->
    <p>太郎さんです！</p> == $0
    <!-- 09：条件分岐 (false)  -->
  ▼<div>
      <p>花子さんではありません。</p>
  </div>
```

02 確認

「ビュー」に追記した後、ブラウザで「再読み込み」ボタンを押します。すると画面が表示されます（**図6.15**）。

（注1）　レンダリングとはデータをもとに、内容を整形して表示することです。

テンプレートエンジン（Thymeleaf）を知ろう 6

図6.15　確認

太郎さんです！

太郎さんです！

花子さんではありません。

6-3-7　「switch」から「th:object」の実例

01　エンティティの作成

「src/main/java」→「com.example.demo」フォルダを選択し、マウスを右クリックし、「新規」→「クラス」を選択します。

パッケージを「com.example.demo.entity」名前を「Member」としてクラスを作成します。「Member」クラスの内容は**リスト6.33**になります。

リスト6.33　Member

```
001:  package com.example.demo.entity;
002:
003:  import lombok.AllArgsConstructor;
004:  import lombok.Data;
005:
006:  @Data
007:  @AllArgsConstructor
008:  public class Member {
009:      /** メンバーID */
010:      private Integer id;
011:      /** メンバー名 */
012:      private String name;
013:  }
```

6行目「Lombok」の機能「@Data」を使用し「getter/setter」などを生成し、7行目「@AllArgsConstructor」で全フィールドに対する初期化値を引数にとるコンストラクタを生成します。

02　コントローラへの追記

「コントローラ：ThymeleafController」の「showView」メソッドに**リスト6.34**の内容を追記します。

リスト 6.34 **ThymeleafController** の追記

```
001:  @GetMapping("show")
002:  public String showView(Model model) {
003:      // Memberを作成
004:      Member member = new Member(1, "会員01");
005:      // 「Model」にデータを格納する
006:      model.addAttribute("name", "太郎");
007:      model.addAttribute("mb", member);
008:      // 戻り値は「ビュー名」を返す
009:      return "main";
010:  }
```

　4行目「Member」インスタンスを生成し、変数memberに代入します。7行目「Model」に対して「名前：mb」、「値：member」を「addAttribute」メソッドで格納します。インポートの編成で「com.example.demo.entity.Member」をインポートするのを忘れないでください。

03 ビューへの追記

　「ビュー：main.html」の「bodyタグの中」に**リスト6.35**の内容を追記します。

リスト 6.35 **main.html**への追記

```
001:  <hr>
002:  <!-- 10：switch -->
003:  <div th:switch="${name}">
004:      <p th:case="太郎" th:text="|${name}です！|"></p>
005:      <p th:case="ジロウ" th:text="|${name}です！|"></p>
006:      <p th:case="花子" th:text="|${name}です！|"></p>
007:      <p th:case="*">名簿にありません</p>
008:  </div>
009:  <!-- 11：参照（データをまとめたオブジェクト） -->
010:  .でアクセス：<span th:text="${mb.id}">ID</span>-<span th:text="${mb.name}">名前</
      span>
011:  <br>
012:  []でアクセス：<span th:text="${mb['id']}">ID</span>-<span th:text="${mb['name']}">名前
      </span>
013:  <br>
014:  <!-- 12：参照（th:object） -->
015:  <th:block th:object="${mb}">
016:      .でアクセス：<span th:text="*{id}">ID</span>-<span th:text="*{name}">名前</span>
017:      <br>
018:      []でアクセス：<span th:text="*{['id']}">ID</span>-<span th:text="*{['name']}">名前
      </span>
019:  </th:block>
```

7行目「どの値にも一致しない値」を出力する場合は「th:case="*"」を指定します。「Java」構文「switch文」の「default句」と同じ使用方法です。

10行目「カプセル化」されているフィールドを参照する場合、アクセス修飾子「public」のgetXxx()というゲッターメソッドを作成しておくことで「オブジェクト名.フィールド」で参照できます。

15行目「データをまとめたオブジェクト」を「th:object」という形で設定することで、子要素にて「*{フィールド名}」でまとめることができます。注意点として「*{」の前には「$」は付きません。

04 確認

「ビュー」に追記した後、ブラウザで「再読み込み」ボタンを押すと画面が表示されます（**図6.16**）。

図6.16 確認

```
太郎です！

.でアクセス：1-会員01
[]でアクセス：1-会員01
.でアクセス：1-会員01
[]でアクセス：1-会員01
```

6-3-8 「参照（List）」から「繰り返し」の実例

01 コントローラへの追記

「コントローラ：ThymeleafController」の「showView」メソッドに**リスト6.36**の内容を追記します。

リスト6.36 ThymeleafControllerの追記

```
001: @GetMapping("show")
002: public String showView(Model model) {
003:     // Memberを作成
004:     Member member = new Member(1, "会員01");
005:     // コレクション格納用：Memberを作成
006:     Member member1 = new Member(10, "田中");
007:     Member member2 = new Member(20, "鈴木");
008:     // Listを作成
009:     List<String> directionList = new ArrayList<>();
010:     directionList.add("東");
011:     directionList.add("西");
012:     directionList.add("南");
013:     directionList.add("北");
014:     // Mapを作成し、Memberを格納
015:     Map<String, Member> memberMap = new HashMap<>();
```

```
016:      memberMap.put("tanaka", member1);
017:      memberMap.put("suzuki", member2);
018:      // Listを作成し、Memberを格納
019:      List<Member> memberList = new ArrayList<>();
020:      memberList.add(member1);
021:      memberList.add(member2);
022:      // 「Model」にデータを格納する
023:      model.addAttribute("name", "太郎");
024:      model.addAttribute("mb", member);
025:      model.addAttribute("list", directionList);
026:      model.addAttribute("map", memberMap);
027:      model.addAttribute("members", memberList);
028:      // 戻り値は「ビュー名」を返す
029:      return "main";
030:  }
```

9行目〜13行目「List」のインスタンス変数directionListへ「文字列」を格納します。そして25行目「Model」に対して「名前：list」、「値：directionList」で格納します。

6行目〜7行目「Member」のインスタンスを生成し変数に代入後「Map」と「List」にインスタンスを設定します。15行目〜17行目「Map」のインスタンス変数memberMapに格納、19行目〜21行目「List」のインスタンス変数memberListに格納します。そして26行目「Model」に対して「名前：map」、「値：memberMap」で格納し、27行目「Model」に対して「名前：members」、「値：memberList」で格納します。

02 ビューへの追記

「ビュー：main.html」の「bodyタグの中」に**リスト6.37**の内容を追記します。

リスト6.37 main.htmlへの追記

```
001: <hr>
002: <!-- 13：参照(List) -->
003: <span th:text="${list[0]}">方角</span>
004: <span th:text="${list[1]}">方角</span>
005: <span th:text="${list[2]}">方角</span>
006: <span th:text="${list[3]}">方角</span><br>
007: <!-- 14：参照(Map) -->
008: .でアクセス：<span th:text="${map.tanaka.name}">名前１</span>
009: <span th:text="${map.suzuki.name}">名前２</span><br>
010: []でアクセス：<span th:text="${map['tanaka']['name']}">名前１：[]でアクセス</span>
011: <span th:text="${map['suzuki']['name']}">名前２：[]でアクセス</span>
012: <!-- 15：繰り返し -->
013: <div th:each="member : ${members}">
014:     <p>[[${member.id}]] : [[${member.name}]]</p>
015: </div>
```

3行目〜6行目「List」や「配列」の要素を参照するには、「インデックス」を利用します。8行目〜11行目「Map」の要素を参照するには「キー」を利用して値を参照します。

13行目「th:each ="【要素格納用変数】：${【繰り返し処理するオブジェクト】}"」で、繰り返し処理することができます。【要素格納用変数】は、繰り返し処理の中でのみ有効です。

03 確認

「ビュー」に追記した後、ブラウザで「再読み込み」ボタンを押すと画面が表示されます（**図6.17**）

図6.17 確認

東 西 南 北
.でアクセス：田中 鈴木
[]でアクセス：田中 鈴木

10：田中

20：鈴木

6-3-9 「繰り返しのステータス」から「ユーティリティオブジェクト」の実例

01 ビューへの追記

「ビュー：main.html」の「bodyタグの中」にリスト**6.38**の内容を追記します。

リスト6.38 main.htmlへの追記

```
001:  <hr>
002:  <!-- 16：繰り返しのステータス -->
003:  <div th:each="member, s : ${members}" th:object="${member}">
004:      <p>
005:          index-> [[${s.index}]], count-> [[${s.count}]],
006:          size-> [[${s.size}]], current-> [[${s.current}]],
007:          even-> [[${s.even}]], odd-> [[${s.odd}]],
008:          first-> [[${s.first}]], last-> [[${s.last}]],
009:          [[*{id}]] : [[*{name}]]
010:      </p>
011:  </div>
012:  <!-- 17：ユーティリティオブジェクト（数値・日時・文字列） -->
013:  <div th:with="x=1000000, y=123456.789">
014:      整数のフォーマット:<span th:text="${#numbers.formatInteger(x, 3, 'COMMA')}"></
         span><br>
```

```
015:        浮動小数点のフォーマット:<span th:text="${#numbers.formatDecimal(y, 3, 'COMMA',
           2,'POINT')}"></span>
016:    </div>
017:    <br>
018:    <div th:with="today=${#dates.createNow()}">
019:        yyyy/mm/dd形式:<span th:text="${#dates.format(today, 'yyyy/MM/dd')}"></
           span><br>
020:            yyyy年mm月dd日形式:<span th:text="${#dates.format(today, 'yyyy年MM月dd日
           ')}"></span><br>
021:                yyyy年:<span th:text="${#dates.year(today)}"></span><br>
022:                MM月:<span th:text="${#dates.month(today)}"></span><br>
023:                dd日:<span th:text="${#dates.day(today)}"></span><br>
024:                曜日:<span th:text="${#dates.dayOfWeek(today)}"></span>
025:    </div>
026:    <br>
027:    <div th:with="str1='abcdef'">
028:        大文字変換:<span th:text="${#strings.toUpperCase(str1)}"></span><br>
029:        空文字判定:<span th:text="${#strings.isEmpty(str1)}"></span><br>
030:        長さ:<span th:text="${#strings.length(str1)}"></span>
031:    </div>
```

3行目「th:each」では「ステータス変数」を使用できます。「ステータス変数」の使用方法は「**表6.2 ステータス変数**」を参照してください。「Thymeleaf」は、よく使われるクラスを「#名前」という定数として定義しているため、変数式の中で利用することができます。使用方法は「ユーティリティオブジェクト」を参照してください。

02 確認

「ビュー」に追記した後、ブラウザで「再読み込み」ボタンを押すと画面が表示されます（**図6.18**）。

図6.18 確認

```
index-> 0, count-> 1, size-> 2, current-> Member(id=10, name=田中), even-> false, odd-> true, first-> true, last-> false, 10：田中

index-> 1, count-> 2, size-> 2, current-> Member(id=20, name=鈴木), even-> true, odd-> false, first-> false, last-> true, 20：鈴木

整数のフォーマット:1,000,000
浮動小数点のフォーマット:123,456.79

yyyy/mm/dd形式:2023/11/05
yyyy年mm月dd日形式:2023年11月05日
yyyy年:2023
MM月:11
dd日:5
曜日:1

大文字変換:ABCDEF
空文字判定:false
長さ:6
```

161

01 フラグメントの作成

「src/main/resources」→「templates」フォルダを選択し、マウスを右クリックし、「新規」→「その他」を選択します。「HTMLファイル」を選択し、「次へ」ボタンを押し、ファイル名に「common.html」と入力後、「完了」ボタンを押します。「common.html」の内容は**リスト6.39**になります。

リスト6.39 common.html

```
001: <!DOCTYPE html>
002: <html xmlns:th="http://www.thymeleaf.org">
003: <head>
004:     <meta charset="UTF-8">
005:     <title>fragment</title>
006:     </head>
007: <body>
008:     <!-- 18：フラグメントを定義する -->
009:     <div th:fragment="header">
010:         <h1>===【ヘッダー】===</h1>
011:     </div>
012:     <div th:fragment="footer">
013:         <h1>===【フッター】===</h1>
014:     </div>
015: </body>
016: </html>
```

9行目、12行目でフラグメントの「識別名称」を設定しています。

02 ビューへの追記

「ビュー：main.html」の「bodyタグの中」に**リスト6.40**の内容を追記します。

リスト6.40 main.htmlの追記

```
001: <hr>
002: <!-- 18：フラグメントを埋め込む -->
003: <div id="one" th:insert="common :: header"></div>
004: <h1>上下にFragmentを埋め込む</h1>
005: <div id="two" th:replace="common :: footer"></div>
```

3行目「フラグメント」として切り出されたコンテンツを取り込むには「th:insert」属性を利用します。「::」の左辺に「フラグメントのファイル名」、右辺にth:fragment属性に定義された「識別名称」を指定します。5行目「th:replace」属性を使用すると、内容をフラグメントに完全に置き換えます。

03 確認

「ビュー」に追記した後、ブラウザで「再読み込み」ボタンを押すと画面が表示されます（**図6.19**）。

図6.19 確認

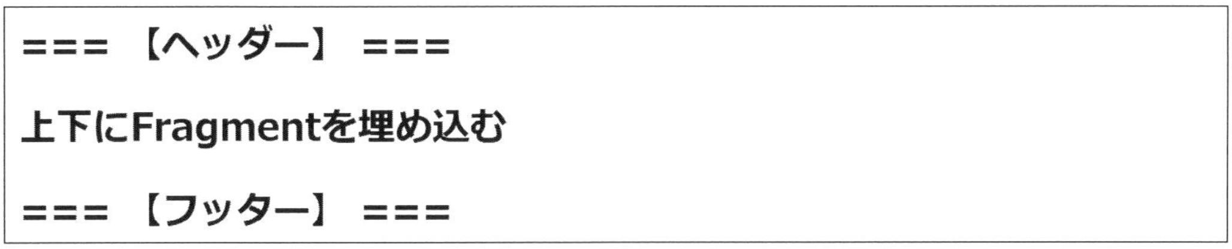

```
=== 【ヘッダー】 ===

上下にFragmentを埋め込む

=== 【フッター】 ===
```

「th:insert」を使用した場合と「th:replace」を使用した場合の表示を以下に示します（**図6.20**）。「th:replace」を使用した場合は、内容が置き換わるので「<div id="two"」の部分が消えていることがブラウザの開発者ツールから確認できます。

図6.20 確認

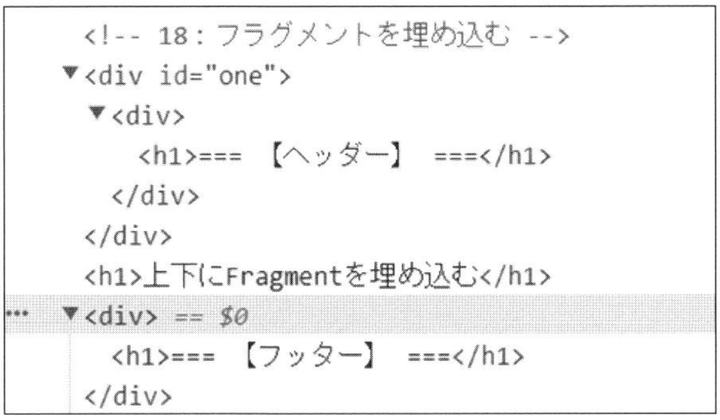

```
    <!-- 18：フラグメントを埋め込む -->
  ▼<div id="one">
    ▼<div>
        <h1>=== 【ヘッダー】 ===</h1>
      </div>
    </div>
      <h1>上下にFragmentを埋め込む</h1>
··· ▼<div> == $0
        <h1>=== 【フッター】 ===</h1>
      </div>
```

6-3-11 ベースレイアウトの作成

01 ベースレイアウトファイルの作成

「ベースレイアウト」とは、Webページの共通部分（例えば、ヘッダー、フッター、サイドバーなど）を一つのテンプレートとして作成することです。このテンプレートをベースとして、各ページで独自の内容を追加することができます。では、早速「ベースレイアウト」ファイルを作成しましょう。

「src/main/resources」→「templates」フォルダの配下に「layout.html」を作成します。「layout.html」の内容は**リスト6.41**になります。

```
001:    <!DOCTYPE html>
002:    <html lang="en" xmlns:th="http://www.thymeleaf.org"
003:        th:fragment="base(title, content)">
004:    <head>
005:        <meta charset="UTF-8">
006:        <!-- ▼ ここが入れ替わる ▼ -->
007:        <title th:replace="${title}">ベースレイアウト</title>
008:    </head>
009:    <body>
010:        <div style="text-align: center;">
011:            <h1>☆☆☆☆☆☆☆☆☆☆☆☆☆☆☆☆☆☆☆☆<br>
012:                ☆☆　　　　　　共通ヘッダー　　　　　☆☆<br>
013:                ☆☆☆☆☆☆☆☆☆☆☆☆☆☆☆☆☆☆☆☆</h1>
014:        </div>
015:        <!-- ▼ ここが入れ替わる ▼ -->
016:        <div style="text-align: center;" th:insert="${content}">内容</div>
017:        <div style="text-align: center;">
018:            <h1>☆☆☆☆☆☆☆☆☆☆☆☆☆☆☆☆☆☆☆☆<br>
019:                ☆☆　　　　　共通フッター　　　　　☆☆<br>
020:                ☆☆☆☆☆☆☆☆☆☆☆☆☆☆☆☆☆☆☆☆</h1>
021:        </div>
022:    </body>
023:    </html>
```

　3行目「th:fragment="base(title, content)"」が重要です。分解して説明すると「識別名称」が「base」になり、別ファイルから渡されるパラメータ (title, content) は、7行目で「title」が使用され、16行目で「content」が使用されています。

02　main.htmlの修正

　「ベースレイアウト」を利用するように「main.html」の<html>タグを**リスト6.42**の内容に修正します。

```
001:    <!DOCTYPE html>
002:    <html xmlns:th ="http://www.thymeleaf.org"
003:      th:replace="~{layout ::base(~{::title}, ~{::body})}">
004:    <head>
005:    … 以下既存コード …
```

　3行目「th:replace="~{layout :: base(~{::title}, ~{::body})}"」のみが追記箇所です。
重要なので分解して説明します。
　「th:replace」で現在の<html>タグをlayout.htmlのbase(title, content)フラグメントで置き換

164

えています。

「layout :: base」はlayout.htmlファイルのbase(title, content)フラグメントを指定しています。

「~{::title}, ~{::body}」現在のHTMLファイル（今回はmain.html）の<title>タグと<body>タグの内容を、それぞれフラグメントに渡すパラメータの「title」と「content」に設定して、base(title, content)フラグメントに渡しています。

「~（チルダ）」の後に続く「{ }」内の内容は、具体的に何を取得または操作するかを指定します。簡単に言うと、「~（チルダ）」は「これからテンプレート式が始まるよ」というサインになります。

「::title」と「::body」は、現在のHTMLファイルから<title>と<body>の内容を取得する指示です。

03 確認

「ビュー」に追記した後、ブラウザで「再読み込み」ボタンを押すと画面が表示されます。

ベースレイアウトで設定している「共通ヘッダー」（図6.21）の表示と、「共通フッター」（図6.22）の表示が確認できます。

図6.21 ベースレイアウト

☆ ☆ ☆ ☆ ☆ ☆ ☆ ☆ ☆ ☆ ☆ ☆ ☆ ☆ ☆ ☆ ☆ ☆ ☆
☆ ☆　　　　　　**共通ヘッダー**　　　　　　☆ ☆
☆ ☆ ☆ ☆ ☆ ☆ ☆ ☆ ☆ ☆ ☆ ☆ ☆ ☆ ☆ ☆ ☆ ☆ ☆

hello world

図6.22 ベースレイアウト2

=== 【フッター】 ===

☆ ☆ ☆ ☆ ☆ ☆ ☆ ☆ ☆ ☆ ☆ ☆ ☆ ☆ ☆ ☆ ☆ ☆ ☆
☆ ☆　　　　　　**共通フッター**　　　　　　☆ ☆
☆ ☆ ☆ ☆ ☆ ☆ ☆ ☆ ☆ ☆ ☆ ☆ ☆ ☆ ☆ ☆ ☆ ☆ ☆

ベースレイアウトを利用したイメージ図を**図6.22**に示します。

図6.22 イメージ図

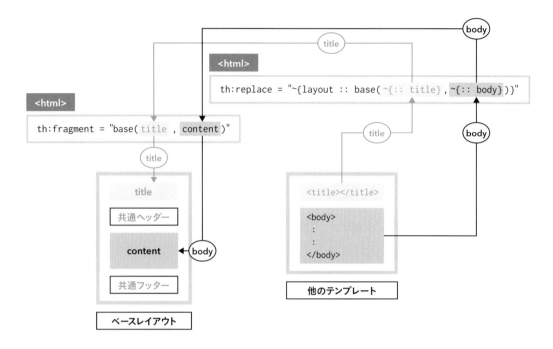

6-3-12 まとめ

だいぶ「Thymeleaf」の使用方法をイメージできたのではないでしょうか。現時点では「ビュー」は「コントローラ」で設定した値を表示する方法しか説明していません。このままでは「ビュー」で入力した内容を「ビジネスロジック」として扱えません。

次章では「ビュー」で入力した値を「サーバー」に送信し、「コントローラ」で受け取る方法について説明します。

第 **7** 章

サーバーにデータを
送信する方法を学ぼう

7-1 リクエストパラメータについて知ろう

この章では、「ビュー」で入力した値をサーバーに送信し、「コントローラ」で受け取る
方法について説明します。サーバーに送信されてくる値を「リクエストパラメータ」と
いいます。まずは「リクエストパラメータ」について説明します。

7-1-1　リクエストパラメータとは？

　入力画面などの「ビュー」で、入力された内容は、ブラウザがリクエストを発行する際、リク
エストパラメータとしてリクエストに格納され、Webアプリケーション側で受け取ることがで
きます。
　このWebアプリケーションに送る値を「リクエストパラメータ」と言います。

☐ 「GETメソッド」と「POSTメソッド」のリクエストへの格納方法の違い

　復習になりますが、「リクエスト」は、クライアントからサーバーに向けて伝達される情報です。
「リクエストライン」、「リクエストヘッダ」、「リクエストボディ」の3つから構成されます（**図7.1**）。

図7.1　リクエスト

○ **リクエストライン（Request Line）**
サーバーに何をしたいのかを伝える最初の行です。

例　　：GET /index.html HTTP/1.1

補足　：GETは操作の種類（メソッド）、/index.htmlは対象のページ、HTTP/1.1は使用する
　　　　HTTPのバージョンを表します。

○ **リクエストヘッダ（Request Header）**

サーバーに追加情報を提供します。

例　　：User-Agent: Mozilla/5.0

補足　：User-Agentはブラウザの種類を示します。他にも色々な情報（言語、エンコーディング等）を含みます。

○ **リクエストボディ（Request Body）**

サーバーに送りたいデータ本体です。

例　　：フォームに入力した情報など。

補足　：主にPOSTメソッドで使用されます。データをサーバーに送る際に使います。

7-1-2　リクエストパラメータの取得方法

「ビュー」で入力した値や選択された値、隠しパラメータとして埋め込まれた値は**表7.1**の方法で取得することができます。

表7.1　リクエストパラメータの取得方法

方法	内容
「@RequestParam」を利用する方法	「@RequestParam」アノテーションを利用することで、パラメータを1つ1つ取得できる
「Formクラス」を利用する方法	「Spring MVC」が「Formクラス」内の「フィールド」に対し「値」を自動で格納してくれます。リクエストパラメータをまとめて1つのオブジェクトで受け取れるため、実務的な方法です。受け取る時に「型変換」や「フォーマット指定」が可能です

文章では良くわかりませんね。では早速プログラムを作成しながら学習しましょう。

7-1-3　リクエストパラメータを使用したプログラムの作成

01　プロジェクトの作成

eclipseを起動し、メニューの左上から「ファイル」→「新規」→「Springスターター・プロジェクト」を選択します。

「新規Springスターター・プロジェクト」画面で、以下のように入力して「次へ」ボタンを押します。

○ 設定内容

名前	RequestParamSample
タイプ	Gradle-Groovy
パッケージング	Jar
Javaバージョン	21
言語	Java

※ 他はデフォルト設定

依存関係で以下を選択して、「完了」ボタンを押します（**図7.2**）。

- Spring Boot DevTools（開発者ツール）
- Lombok（開発者ツール）
- Thymeleaf（テンプレートエンジン）
- Spring Web（Web）

図7.2 依存関係

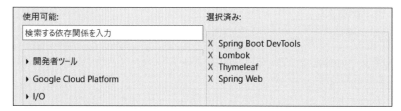

02 コントローラとビューの作成

○ コントローラの作成

「コントローラ」を作成します。「src/main/java」→「com.example.demo」フォルダを選択し、マウスを右クリックし、「新規」→「クラス」を選択します。

パッケージを「com.example.demo.controller」名前を「RequestParamController」としてクラスを作成します（**図7.3**）。

図7.3 コントローラの作成

「RequestParamController」クラスの内容は**リスト 7.1**になります。

リスト7.1 RequestParamController

```
001:  package com.example.demo.controller;
002:
003:  import org.springframework.stereotype.Controller;
004:  import org.springframework.web.bind.annotation.GetMapping;
005:
006:  @Controller
007:  public class RequestParamController {
008:
009:      // GET かつ [url：/show]
010:      @GetMapping("show")
011:      public String showView() {
012:          // 表示する「ビュー名」
013:          return "input";
014:      }
015:  }
```

特に新しく説明する内容はありません。ソースに記述したコメントを参照ください。

○ **ビューの作成**

「showView」メソッドの戻り値「ビュー名：input」に対する「input.html」を作成し、「resources/templates」フォルダに配置します。

「src/main/resources」→「templates」フォルダを選択し、マウスを右クリックし、「新規」→「その他」を選択します。「HTMLファイル」を選択し、「次へ」ボタンを押し、ファイル名に「input.html」と入力後、「完了」ボタンを押します。

「input.html」の内容は**リスト 7.2**になります。2行目に「Thymeleafを使用することを宣言」します。

リスト7.2 input.html

```
001:  <!DOCTYPE html>
002:  <html xmlns:th="http://www.thymeleaf.org">
003:  <head>
004:  <meta charset="UTF-8">
005:  <title>RequestParam</title>
006:  </head>
007:  <body>
008:      <h1>入力画面</h1>
009:      <hr>
010:      <form action="./output.html" method="get">
011:          <label for="get-value">入力値:</label>
012:          <input type="text" id="get-value" name="val">
```

```
013:            <button type="submit">GET送信</button>
014:        </form>
015:        <br>
016:        <form action="./output.html" method="post">
017:            <label for="get-value">入力値:</label>
018:            <input type="text" id="get-value" name="val">
019:            <button type="submit">POST送信</button>
020:        </form>
021:    </body>
022: </html>
```

「ナチュラルテンプレート」の利点を知ってもらったので、ここでは10行目と16行目に相対参照で出力するファイル「output.html」を指定しています。action属性は、HTMLの<form>タグ内で使用され、フォームデータが送信されるURLを指定します。

12行目、18行目「name="val"」の「val」が送信先で「値」を取得するための「キー」になります。

続けて出力するファイル「output.html」を作成します。「src/main/resources」→「templates」フォルダを選択し、マウスを右クリックし、「新規」→「その他」を選択します。「HTMLファイル」を選択し、「次へ」ボタンを押し、ファイル名に「output.html」と入力後、「完了」ボタンを押します。

「output.html」の内容は**リスト7.3**になります。2行目に「Thymeleafを使用することを宣言」します。

リスト7.3 output.html

```
001: <!DOCTYPE html>
002: <html xmlns:th="http://www.thymeleaf.org">
003: <head>
004: <meta charset="UTF-8">
005: <title>RequestParam</title>
006: </head>
007: <body>
008:     <h1>出力画面</h1>
009:     <hr>
010:     <h2 th:text="${value}">送信された値が表示される</h2>
011:     <a href="./input.html">入力画面へ</a>
012: </body>
013: </html>
```

10行目「th:text="${value}"」としているので、後ほどコントローラでModelに格納する値は「名前:value」で設定する必要があります。11行目に入力画面に戻れるようにリンクを作成しています。

○ **ナチュラルテンプレートを試す**

パッケージ・エクスプローラーからinput.htmlを選択し、マウスを右クリックし、「次で開く」→「Webブラウザー」を選択します。入力画面が表示されます（**図7.4**）。

図7.4 入力画面

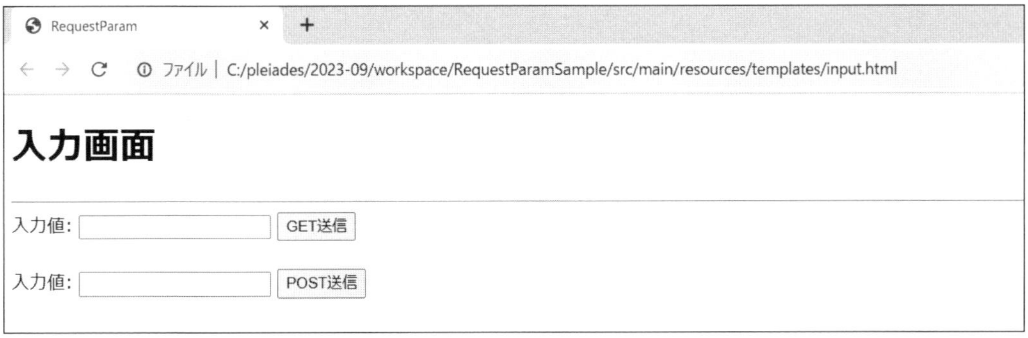

入力画面の【GET】入力値に適当に値を入力し、「GET送信」ボタンをクリックします。出力画面が表示されます（**図7.5**）。ここでは「test」と入力しました。

図7.5 出力画面

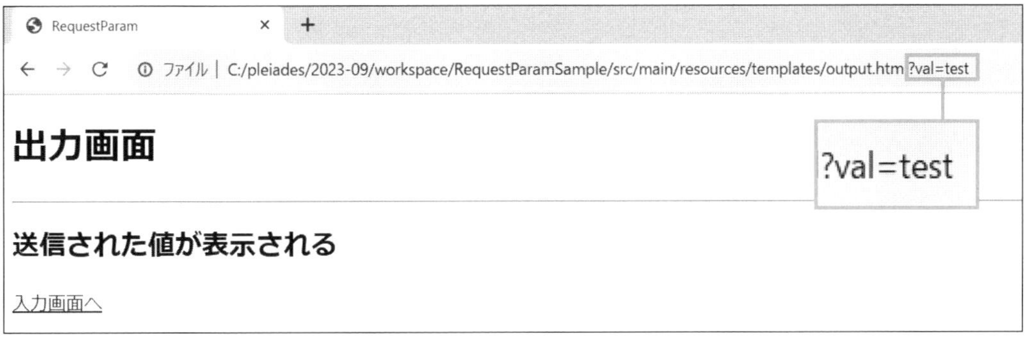

注目する箇所は、画面右上のURLで、GETでのリクエストパラメータが確認できます。
「?val=test」となっており「名前：val」に「値：test」を格納していることがわかります。
【POST】入力値に値を入力し、「POST送信」ボタンをクリックした場合は、リクエストパラメータがリクエストボディに格納されるため、URLでの確認はできません。
ナチュラルテンプレートを利用することで、アプリケーションを起動しなくても「画面遷移」や「リクエストパラメータ」の確認が行えます。

03 コントローラとビューの修正

先ほど作成したビュー（input.html／output.html）とコントローラ（RequestParamController）を修正します。

▼ サーバーにデータを送信する方法を学ぼう

ビューの修正

「input.html」のGET、POST両方の`<form>`タグ部分を**リスト7.4**に修正します。

リスト7.4　input.html

```
001:    <h1>入力画面</h1>
002:    <hr>
003:    <form action="./output.html" th:action="@{/result}" method="get">
004:                             :
005:                             :
006:    <form action="./output.html" th:action="@{/result}" method="post">
```

3行目、6行目「th:action="@{/result}"」について説明します。「th:action」はThymeleafでフォームのaction属性を設定するための属性です。「@{/result}」は「@{ }」内にサーバー側で処理を行うURLを指定します（ここでは「/result」を指定しています）。

「output.html」の入力画面へのリンクを**リスト7.5**に修正します。

リスト7.5　output.html

```
001:    <h2 th:text="${value}">送信された値が表示される</h2>
002:    <a href="./input.html" th:href="@{/show}">入力画面へ</a>
```

2行目「th:href="@{/show}"」について説明します。「th:href」はThymeleafでHTMLのhref属性を設定するための属性です。「@{/show}」は「@{ }」内に、リンクがクリックされたときにブラウザが移動するURLを指定します（ここでは「/show」を指定しています）。

コントローラの修正

「RequestParamController」を**リスト7.6**に修正します。

リスト7.6　RequestParamController

```
001:    package com.example.demo.controller;
002:
003:    import org.springframework.stereotype.Controller;
004:    import org.springframework.ui.Model;
005:    import org.springframework.web.bind.annotation.GetMapping;
006:    import org.springframework.web.bind.annotation.PostMapping;
007:    import org.springframework.web.bind.annotation.RequestParam;
008:
009:    @Controller
010:    public class RequestParamController {
011:
012:        // GET かつ [url : /show]
013:        @GetMapping("show")
```

```
014:        public String showView() {
015:            // 表示する「ビュー名」
016:            return "input";
017:        }
018:
019:        // GET かつ [url：/result]
020:        @GetMapping("result")
021:        public String showResultGet(
022:            @RequestParam String val, Model model) {
023:            // モデルに送られてきた値を設定
024:            model.addAttribute("value", val);
025:            // 表示する「ビュー名」
026:            return "output";
027:        }
028:
029:        // POST かつ [url：/result]
030:        @PostMapping("result")
031:        public String showResultPost(
032:            @RequestParam String val, Model model) {
033:            // モデルに送られてきた値を設定
034:            model.addAttribute("value", val);
035:            // 表示する「ビュー名」
036:            return "output";
037:        }
038:
039:    }
```

22行目、32行目の各メソッドで使用している引数「@RequestParam String val」について説明します。

「@RequestParam」このアノテーションを使用することで、HTTPリクエストのパラメータをメソッドの引数として受け取ることができます。

「String val」この引数は、クライアントから送信された「val」という名前のリクエストパラメータの値を受け取ります。ビュー側の入力フィールドのname属性で指定した「名前」とコントローラ側のリクエストハンドラメソッドの「@RequestParam」が付与された「引数名」を同じにすることで値を受け取ることができます（図7.6）。

図7.6 「@RequestParam」でのデータ渡し

サーバーにデータを送信する方法を学ぼう

175

「Bootダッシュボード」にて、「RequestParamSample」が表示されていることを確認し、「RequestParamSample」を選択後、「起動」ボタンを押します。

「コンソール」で対象のアプリケーションが起動したことを確認後、ブラウザを立ち上げ、アドレスバーに「http://localhost:8080/show」と入力してください。入力画面が表示されます（**図7.8**）。

図7.8 入力画面

【GET】入力値に「ゲット」と入力し、「GET送信」ボタンをクリックします。出力画面が表示されます（**図7.9**）。

図7.9 出力画面（GET）

入力画面へリンクをクリックし、入力画面を表示後、【POST】入力値に「ポスト」と入力し、「POST送信」ボタンをクリックします。出力画面が表示されます（**図7.10**）。

図7.10　出力画面（**POST**）

　GETメソッド、POSTメソッドで値を送り、「@RequestParam」を利用して値を受け取るイメージができましたでしょうか？

　次は複数の値を送り、サーバー側で受け取る方法を学習しましょう。

Column | アノテーションのオプション属性

　オプション要素とは、プログラミングやソフトウェアの設定で、必須ではないが利用できる追加の設定項目や機能のことを指します。以下に@RequestParamのオプション属性を示します。

- **value またはname**
  Webページから送られてくる情報の名前を指定します。「value」と「name」のどちらを使っても同じ意味です。例えば、Webページに名前を入力する場所があって、その入力欄の名前が"userName"だとしたら、「@RequestParam(name="userName") String userName」と書くことで、その情報を受け取ることができます。なお、メソッドのパラメータ名が、HTTPリクエストのパラメータ名と一致する場合、「@RequestParam String userName」のようにname属性（またはvalue属性）は省略できます。

- **required**
  その情報が絶対に必要かどうかを指定します。trueにすると、「この情報は必ず必要だよ」という意味になります。falseにすると、「もし情報がなくても大丈夫だよ」という意味になります。デフォルト（初期設定）はtrueです。

- **defaultValue**
  情報がなかった場合に使う予備の値を設定できます。例えば、defaultValue="内藤哲也"と書くと、名前が送られてこなかった時には、自動的に"内藤哲也"という名前を使うことになります（「@RequestParam(name="userName", required=false, defaultValue="内藤哲也") String userName」）。

サーバーにデータを送信する方法を学ぼう

7-2 複数のリクエストパラメータを送ろう

Section 7-2

「ビュー」で入力した複数の値をサーバーに送信し、「**Form**」クラスを利用して複数値を受け取ってみましょう。「**@RequestParam**」は便利ですが、渡す値が増える程、リクエストハンドラメソッドで「**@RequestParam**」が付与された「引数」が増えるので煩雑です。

7-2-1 「@RequestParam」で複数値を受け取る

先ほど作成した「RequestParamSample」プロジェクトを使用します。

01 コントローラとビューの作成

○ **コントローラの作成**

「コントローラ」を作成します。「src/main/java」→「com.example.demo」フォルダを選択し、マウスを右クリックし、「新規」→「クラス」を選択します。

パッケージを「com.example.demo.controller」名前を「RequestParamMultipleController」としてクラスを作成します（**図7.11**）。

図7.11 コントローラの作成

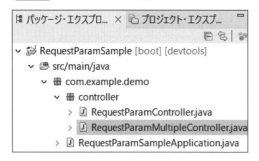

「RequestParamMultipleController」クラスの内容は**リスト7.7**になります。

リスト7.7 RequestParamMultipleController

```
001:  package com.example.demo.controller;
002:
003:  import org.springframework.stereotype.Controller;
004:  import org.springframework.web.bind.annotation.GetMapping;
005:
006:  @Controller
007:  public class RequestParamMultipleController {
008:
009:      // GET かつ [url：/multiple]
010:      @GetMapping("multiple")
011:      public String showView() {
012:          // 戻り値は「ビュー名」を返す
013:          return "entry";
014:      }
015:  }
```

　クライアントからURL「http://localhost:8080/multiple」がGETメソッドで送信されると、RequestParamMultipleControllerクラスのshowViewメソッドが呼ばれ、13行目で戻り値として「ビュー名：entry」を返します。

○ **ビューの作成**

　「showView」メソッドの戻り値「ビュー名：entry」に対する「entry.html」を作成し「resources/templates」フォルダに配置します。「src/mai/resources」→「templates」フォルダを選択し、マウスを右クリックし、「新規」→「その他」を選択します。「HTMLファイル」を選択し「次へ」ボタンを押し、ファイル名に「entry.html」と入力後「完了」ボタンを押します。
　entry.htmlの内容は**リスト7.8**のようになります。

リスト7.8 entry.html

```
001:  <!DOCTYPE html>
002:  <html xmlns:th="http://www.thymeleaf.org">
003:  <head>
004:      <meta charset="UTF-8">
005:      <title>入力画面</title>
006:  </head>
007:  <body>
008:      <form th:action="@{/confirm}" method="post">
009:          <div>
010:              <label for="name">名前：</label>
011:              <input type="text" name="name">
012:          </div>
013:          <div>
014:              <label for="age">年齢：</label>
015:              <input type="number" name="age" min="1" max="100">歳
```

```
016:        </div>
017:        <div>
018:            <label for="birth">生年月日：</label>
019:            <input type="date" name="birth">
020:        </div>
021:        <input type="submit" value="送信">
022:     </form>
023:  </body>
024:  </html>
```

　画面を構成する入力項目は様々ありますが、フレームワークを利用した開発では「入力項目の名称（name属性）」とそれを受け取る「変数名」を同じにするのが一般的です。

　2行目に「Thymeleafを使用することを宣言」します。8行目「th:action="@{/confirm}"」はURL「/confirm」に遷移します。

　15行目「type属性」で「type="number"」を指定すると、数値の入力欄が作成されます。「max属性」は入力できる最大値を指定し、「min属性」は入力できる最小値を指定します。

　19行目「type属性」で「type="date"」を指定すると、日付の入力欄が作成されます。注意点として、「表示される日付の書式」は実際の「value」値と異なることです。「表示される日付」はユーザーのブラウザに設定された、ロケール[注1]に基づいた書式表示になりますが、「value」値は常に「yyyy-MM-dd」の書式になります。

02　コントローラへの追記

　「コントローラ：RequestParamMultipleController」にリクエストハンドラメソッドを追記します（**リスト7.9**）。

リスト7.9　RequestParamMultipleControllerへの追記

```
001:  // POST かつ [url：/confirm]
002:  @PostMapping("confirm")
003:  public String confirmView(Model model,
004:      @RequestParam String name,
005:      @RequestParam Integer age,
006:      @DateTimeFormat(iso = DateTimeFormat.ISO.DATE) @RequestParam LocalDate birth) {
007:          // Modelに格納する
008:          model.addAttribute("name", name);
009:          model.addAttribute("age", age);
010:          model.addAttribute("birth", birth);
011:          // 戻り値は「ビュー名」を返す
012:      return "confirm";
013:      }
```

（**注1**）　ロケールとは、システムやソフトウェアにおける言語や国・地域の設定のことです。

3行目「Model」は8行目〜10行目で値を格納するために引数に設定しています。

4行目〜6行目「@RequestParam」の後に、「ビュー」側で記述していた入力値の「name属性」と「同名の変数」を引数に使用することで、「リクエストパラメータ」が変数に設定されます。

6行目「ビュー」側で設定している入力フィールド「type="date"」の値は「yyyy-MM-dd」になります。引数に「@DateTimeFormat(iso = DateTimeFormat.ISO.DATE)」と指定することで「日付形式 yyyy-MM-dd」で受け取ることができ、日付形式の値も「指定の形式で解析＆変換」され変数に設定されます。

03 ビューの作成（確認画面）

confirmViewメソッドの戻り値「ビュー名：confirm」に対する「confirm.html」を作成し、「resources/templates」フォルダに配置します。「src/main/resources」→「templates」フォルダを選択し、マウスを右クリックし、「新規」→「その他」を選択します。「HTMLファイル」を選択し、「次へ」ボタンを押し、ファイル名に「confirm.html」と入力後、「完了」ボタンを押します。

confirm.htmlの内容は**リスト7.10**になります。

リスト7.10 confirm.html

```
001: <!DOCTYPE html>
002: <html xmlns:th ="http://www.thymeleaf.org">
003: <head>
004:     <meta charset="UTF-8">
005:     <title>確認画面</title>
006: </head>
007: <body>
008:     <ul>
009:         <li>名前    :[[${name}]] </li>
010:         <li>年齢    :[[${age}]] 歳</li>
011:         <li>生年月日 :[[${birth}]]</li>
012:     </ul>
013: </body>
014: </html>
```

9行目〜11行目「固定値」と「変数」を組み合わせたい場合は、[[${ }]] を使用します。

04 確認

「Bootダッシュボード」にて、「RequestParamSample」が表示されていることを確認し、「RequestParamSample」を選択後、「起動」ボタンを押します。ブラウザを立ち上げ、アドレスバーに「http://localhost:8080/multiple」と入力すると「入力画面」が表示されます。

表示された「入力画面」で「名前、年齢、生年月日」を任意で値を入力後（**図7.12**）、「送信」ボタンを押すと、入力した内容が「確認画面」に表示されます（**図7.13**）。

図7.12　入力

名前：登録太郎
年齢：35　歳
生年月日：2023/07/07
送信

localhost:8080/multiple

図7.13　確認

- 名前　　：登録太郎
- 年齢　　：35 歳
- 生年月日：2023-07-07

localhost:8080/confirm

　「@RequestParam」アノテーションは便利ですが、リクエストパラメータを個々に引数で受け取るため、入力項目が増えれば増えるほど引数が増えてしまい冗長になります。「Spring MVC」では、「入力値を格納するためのクラス」を用意することで、リクエストパラメータを「まとめて」引き渡すことができます。

7-2-2　Formクラスとは？

　Formクラスは、Spring MVCでよく使用されるクラスで、HTMLフォームから送信されたデータをJavaオブジェクトとして受け取るためのクラスです。特徴として、HTMLフォームの各入力フィールドのname属性をフィールドとして持ちます。

　Formクラスは、コントローラのリクエストハンドラメソッドで使用され、「@ModelAttribute」と一緒に使われることが多いです（「@ModelAttribute」については後で説明します）。

01　Formクラスの作成

　「入力値を格納するためのクラス」→「入力項目はビュー側でformタグで囲まれている」→「Formクラス」という「ビュー」のフォームを表現するクラスを作成します。

　「src/main/java」→「com.example.demo」フォルダを選択し、マウスを右クリックし、「新規」→「クラス」を選択します。パッケージを「com.example.demo.form」、名前を「SampleForm」としてクラスを作成します（図7.14）。Formクラスの内容はリスト7.11になります。

図7.14　SampleForm

リスト7.11 SampleForm

```
001:  package com.example.demo.form;
002:
003:  import java.time.LocalDate;
004:
005:  import org.springframework.format.annotation.DateTimeFormat;
006:
007:  import lombok.Data;
008:
009:  @Data
010:  public class SampleForm {
011:      private String name;
012:      private Integer age;
013:      @DateTimeFormat(iso = DateTimeFormat.ISO.DATE)
014:      private LocalDate birth;
015:  }
```

9行目「Lombok」の機能を使用して「getter/setter」を「@Data」で生成します。

13行目「@DateTimeFormat」で「iso = DateTimeFormat.ISO.DATE」と指定し「日付形式 yyyy-MM-dd」で受け取るように指定します。

02 コントローラへの修正・追記

「コントローラ：RequestParamMultipleController」にリクエストハンドラメソッドを修正・追記します。先ほど作成した「confirmView」メソッドをコメントアウトして、新しく「confirmView」メソッドを「Formクラス」を引数に使用して作り直します（**リスト7.12**）。

リスト7.12 confirmView（Formクラス使用）

```
001:  // POST かつ [url：/confirm]
002:  //@PostMapping("confirm")
003:  //public String confirmView(Model model,
004:  //    @RequestParam String name,
005:  //    @RequestParam Integer age,
006:  //    @DateTimeFormat(iso = DateTimeFormat.ISO.DATE) @RequestParam LocalDate
      birth) {
007:  //    // Modelに格納する
008:  //    model.addAttribute("name", name);
009:  //    model.addAttribute("age", age);
010:  //    model.addAttribute("birth", birth);
011:  //    // 戻り値は「ビュー名」を返す
012:  //    return "confirm";
013:  //}
014:
015:  // POST かつ [url：/confirm]
```

183

```
016:    @PostMapping("confirm")
017:    public String confirmView(SampleForm f) {
018:        // 戻り値は「ビュー名」を返す
019:        return "confirm2";
020:    }
```

16行目～20行目「@PostMapping("confirm")」で「POSTかつURL：/confirm」に対応するリクエストハンドラメソッド「confirmView」を新たに作成し、引数に「入力値を格納するためのクラス」である「Form」を引数に設定します。19行目「戻り値」として「ビュー名：confirm2」を返します。

リクエストハンドラメソッド「confirmView」の引数から「Model」が消え、「Model」の代わりに「Formクラス」が引数に設定されています。データを「ビュー」で表示させたい場合、データを引き渡す役割を持っている「Model」を引数に設定しなければならない筈です。なぜ引数から「Model」が消えたのかは後ほど詳しく説明します。

03　ビューの作成（確認画面：Formクラス使用）

confirmViewメソッドの戻り値「ビュー名：confirm2」に対する「confirm2.html」を作成し、「resources/templates」フォルダに配置します。

「src/main/resources」→「templates」フォルダを選択し、マウスを右クリックし、「新規」→「その他」を選択します。「HTMLファイル」を選択し、「次へ」ボタンを押し、ファイル名に「confirm2.html」と入力後、「完了」ボタンを押します。

confirm2.htmlの内容は**リスト7.13**になります。

リスト7.13　confirm2.html

```
001:    <!DOCTYPE html>
002:    <html xmlns:th ="http://www.thymeleaf.org">
003:    <head>
004:        <meta charset="UTF-8">
005:        <title>確認画面：Formクラス使用</title>
006:    </head>
007:    <body>
008:        <ul th:object="${sampleForm}">
009:            <li>名前　　：[[*{name}]] </li>
010:            <li>年齢　　：[[*{age}]] 歳</li>
011:            <li>生年月日：[[*{birth}]]</li>
012:        </ul>
013:    </body>
014:    </html>
```

8行目「th:object="${sampleForm}"」は、ビュー側で設定したデータをまとめている「Formクラス」を指定します。小文字からはじまる「sampleForm」は、何となく「SampleForm」クラスを参照しているのがイメージできますが、なぜ小文字からはじまる文字になるのかは後ほど詳しく

説明しますので少々お待ちください。

9行目〜11行目で使用している [[*{name}]]、[[*{age}]]、[[*{birth}]] はThymeleafの式で、sampleFormオブジェクトのname、age、birthフィールドの値を表示します。

04 確認

「Bootダッシュボード」にて、「RequestParamSample」が表示されていることを確認し、「RequestParamSample」を選択後、「起動」ボタンを押します。ブラウザを立ち上げ、アドレスバーに「http://localhost:8080/ multiple」と入力すると「入力画面」が表示されます。

表示された「入力画面」で「名前、年齢、生年月日」を入力後（**図7.15**）、「送信」ボタンを押すと、入力した内容が「確認画面」に表示されます（**図7.16**）。

図7.15 入力 | **図7.16** 確認（**Form**クラス使用）

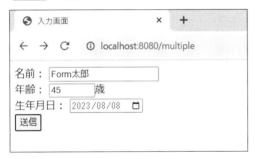

「Formクラス」を使用して複数のリクエストパラメータを受け取ることができました。

Column | Formクラスのイメージ

皆さんが通販サイトで商品を複数購入した場合、商品を別々に1個ずつ届けて欲しいでしょうか？

購入商品をまとめて1つの大きな段ボールに梱包して、出荷してもらえば受取は1回で済みます。Formクラスは大きな段ボールのイメージです（図7.A）。

図7.A Formクラスのイメージ

7-2-3 まとめ

ここまでの内容を箇条書きで示します。

☐ Formクラスについて

Formクラスは、一つの画面（ビュー）で使うデータをまとめるためのクラスです。これを使用すると、データの管理が簡単になります。

Formクラスは普通のJavaクラス（POJO）で作ります。

☐ データの紐付け（バインド）

画面で入力するデータ（name属性）とFormクラスの「フィールド名」を同じにすると、自動的にデータが紐付けられます。

☐ データの型変換

入力されたデータは、Formクラスのフィールドの型に合わせて自動的に変換されます。

☐ ModelとFormクラス

SpringMVCは、リクエストハンドラメソッドの引数にFormクラスを指定すると、そのFormクラスは自動的にModelに格納されます。そのため、わざわざModelをメソッドの引数に書かなくても大丈夫です。この記述方法は「@ModelAttribute」というアノテーションを省略している記述方法です。詳細な説明は「8-2-3 @ModelAttributeとは?」で説明します。　上記がRequestParamMultipleControllerのリクエストハンドラメソッド「confirmView」の引数から「Model」が消えた理由になります。

「Model」に格納された「Formクラス」はデフォルトで「リクエストスコープ」になるため、レスポンスが送られた後には消えます。

☐ 名前の付け方

FormクラスをModelに格納するとき、特に名前を指定しなければ、クラス名を小文字で始めた形（ローワーキャメルケース）でModelに保存されます。

例：CalcFormはcalcFormとして保存、Formはformとして保存

上記が確認画面「confirm2.html」で使用した小文字の「sampleForm」の理由になります。明示的に名前を指定する場合は、「@ModelAttribute("aaa") SampleForm f」とすれば、Modelには「aaa」で保存されます。

7-3 URLに埋め込まれた値を 受け取ろう

ここではリンクなどのURLの一部に埋め込まれた値を取得する方法と、同一「ビュー」で複数ボタンがある場合の処理を分ける方法についてプログラムを作成しながら説明します。

7-3-1 プロジェクトの作成（リンク）

eclipseを起動し、メニューの左上から「ファイル」→「新規」→「Springスターター・プロジェクト」を選択します。

「新規Springスターター・プロジェクト」画面で、以下のように入力して「次へ」ボタンを押します。

○ 設定内容

名前	PathValiableSample
タイプ	Gradle-Groovy
パッケージング	Jar
Javaバージョン	21
言語	Java

※ 他はデフォルト設定

依存関係で以下を選択して、「完了」ボタンを押します。

- Spring Boot DevTools（開発者ツール）
- Thymeleaf（テンプレートエンジン）
- Spring Web（Web）

01 コントローラとビューの作成

○ コントローラの作成

「コントローラ」を作成します。「src/main/java」→「com.example.demo」フォルダを選択し、マウスを右クリックし、「新規」→「クラス」を選択します。

パッケージを「com.example.demo.controller」名前を「PathValiableController」としてクラスを作成します（**図7.17**）。

図7.17 コントローラの作成

「PathValiableController」クラスの内容は**リスト7.14**になります。

リスト7.14 PathValiableController

```
001:    package com.example.demo.controller;
002:
003:    import org.springframework.stereotype.Controller;
004:    import org.springframework.web.bind.annotation.GetMapping;
005:
006:    @Controller
007:    public class PathValiableController {
008:        // GET かつ [url : /show]
009:        @GetMapping("show")
010:        public String showView() {
011:            // 戻り値は「ビュー名」を返す
012:            return "show";
013:        }
014:    }
```

　特に新しく説明する内容はありませんが、クライアントからURL「http://localhost:8080/show」がGETメソッドで送信されると、「PathValiableController」クラスの「showView」メソッドが呼ばれ、12行目で戻り値として「ビュー名：show」を返します。

○ **ビューの作成**

　「showView」メソッドの戻り値「ビュー名：show」に対する「show.html」を作成し「resources/templates」フォルダに配置します。「src/mai/resources」→「templates」フォルダを選択し、マウスを右クリックし、「新規」→「その他」を選択します。「HTMLファイル」を選択し「次へ」ボタンを押し、ファイル名に「show.html」と入力後「完了」ボタンを押します。

　show.htmlの内容は**リスト7.15**のようになります。

リスト7.15 **show.html**

```
001:   <!DOCTYPE html>
002:   <html xmlns:th="http://www.thymeleaf.org">
003:   <head>
004:       <meta charset="UTF-8">
005:       <title>URL埋め込みとボタン判別</title>
006:   </head>
007:   <body>
008:       <div>
009:           <!-- URLへの値埋め込み -->
010:           <h3><a th:href="@{/function/1}">機能-1</a></h3>
011:           <h3><a th:href="@{/function/2}">機能-2</a></h3>
012:           <h3><a th:href="@{/function/3}">機能-3</a></h3>
013:           <!-- 同じformタグ内にある複数ボタン -->
014:           <form th:action="@{/send}" method="post">
015:               <input type="submit" value="ボタンA" name="a">
016:               <input type="submit" value="ボタンB" name="b">
017:               <input type="submit" value="ボタンC" name="c">
018:           </form>
019:       </div>
020:   </body>
021:   </html>
```

　2行目に「Thymeleafを使用することを宣言」します。10行目「th:href="@{/function/1}"」は
URL「/function/1」の「リンク」を生成します。

　「@」を「{」の前に付けることでコンテキストパスを意識しません。

　コンテキストパスは、WebアプリケーションがWebサーバー上で識別されるためのパスです。
これによって、同じWebサーバー上で複数のアプリケーションが動く場合でも、それぞれを区
別することができます。

　「末尾の数字」が「URLに埋め込まれた値」になります。11行目〜12行目も同様です。

　14行目〜18行目「同じformタグ」の中でボタンが3つあります。ボタンをクリックすると、
すべてのボタンがURL「/send」にPOSTで送信されます。どのボタンが押されたか判断するのに
重要になるのが「name属性」です。この「name属性」を利用して「コントローラ」の「リクエスト
ハンドラメソッド」で処理を分けます。

02 コントローラへの追記（リンク処理）

　「コントローラ：PathValiableController」にリクエストハンドラメソッドを追記します（**リスト
7.16**）。

リスト7.16　selectFunction メソッド

```
001:   // GET かつ [/function/{no}]
002:   // ※{no}は動的に値が変わる
003:   @GetMapping("/function/{no}")
004:   public String selectFunction(@PathVariable Integer no) {
005:       // 「ビュー名」の初期化
006:       String view = null;
007:       switch (no) {
008:       case 1:
009:           view = "pathvaliable/function1";
010:           break;
011:       case 2:
012:           view = "pathvaliable/function2";
013:           break;
014:       case 3:
015:           view = "pathvaliable/function3";
016:           break;
017:       }
018:       // 戻り値は「ビュー名」を返す
019:       return view;
020:   }
```

　3行目「@GetMapping("/function/{no}")」で「GETかつURL：/function/{no}」に対応します。「{no}」はプレースホルダです。プレースホルダに「URLに埋め込まれた値」が格納されます。4行目「@PathVariable」を付けた、「プレースホルダ名と同じ変数名」を指定することで、プレースホルダに格納された値が「@PathVariable」を付与した「変数」に格納されます（**図7.18**）。

　7行目〜17行目「no」変数の値を「switch文」で処理を振り分け「ビュー名」を確定します。

図7.18　プレースホルダ

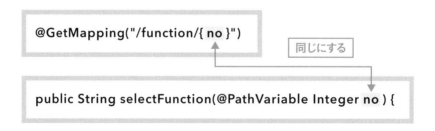

03　ビューの作成（機能画面）

　「selectFunction」メソッドの戻り値「ビュー名」に対する「ファイル」を作成し、「resources/templates」フォルダに配置します。今回は複数ファイルを作成するため、まずファイルをまとめる「パッケージ」を作成します。「src/main/resources」→「templates」フォルダを選択し、マウ

スを右クリックし、「新規」→「パッケージ」を選択します。「templates.pathvaliable」パッケージを作成します。

　作成したパッケージを選択後、マウスを右クリックし、「新規」→「その他」を選択します。「HTMLファイル」を選択し、「次へ」ボタンを押し、ファイル名に「function1.html」と入力後、「完了」ボタンを押します（**図7.19**）。

　「function1.html」の内容は**リスト7.17**になります。

図7.19　ファイルの作成

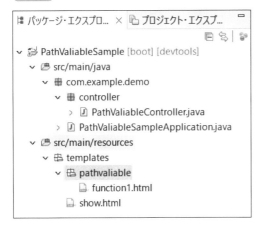

リスト7.17　function1

```
001:   <!DOCTYPE html>
002:   <html>
003:   <head>
004:       <meta charset="UTF-8">
005:       <title>機能1</title>
006:   </head>
007:   <body>
008:       <h1>機能1の画面</h1>
009:   </body>
010:   </html>
```

　「function1.html」と同様に「function2.html」、「function3.html」を作成します。ファイル内容の違いは5行目「titleタグ」の内容を「機能2」、「機能3」と変更し、8行目「h1タグ」の内容を「機能2の画面」、「機能3の画面」と変更しただけになります。

04　確認（リンク）

　「Bootダッシュボード」にて、「PathValiableSample」が表示されていることを確認し、「PathValiableSample」を選択後、「起動」ボタンを押します。ブラウザを立ち上げ、アドレスバーに「http://localhost:8080/show」と入力します。「リンク画面」が表示されます（**図7.20**）。各「リ

ンク」を押して、対応する各「ビュー」を確認します（**図7.21**）。

図7.20 リンク表示

図7.21 リンク確認

7-3-2 プロジェクトの作成（ボタン）

作成した「PathValiableSample」プロジェクトにボタン判別処理を追記します。

01 コントローラへの追記（ボタン判別処理）

「コントローラ：PathValiableController」にリクエストハンドラメソッドを追記します（**リスト 7.18**）。

リスト7.18 PathValiableControllerボタン処理

```
001: /** 「ボタンA」押下処理 */
002: @PostMapping(value = "send", params = "a")
003: public String showAView() {
004:     // 戻り値は「ビュー名」を返す
005:     return "submit/a";
006: }
007:
008: /** 「ボタンB」押下処理 */
009: @PostMapping(value = "send", params = "b")
010: public String showBView() {
011:     // 戻り値は「ビュー名」を返す
012:     return "submit/b";
013: }
014:
015: /** 「ボタンC」押下処理 */
016: @PostMapping(value = "send", params = "c")
017: public String showCView() {
018:     // 戻り値は「ビュー名」を返す
019:     return "submit/c";
020: }
```

2、9、16行目「リクエストマッピングアノテーション」の「params属性」に「ビュー」側のボタンに対する「name属性」を設定することで、同じURL「/send」のPOSTで送信されてくるリクエストを、どのボタンが押されたのか判別します。「value属性」以外も設定するため「value属性」を明示的に記述する必要があります。

02 ビューの作成（ボタン押下確認画面）

メソッドの戻り値「ビュー名」に対する「ファイル」を作成し、「resources/templates」フォルダに配置します。今回は複数ファイルを作成するため、まずファイルをまとめる「パッケージ」を作成します。「src/main/resources」→「templates」フォルダを選択し、マウスを右クリックし、「新規」→「パッケージ」を選択します。「templates.submit」パッケージを作成し選択後、マウスを右クリックし、「新規」→「その他」を選択します。「HTMLファイル」を選択し、「次へ」ボタンを押し、ファイル名に「a.html」と入力後、「完了」ボタンを押します（**図7.22**）。

「a.html」の内容は**リスト7.19**になります。

図7.22 ファイル作成

リスト7.19 a.html

```
001:  <!DOCTYPE html>
002:  <html>
003:  <head>
004:  <meta charset="UTF-8">
005:      <title>a</title>
006:  </head>
007:  <body>
008:      <h1>ボタンA押下の画面</h1>
009:  </body>
010:  </html>
```

「a.html」と同様に「b.html」、「c.html」を作成します。ファイル内容の違いは5行目「titleタグ」の内容を「b」、「c」と変更し、8行目「h1タグ」の内容を「ボタンB押下の画面」、「ボタンC押下の画面」と変更しただけになります。

03 確認（ボタン）

　「Bootダッシュボード」にて、「PathVariableSample」が表示されていることを確認し、「PathValiableSample」を選択後、「起動」ボタンを押します。ブラウザを立ち上げ、アドレスバーに「http://localhost:8080/show」と入力します。「ボタン押下画面」が表示されます。各「ボタン」を押して、対応する各「ビュー」を確認します（**図7.23**）。

図7.23　ボタン確認

Column | @PathVariableと@RequestParamの使い分け

@PathVariableと@RequestParamの違いを以下にまとめます。

○ **@PathVariable**
- 使いどころ　：URLのパス部分に含まれるデータを取得したい場合に使用
- 使用例　　　：「/users/123」の123というユーザーIDを取得する場合など
- 特徴　　　　：URLの構造から直接、パラメータを抽出する

○ **@RequestParam**
- 使いどころ　：クエリパラメータやフォームデータとして送られてくる値を取得したい場合に使用
- 使用例　　　：「/users?userId=123」のuserId=123というクエリパラメータを取得する場合など
- 特徴　　　　：リクエストのボディやURLのクエリ部分からパラメータを取得する

　@PathVariableと@RequestParamは、SpringMVCでクライアントからのリクエストデータをコントローラメソッドのパラメータとして受け取るためのアノテーションですが、@PathVariableはURLパスに埋め込まれた固定的な値を取得するのに、@RequestParamはより動的なクエリパラメータやフォームデータを取得するのに適しています。

第 **8** 章

バリデーション機能に
ついて知ろう

8-1 入力チェックについて 知ろう

「7章 サーバーにデータを送信する方法を学ぼう」はイメージできましたでしょうか。「ビュー」で入力を行う時に、疑問に思う内容として「数値を入力してもらいたいのに、文字列を入力された時などはどうなるのか?」があります。この章では「ビュー」で入力した値に対して「入力チェック」を行う「バリデーション」機能について説明します。

8-1-1 バリデーションとバリデータとは?

☐ バリデーション

「バリデーション」はユーザーが入力したデータ（例：名前、メールアドレス、パスワードなど）が「適切な形式」であるかどうかを確認する方法です。現実世界で例えると「空港のセキュリティチェック」のようなものです。セキュリティチェックは、乗客が飛行機に乗る前に、持ち物が安全かどうかを確認します。

☐ バリデータ

「バリデータ」はプログラム内でデータが正しい形式になっているかをチェックする機能やコードのことを指します。つまりバリデーションを行う機能、またはプログラムのことです。
現実世界で例えると空港のセキュリティチェックを行う「スタッフや機械」のようなものです（図8.1）。

図8.1 バリデーションとバリデータのイメージ

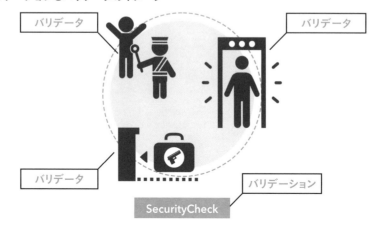

バリデーションの種類

バリデーションを大きく分けると以下の2つに分かれます。

- 単項目チェック
- 相関項目チェック（相関チェック）

8-1-2 単項目チェックとは？

「単項目チェック」とは、入力項目1つ1つに対して、設定する「入力チェック」機能です。使用方法はFormクラスなどのフィールドに「アノテーション」を付与します。

「入力チェック」にはいくつかの種類の「アノテーション」があります。主にJava EEの「Bean Validation」やHibernateフレームワークの「Hibernate Validator」がよく使用されます。これらのアノテーションを使用すると、例えば「テキストボックスに数値しか入力できない」ように制限したり、「メールアドレスが正しい形式であるかどうか」をチェックしたりできます。

また、数値の入力フィールドに文字列が入力された場合のような「型変換チェック」は、特別なアノテーションを使わずに「入力チェック」機能を有効にするだけで自動的に行われます。

表8.1に「Bean Validation」に定義されている検証アノテーションの一覧を示します。これらのアノテーションは、「javax.validation.constraints」パッケージに定義されています。

表8.1 Bean Validation

アノテーション	説明	使用例
@NotNull	値がnullでないことを確認します	@NotNull private String name;
@NotEmpty	文字列が空でないこと、またはコレクションが空でないことを確認します	@NotEmpty private String name;
@NotBlank	文字列が空白でないことを確認します	@NotBlank private String name;
@Min	数値が指定した最小値以上であることを確認します	@Min(18) private int age;
@Max	数値が指定した最大値以下であることを確認します	@Max(100) private int age;
@Size	文字列、配列、またはコレクションのサイズが指定した範囲内であることを確認します	@Size(min=1, max=10) private String name;
@Pattern	文字列が指定した正規表現に一致することを確認します	@Pattern(regexp="^[a-zA-Z]+$") private String name;
@Email	文字列が有効なメールアドレス形式であることを確認します	@Email private String email;

@Positive	数値が正であることを確認します	@Positive private int value;
@PositiveOrZero	数値が正またはゼロであることを確認します	@PositiveOrZero private int value;
@Negative	数値が負であることを確認します	@Negative private int value;
@NegativeOrZero	数値が負またはゼロであることを確認します	@NegativeOrZero private int value;

表8.2に「Hibernate Validator」の独自アノテーションの一覧を示します。Hibernate Validatorには、前述のBean Validation(=Java EE 標準)で定義されているアノテーションに加えて、独自の検証アノテーションも定義されています。

表8.2 Hibernate Validator

アノテーション	説明	使用例
@Length	文字列の長さが指定した範囲内であることを確認します	@Length(min=5, max=20) private String username;
@Range	数値が指定した範囲内であることを確認します	@Range(min=1, max=100) private int score;
@CreditCardNumber	文字列が有効なクレジットカード番号であることを確認します	@CreditCardNumber private String creditCard;

表8.1、表8.2に示したアノテーション以外にも多くの種類がありますが、ご自身が必要になった時に公式サイトや参考サイトなどを参照してください。

□ null チェックを行うアノテーションについて

@NotNull、@NotEmpty、@NotBlankはすべて未入力チェックの機能を提供しますが、それぞれが異なる特性を持っているため、理解して使い分ける必要があります。

表8.3にそれぞれのアノテーションがどのような状況でエラーを出すかを示します。

表8.3 null チェックアノテーション

アノテーション	内容
@NotNull	nullの場合にエラー、空文字 ("") や空白スペースは許可
@NotEmpty	nullや空文字 ("") の場合にエラー、空白スペースは許可
@NotBlank	null、空文字 ("")、空白スペース (半角スペースやタブなど) の場合にエラー

ただし、全角スペースのみの場合はチェックされないので注意が必要です。また、@NotEmptyと@NotBlankはコレクション、文字列、配列に対して使用するもので、整数型には

適用できません。整数型（Integer）にこれらを適用すると、「javax.validation.UnexpectedType Exception」が発生します。整数型には@NotNullを使用しましょう。

8-1-3 相関項目チェックとは？

相関項目チェックとは、単一のフィールドではなく、複数のフィールドを組み合わせてチェックを行うことを指します。このようなチェックには主に3つの方法があります。

- @AssertTrueを利用する方法
- Bean Validationを利用する方法
- Spring Frameworkの「Validator」インターフェースを実装する方法

Bean Validationを使う場合は、独自のアノテーションを作成する必要があり、そのためには専門的な知識が必要です。そのため、難易度が高いとされています。

本書では、比較的簡単な「@AssertTrueを利用する方法」と「Validator」インターフェースを実装する方法に焦点を当てて説明します。

8-1-4 まとめ

最後に入力チェックの必要性をイメージしたいと思います。

入力チェックは、ユーザーからのデータがアプリケーションにとって安全かつ正確であることを確認する非常に重要なステップです。

例えば、数値が必要な場所に文字列が入力されたり、日付の範囲が不正確であったりすると、プログラムは予期せぬエラーを出力する可能性があります。さらに、フロントエンド（ビュー側）での制限だけでは不十分で、ブラウザの開発ツールを使って値を書き換えることができてしまいます。これはセキュリティリスクも高まるため、バックエンド側での入力チェックが不可欠です[注1]。

このように、入力チェック（バリデーション機能）はデータの整合性を保ち、アプリケーションの信頼性とセキュリティを高めるために必要な機能です（**図8.2**）。

（注1）　フロントエンドとは、ユーザーが直接見て、触れる部分です。主に「見た目」と「ユーザーとの対話」を担当します。バックエンドとは、ユーザーからは見えないが、システムを支える重要な部分です。データ処理やビジネスロジックを担当します。

バリデーション機能について知ろう

8

図8.2 入力チェックのイメージ

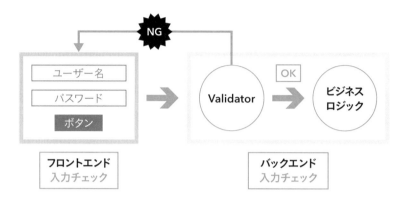

　絵や図を描きながら学習することは、情報の理解と記憶に非常に効果的な方法です。特にプログラミング学習においては、コードの流れや構造を視覚化することで、理解が深まります。

- 視覚的学習の効果
  絵や図を使って学習することで、複雑な概念や流れを視覚的に捉え、理解を深めることができます。
- 学習内容の整理・理解
  図や絵を描くことで、学習内容を自分なりに整理し、概念を明確化できます。これは特にプログラミングのような論理的な思考が必要な分野で有効です。
- アクティブラーニング
  図を描く行為自体がアクティブラーニングになり、受動的な学習よりも記憶に残りやすくなります。自分で考え、書くことでより深く理解できます。
- 視覚的なフィードバック
  絵や図を使うことで、学んだ内容の理解度を視覚的に確認できます。不明瞭な部分や誤解がある場合、それが一目で分かるようになります。

8-2 単項目チェックを使用したプログラムを作成しよう

「単項目チェック」を使用して「ビュー」で入力した値に対して「バリデーション」を行うプログラムを作成しましょう。作成する内容は、入力画面で数値を入力し加算結果を表示する簡易なプログラムですが、「バリデーション」を作成しチェックされた場合は、入力画面に「エラーメッセージ」を表示します。

8-2-1 プロジェクトの作成

eclipseを起動し、メニューの左上から「ファイル」→「新規」→「Springスターター・プロジェクト」を選択します。「新規Springスターター・プロジェクト」画面で、以下のように入力して「次へ」ボタンを押します。

○ **設定内容**

名前	ValidationSample
タイプ	Gradle-Groovy
パッケージング	Jar
Javaバージョン	21
言語	Java

※ 他はデフォルト設定

依存関係で以下を選択して、「完了」ボタンを押します（**図8.3**）。「検証：Validation」を依存関係として選択することでバリデーション機能である「Bean Validation」や「hibernate Validator」を使用できるようになります。

- Spring Boot DevTools（開発者ツール）
- Lombok（開者発ツール）
- 検証：Validation（I/O）
- Thymeleaf（テンプレートエンジン）
- Spring Web（Web）

図8.3 依存関係

```
使用可能:                              選択済み:
┌────────────────────────────────┐   ┌──────────────────────────────┐
│ validation              ✕      │   │ X  Spring Boot DevTools       │
├────────────────────────────────┤   │ X  Lombok                     │
│ ▼ I/O                          │   │ X  検証                        │
│   ☑ Validation                 │   │ X  Thymeleaf                  │
│                                │   │ X  Spring Web                 │
└────────────────────────────────┘   └──────────────────────────────┘
```

8-2-2 アプリケーション層の作成

01 Form クラスの作成

「Form クラス」という「ビュー」のフォームを表現するクラスを作成します。「src/main/java」→「com.example.demo」フォルダを選択し、マウスを右クリックし、「新規」→「クラス」を選択します。

パッケージを「com.example.demo.form」名前を「CalcForm」としてクラスを作成します（**図8.4**）。

図8.4 CalcForm

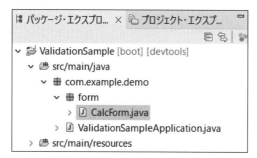

```
▣ パッケージ・エクスプロ... × 🗋 プロジェクト・エクスプ...
                                    🗖 🗞 | 🗞
∨ 🗁 ValidationSample [boot] [devtools]
  ∨ 🗁 src/main/java
    ∨ ⊞ com.example.demo
      ∨ ⊞ form
        › 🗋 CalcForm.java
      › 🗋 ValidationSampleApplication.java
  › 🗁 src/main/resources
```

CalcForm クラスの内容は**リスト8.1**になります。

リスト8.1 CalcForm

```java
001:    package com.example.demo.form;
002:
003:    import org.hibernate.validator.constraints.Range;
004:
005:    import jakarta.validation.constraints.NotNull;
006:    import lombok.Data;
007:
008:    @Data
009:    public class CalcForm {
010:        @NotNull(message = "左：数値が未入力です。")
011:        @Range(min = 1, max = 10, message = "左：{min}〜{max}の数値を入力して下さい。")
```

```
012:        private Integer leftNum;
013:        @NotNull(message = "右：数値が未入力です")
014:        @Range(min = 1, max = 10, message = "右：{min}〜{max}の数値を入力して下さい。")
015:        private Integer rightNum;
016:    }
```

10行目、13行目「@NotNull」は、値がnull（未入力）でないことを確認します。もし値がnullだった場合、「左（右）：数値が未入力です。」というエラーメッセージが表示されます。

11行目、14行目「@Range」は、値が1から10の範囲内にあることを確認します。もし値がこの範囲外だった場合、「左（右）：1〜10の数値を入力して下さい。」というエラーメッセージが表示されます。

{min}と{max}は、設定した最小値（1）と最大値（10）に自動的に置き換えられます。

つまり単項目チェック用のアノテーションに「message属性」を追加して、メッセージを設定することで、バリデーション（入力チェック）に引っかかった場合、設定したエラーメッセージを表示します。メッセージ内で「{属性名}」という形式（ここでは、min や max）を使うと、その属性に設定した値をエラーメッセージに埋め込むことができます。

02 コントローラの作成

「コントローラ」を作成します。「src/main/java」→「com.example.demo」フォルダを選択し、マウスを右クリックし、「新規」→「クラス」を選択します。

パッケージを「com.example.demo.controller」、名前を「ValidationController」としてクラスを作成します。

ValidationControllerクラスの内容は**リスト8.2**になります。

リスト8.2 **ValidationController**

```
001:    package com.example.demo.controller;
002:
003:    import org.springframework.stereotype.Controller;
004:    import org.springframework.web.bind.annotation.GetMapping;
005:    import org.springframework.web.bind.annotation.ModelAttribute;
006:
007:    import com.example.demo.form.CalcForm;
008:
009:    @Controller
010:    public class ValidationController {
011:        /** 「form-backing bean」の初期化 */
012:        @ModelAttribute
013:        public CalcForm setUpForm() {
014:            return new CalcForm();
015:        }
016:
```

```
017:      /** 入力画面を表示する */
018:      @GetMapping("show")
019:      public String showView() {
020:          // 戻り値は「ビュー名」を返す
021:          return "entry";
022:      }
023:  }
```

12行目～15行目「バリデーション」を行う時は、「Form-Backing Bean」の設定が必要になります。
「Form-Backing Bean」の初期化は、「@ModelAttribute」アノテーションを付与したメソッドで作成します。作成方法は「@ModelAttribute」アノテーションを付与して、HTMLの「formタグ」にバインドしたい「Formクラス」を初期化して戻り値で返します。

「@ModelAttribute」アノテーションが付与されたメソッドは、このクラスのリクエストハンドラメソッド実行前に呼ばれ、「リクエストスコープ」で「Model」に格納されます。「Model」に格納される時、明示的に「名前」を付けなければ格納する「Formクラス」名の「ローワーキャメルケース」で「Model」に格納されます。

Column | Form-Backing Bean（フォームバッキングビーン）とは？

Form-Backing Beanは、Webアプリケーションでよく使われる概念です。このビーン（Javaのクラスのインスタンス）は、HTMLフォームのデータを一時的に格納する役割を担います。

簡単に言うと、ユーザーがWebページのフォームに入力したデータ（例：名前、メールアドレス、パスワードなど）は、サーバーに送信される前にこの「Form-Backing Bean」に一時的に保存されます。そして、このビーンがサーバー側で処理され、ビジネスロジックに渡されます。

Form-Backing Beanの利点を以下にまとめます。

- バリデーション（入力チェック）
  ビーンに設定されたアノテーションやメソッドを使って、入力データが正しいかどうかを簡単にチェックできます。
- コードの整理
  フォームから送られてくる複数のデータを一つのビーンで管理することで、コードが整理され、可読性が向上します。
- 再利用性
  同じデータ構造を持つ異なるフォームで、同じ「Form-Backing Bean」を再利用できます。

03 ビューの作成（入力画面）

「showView」メソッドの戻り値「ビュー名：entry」に対する「entry.html」を作成し、「resources/templates」フォルダに配置します。

「src/main/resources」→「templates」フォルダを選択し、マウスを右クリックし、「新規」→「その他」を選択します。「HTMLファイル」を選択し、「次へ」ボタンを押し、ファイル名に「entry.html」と入力後、「完了」ボタンを押します。

entry.htmlの内容は**リスト8.3**になります。

リスト8.3 entry.html

```
001:  <!DOCTYPE html>
002:  <html xmlns:th="http://www.thymeleaf.org">
003:  <head>
004:      <meta charset="UTF-8">
005:      <title>入力画面</title>
006:  </head>
007:  <body>
008:      <form th:action="@{/calc}" method="post" th:object="${calcForm}">
009:          <div>
010:              <input type="text" th:field="*{leftNum}">
011:              +
012:              <input type="text" th:field="*{rightNum}">
013:          </div>
014:          <input type="submit" value="計算">
015:      </form>
016:  </body>
017:  </html>
```

8行目〜15行目「th:object属性」を設定し、値に「Model」に格納された「Formクラス」の「ローワーキャメルケース」を指定します。「Formクラス」の「フィールド」との関連を持たせるために「th:field属性」に「*{ フィールド名 }」を指定します。「th:field属性」を使用することで、HTMLで表示された時に「id属性、name属性、value属性」が自動で生成されます。

04 コントローラへの追記

「コントローラ：ValidationController」にリクエストハンドラメソッドを追記します（**リスト8.4**）。

▼ バリデーション機能について知ろう

```
001: /** 確認画面を表示する：Formクラス使用 */
002: @PostMapping("calc")
003: public String confirmView(@Validated CalcForm form,
004:     BindingResult bindingResult, Model model) {
005:     // 入力チェック
006:     if (bindingResult.hasErrors()) {
007:         // 入力チェックNG
008:         // 入力画面へ
009:         return "entry";
010:     }
011:     // 入力チェックOK
012:     // 加算実行
013:     Integer calcResult = form.getLeftNum() + form.getRightNum();
014:     // Modelに格納する
015:     model.addAttribute("result", calcResult);
016:     // 確認画面へ
017:     return "confirm";
018: }
```

　3行目「@Validated」アノテーションを「単項目チェック」アノテーションを設定している「Formクラス」に付与することで、「バリデーション」を実行します。実行した結果（エラー情報）が「BindingResult」インターフェースに保持されます。

　6行目〜10行目「BindingResult」インターフェースの「hasErrors」メソッドの戻り値で「エラーの有無（true:エラー有/false:エラー無）」を確認することができます。エラー有の場合は入力画面に遷移します。

　なお、「バリデーション」実行時、「@Validated」アノテーションを付与したクラスと「BindingResult」インターフェースはセットで引数に使用し、順番も必ず「@Validated」→「BindingResult」の順番で使用する必要があります。

05　ビューへの追記（入力画面）

　「ビュー：entry.html」にエラー表示処理を追記します（**リスト8.5**）。

リスト8.5　**entry.html** の追記

```
001: <!-- エラーを表示する -->
002: <ul th:if="${#fields.hasErrors('*')}">
003:     <li th:each="err:${#fields.errors('*')}" th:text="${err}"></li>
004: </ul>
```

　<form>タブの中の、エラーを表示したい箇所に上記を追記します（ここでは計算ボタンの下に追記しました）。

2行目「#fields.hasErrors」メソッドでエラーが存在するかの判定を行います。

3行目「#fields.errors」メソッドでエラーメッセージを配列で返すため、「th:each属性」を利用して表示を行います。すべてのフィールドのエラーを取得する場合は「#fields.errors」メソッドの引数に「*」を渡しますが、個別のエラーを取得したい場合は、引数に「フィールド名」を渡します。

06　ビューの作成（確認画面）

「confirmView」メソッドの戻り値「ビュー名：confirm」に対する「confirm.html」を作成し、「resources/templates」フォルダに配置します。

「src/main/resources」→「templates」フォルダを選択し、マウスを右クリックし、「新規」→「その他」を選択します。「HTMLファイル」を選択し、「次へ」ボタンを押し、ファイル名に「confirm.html」と入力後、「完了」ボタンを押します。

confirm.htmlの内容は**リスト8.6**になります。

リスト8.6　confirm.html

```
001:  <!DOCTYPE html>
002:  <html xmlns:th="http://www.thymeleaf.org">
003:  <head>
004:      <meta charset="UTF-8">
005:      <title>確認画面</title>
006:  </head>
007:  <body>
008:      <h2>計算結果</h2>
009:      <h3>[[${calcForm.leftNum}]]+[[${calcForm.rightNum}]]=[[${result}]]</h3>
010:  </body>
011:  </html>
```

9行目はリクエストハンドラメソッドの引数で渡したFormクラスがModelに格納されているキー名「calcform」を利用して、「オブジェクト名.フィールド」でデータを参照し、「result」で加算結果を表示します。

07　確認

「Bootダッシュボード」にて、「ValidationSample」が表示されていることを確認し、「ValidationSample」を選択後、「起動」ボタンを押します。

ブラウザを立ち上げアドレスバーに「http://localhost:8080/show」と入力すると、「入力画面」が表示されます（**図8.5**）。

入力画面で未入力や範囲外の「入力チェック」される値を入力後、「送信」ボタンを押すと「入力画面」でエラーメッセージが表示されます。「入力チェック」されない場合は、加算結果が「確認画面」に表示されます。

図8.5 バリデーションの遷移

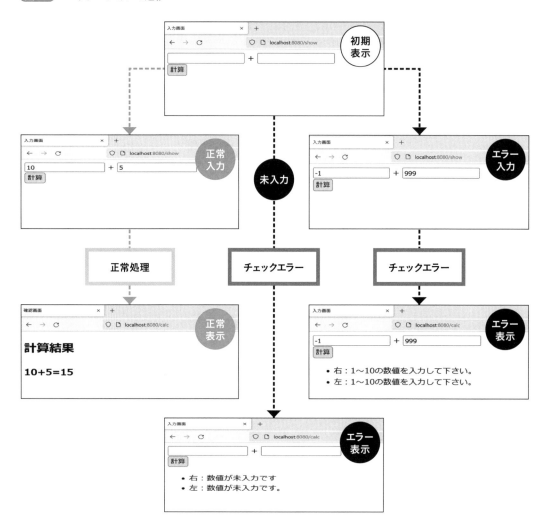

@ModelAttributeとは？

「@ModelAttribute」について深堀しましょう。Spring MVCでよく使用されるアノテーションで、主に2つの方法で使用されます。

☐ メソッドに@ModelAttributeを使用する場合

先ほど作成したプロジェクトで使用していた方法です。@ModelAttributeが付与されたメソッドは、コントローラ内のリクエストハンドラメソッドが呼び出される前に自動的に実行されます。このメソッドの戻り値は、自動的にモデルに追加されます（**リスト8.7**）。

リスト8.7 メソッドに@**ModelAttribute**を使用

```
001:    @Controller
002:    public class MyController {
003:
004:        @ModelAttribute("message")
005:        public String setupMessage() {
006:            return "Hello, World!";
007:        }
008:
009:        @GetMapping("/greet")
010:        public String greet() {
011:            return "greeting-page";
012:        }
013:    }
```

リスト**8.7**の例では、setupMessageメソッドに@ModelAttributeが付与されているため、greetメソッドが呼び出される前にsetupMessageメソッドが実行されます。そして、「値：Hello, World!」という文字列が「名前：message」でModelに格納されます。

メソッド引数に@ModelAttributeを使用する場合

@ModelAttributeが付与された引数は、リクエストパラメータから自動的にバインドされたオブジェクトを受け取ります。これは主にフォームのデータを受け取る際に使用されます（**リスト8.8**）。

リスト8.8 メソッド引数に@**ModelAttribute**を使用

```
001:    @Controller
002:    public class MyController {
003:
004:        @RequestMapping("/result")
005:        public String submitForm(@ModelAttribute("userForm") User user) {
006:            // フォームから送信されたデータはUserオブジェクトにバインドされる
007:            System.out.println("ユーザー名: " + user.getUserName());
008:            return "result-page";
009:        }
010:    }
```

リスト**8.8**の例では、submitFormメソッドが呼び出されたときに、「@ModelAttribute("userForm ") User user」からUserクラスのインスタンスが自動的に生成され、リクエストパラメータがそのフィールドにバインドされます。その後、「@ModelAttribute("userForm ")」から「値：Userクラスのインスタンス」が「名前：userForm」でModelに格納されます。

これらの2つの使用方法は、それぞれ異なるケースで役立ちます。メソッドに@ModelAttributeを使用する場合は、複数のリクエストハンドラメソッドで共通のモデル属性を設定する際に便利です。一方で、メソッド引数に@ModelAttributeを使用する場合は、主にフォームのデータをモデルオブジェクトにバインドする際に使用されます。

☐ メソッド引数に@ModelAttributeを使用する場合（省略型）

「@ModelAttribute」は省略可能です。Spring MVCは、@Controllerクラスのリクエストハンドラメソッドの引数にカスタムのデータ型（この場合はUserクラス）がある場合、自動的にその型の新しいインスタンスを生成し、リクエストパラメータをそのオブジェクトにバインドします。

したがって、**リスト8.9**のような書き方も同じ動作をします。

注意点として、今回クラスをModelに格納するとき、省略系にしたため名前を指定していません。そのため、クラス名を小文字で始めた形（ローワーキャメルケース）でModelに保存されます。

つまり「User → user」となりModelに格納される名前は「user」になります。

<del>リスト8.9</del> **メソッド引数に@ModelAttributeを使用（省略型）**

```
001:    @Controller
002:    public class MyController {
003:
004:        @RequestMapping("/result")
005:        public String submitForm(User user) {
006:            // フォームから送信されたデータはUserオブジェクトにバインドされる
007:            System.out.println("ユーザー名: " + user.getUserName());
008:            return "result-page";
009:        }
010:    }
```

上記については「7-2 複数のリクエストパラメータを送ろう」の「まとめ」でも説明しています。合わせて参照することで「@ModelAttribute」について理解を深めてください。

相関項目チェックを使用した
プログラムを作成しよう

ここでは「相関項目チェック」を使用して「ビュー」で入力した値に対して「バリデーション」を行うプログラムを作成しましょう。本書では、比較的簡単な「@AssertTrueを利用する方法」と「Validator」インターフェースを実装する方法に焦点を当てて説明します。

8-3-1　プロジェクトの作成

　eclipseを起動し、メニューの左上から「ファイル」→「新規」→「Springスターター・プロジェクト」を選択します。「新規Springスターター・プロジェクト」画面で、以下のように入力して「次へ」ボタンを押します。

○ 設定内容

名前	CorrelationValidationSample
タイプ	Gradle-Groovy
パッケージング	Jar
Javaバージョン	21
言語	Java

※ 他はデフォルト設定

　依存関係で以下を選択して、「完了」ボタンを押します。「検証：Validation」を依存関係として選択することでバリデーション機能である「Bean Validation」や「hibernate Validator」を使用できるようになります。

- Spring Boot DevTools（開発者ツール）
- Lombok（開者発ツール）
- 検証：Validation（I/O）
- Thymeleaf（テンプレートエンジン）
- Spring Web（Web）

8-3-2 「@AssertTrue」を利用する方法

01 Formクラスの作成

「Formクラス」という「ビュー」のフォームを表現するクラスを作成します。「src/main/java」→「com.example.demo」フォルダを選択し、マウスを右クリックし、「新規」→「クラス」を選択します。

パッケージを「com.example.demo.form」名前を「SampleForm」としてクラスを作成します（図8.6）。

SampleFormクラスの内容はリスト8.10になります。

図8.6 SampleForm

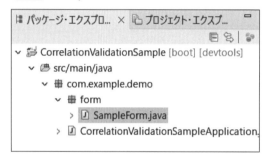

リスト8.10 SampleForm

```
001: package com.example.demo.form;
002:
003: import java.util.Objects;
004:
005: import jakarta.validation.constraints.AssertTrue;
006: import lombok.Data;
007:
008: @Data
009: public class SampleForm {
010:     /** パスワード */
011:     private String password;
012:     /** 確認用パスワード */
013:     private String confirmPassword;
014:
015:     // パスワードと確認用パスワードが一致するかチェック
016:     @AssertTrue(message = "パスワードが一致しません")
017:     public boolean isSamePassword() {
018:         return Objects.equals(password, confirmPassword);
019:     }
020: }
```

16行目〜19行目が相関項目チェックになります。フォームクラス内に、パスワードと確認用パスワードの2つのフィールドが同じ値かどうか比較し、その判定結果のboolean を返すメソッドを作成します。作成したメソッドに、「@AssertTrue」を付与します。メソッド名は、「is」で始める必要があります。

18行目「Objects.equals」メソッドは、Javaで2つのオブジェクトが等しいかどうかを確認するための便利なメソッドです。等しい場合は「true」、それ以外は「false」を返します。このメソッドの特徴は、「null」を安全に扱えることです。

02 コントローラの作成

「コントローラ」を作成します。「src/main/java」→「com.example.demo」フォルダを選択し、マウスを右クリックし、「新規」→「クラス」を選択します。パッケージを「com.example.demo.controller」名前「CheckController」としてクラスを作成します。

CheckController クラスの内容は**リスト 8.11**になります。

リスト8.11 CheckController

```
001:  package com.example.demo.controller;
002:
003:  import org.springframework.stereotype.Controller;
004:  import org.springframework.ui.Model;
005:  import org.springframework.validation.BindingResult;
006:  import org.springframework.validation.annotation.Validated;
007:  import org.springframework.web.bind.annotation.GetMapping;
008:  import org.springframework.web.bind.annotation.PostMapping;
009:
010:  import com.example.demo.form.SampleForm;
011:
012:  @Controller
013:  public class CheckController {
014:      // 入力画面の表示
015:      @GetMapping()
016:      public String showForm(SampleForm form) {
017:          return "entry";
018:      }
019:
020:      // 相関項目チェックの実行
021:      @PostMapping
022:      public String check(@Validated SampleForm form,
023:        BindingResult bindingResult, Model model) {
024:          // バリデーションの実施
025:          if (bindingResult.hasErrors()) {
026:              return "entry";
027:          }
```

バリデーション機能について知ろう

```
028:            model.addAttribute("message", "入力に問題ありません");
029:            return "result";
030:        }
031:    }
```

16行目のリクエストハンドラメソッド「showForm (SampleForm form)」でバリデーションのために「Form-Backing Bean」をしています。「8-2 単項目チェックを使用したプログラムを作成しよう」で作成したプログラムは、メソッドに@ModelAttributeを使用する方法でしたが、ここではリクエストハンドラメソッドの引数に@ModelAttributeを使用する方法の省略型を実施しています。

「8-2-3 @ModelAttributeとは?」で詳細に説明しているので、忘れてしまった方は参照をお願いします。

03 ビューの作成

「showForm」メソッドの戻り値「ビュー名:entry」に対する「entry.html」を作成し、「resources/templates」フォルダに配置します。

「src/main/resources」→「templates」フォルダを選択し、マウスを右クリックし、「新規」→「その他」を選択します。「HTMLファイル」を選択し、「次へ」ボタンを押し、ファイル名に「entry.html」と入力後、「完了」ボタンを押します。

entry.htmlの内容はリスト8.12になります。

リスト8.12   entry.html

```
001:  <!DOCTYPE html>
002:  <html xmlns:th="http://www.thymeleaf.org">
003:  <head>
004:      <title>相関項目チェック</title>
005:  </head>
006:  <body>
007:      <h1>@AssertTrueの利用</h1>
008:      <form th:action="@{/}" th:object="${sampleForm}" method="post">
009:          <p>パスワード        <input type="password" th:field="*{password}" /></p>
010:          <p>確認用パスワード<input type="password" th:field="*{confirmPassword}" /></p>
011:          <!-- 相関項目チェックのエラーメッセージ -->
012:          <p th:if="${#fields.hasErrors('samePassword')}"
013:              th:errors="*{samePassword}" style="color: red;">
014:              相関項目チェックのエラー
015:          </p>
016:          <p><input type="submit" value="チェック" /></p>
017:      </form>
018:  </body>
019:  </html>
```

Column │ 複数の実装方法が存在するわけ

なぜ「複数の実装方法」があるのか？メリットをイメージしてみましょう。

あなたがレストランへ行ったとします。提供するメニューが複数あります。だから、ハンバーガー、サラダ、天丼など、好きなものをメニューから選べます。

○ プログラミングとの関連

このレストランのメニューは、プログラミングにおける「複数の実装方法」に似ています。

今回、@ModelAttributeの使用方法を複数説明しました。私はビギナーの方に向けて書籍を書いているため、複数の使用方法を教えることで、逆に混乱させてしまうと懸念していました。そのため前回執筆した「Spring超入門」では、なるべく1つの方法しか記述しませんでした。

しかし「複数の実装方法」を伝える方がビギナーの方の為になると思い直し、本書では様々な方法を記述しています。以下に「複数の実装方法」を学習するメリットを記述します。

- 選択肢が増える

  自分の好みやニーズに合わせてメニュー（方法）を選べます。ヘルシーなものが欲しい人はサラダ（方法1）を選び、ボリュームが欲しい人はハンバーガー（方法2）を選びます。
- 柔軟性がある

  メニューが多いと、お客様の多様な要求に対応できます。同じように、複数の実装方法を知っていれば、様々なプロジェクトや状況に対応できます。
- 学習の機会

  メニューが多いと、お客さんは新しい料理を試す機会が増えます。同様に、複数の実装方法を知っていると、スキルが広がります。

このように、複数の実装方法があることは、選択肢が増え、柔軟性が高まり、新しいことを学ぶ機会が増えるというメリットがあります。

8

▼ バリデーション機能について知ろう

12行目〜15行目が相関項目チェックのエラーを表示する部分になります。

13行目「th:errors="*{samePassword}"」の部分が「SampleForm」クラスのisSamePassword()メソッドをビュー側で「 *{samePassword} 」として参照しています。

注意点は、ビュー側での参照方法は、「フィールド」を直接参照しないことです。isSamePassword()メソッド（ゲッター）の「is」を省略し、先頭文字を小文字にして「samePassword」として参照しています。※戻り値がbooleanの場合、ゲッター名は「get」ではなく「is」ではじめます。

次は同様に「check」メソッドの戻り値「ビュー名：result」に対する「result.html」を作成し、「resources/templates」フォルダに配置します。

result.htmlの内容は**リスト8.13**になります。

リスト8.13 result.html

```
001: <!DOCTYPE html>
002: <html xmlns:th="http://www.thymeleaf.org">
003: <head>
004:     <title>相関項目チェック</title>
005: </head>
006: <body>
007:     <h1 th:text="${message}">メッセージ</h1>
008: </body>
009: </html>
```

7行目で、相関項目チェックに引っかからない場合、つまりは正常入力の場合、コントローラで設定したメッセージを表示します。

04 確認

「Bootダッシュボード」にて、「CorrelationValidationSample」が表示されていることを確認し、「CorrelationValidationSample」を選択後、「起動」ボタンを押します。

今回は入力画面のURLが「http://localhost:8080」なので、別の方法を使用してブラウザ表示したいと思います。「Bootダッシュボード」画面の右上にある「地球マーク」をクリックしてみましょう（**図8.7**）。

図8.7 ブラウザの表示

　ブラウザが自動で立ち上がり、URL「http://localhost:8080/」に対応した入力画面が表示されます（**図8.8**）。

図8.8　入力画面の表示

　「パスワード」に「aaa」と入力し、「確認用パスワード」に「bbb」と入力後、「チェック」ボタンをクリックします。Formクラスに設定した@AssertTrueの相関項目チェックに引っかかり、メッセージが表示されます（**図8.9**）。

図8.9　入力値エラー

　「パスワード」と「確認用パスワード」に同値を入力後、「チェック」ボタンをクリックすると相関項目チェックを無事通り、result.htmlが表示されます（**図8.10**）。

図8.10 入力値正常

■ 相関項目チェックの内容

「8-2 単項目チェックを使用したプログラムを作成しよう」で作成したプログラム「Validation Sample」に対して、Spring Frameworkが提供する「Validator」インターフェースを実装し「相関項目チェック」を作成します。作成する「相関項目チェック」の内容は、左側の入力項目が「奇数」かつ右側の入力項目が「偶数」でないとエラーになるチェックとします（チェック自体に意味はありません）。

■ 「Validator」インターフェースの作成手順

Validatorインターフェースを実装する「相関項目チェック」の作成手順は、大きく分けて以下の2手順になります。

① Spring Frameworkが提供する「Validator」インターフェースの実装クラスに「相関チェック」を自分で作成する
② 「コントローラ」に作成した「相関チェック」をインジェクションし、「WebDataBinder」インターフェースの「addValidators」メソッドで「相関チェック」を登録することで「SpringMVC」から利用できるようにする

01 「Validator」実装クラスの作成

「src/main/java」→「com.example.demo」フォルダを選択し、マウスを右クリックし、「新規」→「クラス」を選択します。

パッケージを「com.example.demo.validator」、名前を「CalcValidator」、インターフェースに「org.springframework.validation.Validator」を追加してクラスを作成します（**図8.11**）。

図8.11 CalcValidator

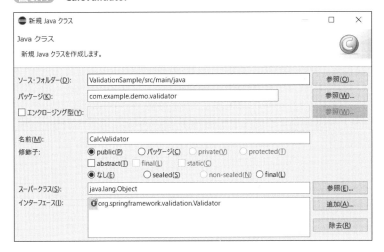

CalcValidatorクラスの内容は**リスト8.14**になります。

リスト8.14 CalcValidator

```
001:    package com.example.demo.validator;
002:
003:    import org.springframework.stereotype.Component;
004:    import org.springframework.validation.Errors;
005:    import org.springframework.validation.Validator;
006:
007:    import com.example.demo.form.CalcForm;
008:
009:    @Component
010:    public class CalcValidator implements Validator {
011:        @Override
012:        public boolean supports(Class<?> clazz) {
013:            // 引数で渡されたFormが入力チェックの対象かを論理値で返します
014:            return CalcForm.class.isAssignableFrom(clazz);
015:        }
016:
017:        @Override
018:        public void validate(Object target, Errors errors) {
019:            // 対象のFormを取得する
020:            CalcForm form = (CalcForm) target;
021:            // 値が入っているかの判定
022:            if (form.getLeftNum() != null && form.getRightNum() != null) {
023:                // （左側の入力項目が「奇数」かつ右側の入力項目が「偶数」）でない
024:                if (!((form.getLeftNum() % 2 == 1) && (form.getRightNum() % 2 == 0))) {
025:                    // エラーの場合は、直接エラーメッセージを指定する
026:                    errors.rejectValue("leftNum", null,
027:                        "左側の数値は奇数、右側の数値は偶数でなければなりません。");
```

▼ バリデーション機能について知ろう

```
028:                    }
029:                }
030:            }
031:    }
```

9行目「@Component」アノテーションをクラスに付与して「インスタンス生成対象」とします。

12行目〜15行目「supports」メソッドで、引数で渡されたFormが入力チェックの対象かを論理値で返します。ここでは、「CalcForm」クラスがチェック対象です。

18行目〜30行目「validate」メソッドで、引数で渡される「Object target」を「CalcForm」クラスに変換して相関チェックを記述します。エラーの場合は引数「Errors errors」の「rejectValue」メソッドに「エラーメッセージ」を格納します。

26行目「errors.rejectValue」メソッドの引数について説明します。

- フィールド名（"leftNum"）

  この引数は、エラーメッセージが適用されるべきフィールドを指定します。今回は、leftNumというフィールドにエラーメッセージを適用します。
- エラーコード（null）

  この引数は通常、エラーコードやエラーメッセージのキーを指定します。今回はエラーコードを使用しないため、nullを指定しています。
- デフォルトメッセージ（"左側の数値は奇数、右側の数値は偶数でなければなりません。"）

  この引数には、表示されるエラーメッセージのテキストを直接指定しています。

02 コントローラへの追記

「コントローラ：ValidationController」を以下のように修正します（リスト8.15）。

リスト8.15 ValidationController

```
001:    @Controller
002:    @RequiredArgsConstructor
003:    public class ValidationController {
004:
005:        /** インジェクション */
006:        private final CalcValidator calcValidator;
007:
008:        /** 相関チェック登録 */
009:        @InitBinder("calcForm")
010:        public void initBinder(WebDataBinder webDataBinder){
011:            webDataBinder.addValidators(calcValidator);
012:        }
013:
014:        ▼▼▼ この下は既存コード ▼▼▼
```

　2行目、6行目でLombokのアノテーションとfinalを利用して、先ほど作成した相関項目チェックCalcValidatorをインジェクションします。

　9行目〜12行目「@InitBinder」アノテーションを付与したメソッドで相関項目チェックを登録します。「@InitBinder」アノテーションには「チェック対象Form」クラスの「Model」での「識別名」を指定します。今回は「calcForm」になります。識別名を指定しない場合、「Model」に格納されているすべての「オブジェクト」に対して相関項目チェックが適用され、相関項目チェックの内容に一致しない場合、例外が発生します。

　「WebDataBinder」インターフェースの「addValidators」メソッドで相関項目チェックを登録することでCalcValidatorがこのフォームオブジェクトに対するバリデータとして追加されます。

03　確認

　「Bootダッシュボード」にて、「ValidationSample」が表示されていることを確認し、「ValidationSample」を選択後、「起動」ボタンを押します。ブラウザを立ち上げアドレスバーに「http://localhost:8080/show」と入力すると、「入力画面」が表示されます。

　「入力画面」で「相関チェック」される内容を入力後、「送信」ボタンを押すと「入力画面」でエラーメッセージが表示されます（**図8.12**）。

図8.12　相関項目チェック

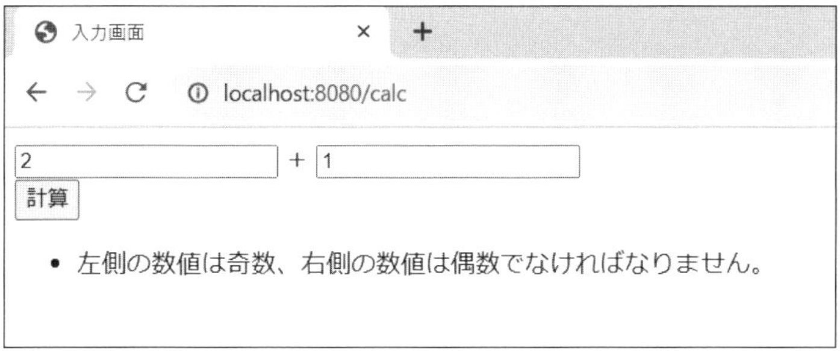

　1つのフィールドに対して複数の「バリデーション」アノテーションを設定した場合、すべての「バリデーション」が行われエラーメッセージが複数表示される場合があります。

```
@NotBlank(message = "未入力は許可しません!")
@Length(min = 1, message = "1文字以上入力してください!")
private String name;
```

　ビューにて未入力が実行された場合、「@NotBlank」と「@Length(min = 1)」の両チェックに引っかかり、以下のエラーメッセージ表示されます。

● 1文字以上入力してください！
● 未入力は許可しません！

　チェックされる順番は「@NotBlank」→「@Length(min = 1)」と設定された「バリデーション」アノテーションの順番で実行されるわけではありません。ランダムでチェックされます。そのため、エラーメッセージ表示順も、

● 未入力は許可しません！
● 1文字以上入力してください！

● 1文字以上入力してください！
● 未入力は許可しません！

とランダム表示になります。
　ランダム表示に対する処理は「バリデーション」をグループ化し、実行順序を設定する方法を用います。その方法は、インターフェースに「@GroupSequence」アノテーションを設定します。
　本書では「@GroupSequence」アノテーションの作成方法は説明しませんが、興味のある方はインターネットで「@GroupSequence」をキーワードに検索してみてください。

O/Rマッパー（MyBatis）を知ろう

MyBatisについて知ろう

現在のJavaプログラム開発では、データベースとのアクセス処理には「O/Rマッパー」というフレームワークを使用する開発が多いです。ここではO/Rマッパーについて簡単に説明し、Springと相性が良いO/Rマッパー「MyBatis」を使用してプログラムを作成していきます。

9-1-1 O/Rマッパーとは？

「O/Rマッパー」を簡単に説明すると、アプリケーションで扱う「O：オブジェクト」と「R：リレーショナルデータベース」とのデータをマッピングするものです。

もう少し詳細に説明すると「O/Rマッパー」は、あらかじめ設定された「O：オブジェクト」と「R：リレーショナルデータベース」との対応関係の情報に基づき、インスタンスのデータを対応するテーブルへ書き出したり、データベースから値を読み込んでインスタンスに代入したりといった操作を自動的に行なってくれます（**図9.1**）。

図9.1 O/Rマッパーのイメージ

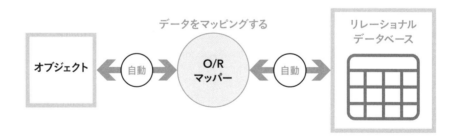

9-1-2 MyBatisとは？

「MyBatis」は、「O/Rマッパー」の一つです。オブジェクトとRDB（リレーショナルデータベース）の「マッピング」を行います。MyBatisは無料で使用できるオープンソースソフトウェアで、Apache License[注1]というライセンスの下で配布されています。

MyBatisの特徴は、SQLを直接書くことができる点です。SQLを「XML」ファイルやJavaの「ア

（注1） Apache Licenseは、商用・非商用を問わず自由に使用、変更、再配布することができます。

ノテーション」を利用して書くことができます。

　また、MyBatisはSpringと連携することで、より効率的にアプリケーション開発をすることができます。

9-1-3 MyBatisの使用方法

　MyBatisの使用方法には、「アノテーション」を使用する方法と「マッパーファイル（XMLファイル）」を使用する2つの方法があります。具体的な使用方法は後述するため、ここでは、それぞれの使用方法について簡単に説明します。

アノテーションを使用する方法

　Javaのインターフェースにアノテーションを使用して、SQLを直接記述します（**リスト9.1**）。

リスト9.1　アノテーションを使用した例

```
001:    public interface BookMapper {
002:        @Select("SELECT * FROM books WHERE id = #{id}")
003:        Book getBookById(int id);
004:    }
```

マッパーファイルを使用する方法

　XMLファイルを使用してSQLを記述します（**リスト9.2**）。このXMLファイルを「マッパーファイル」と呼びます。

　マッパーファイル内では、SQLとその結果をどのようにJavaのオブジェクトにマッピングするかを定義するため、「マッパーファイル」と呼ばれます。

リスト9.2　マッパーファイルを使用した例

```
001:    <mapper namespace="com.example.BookMapper">
002:        <select id="getBookById" parameterType="int" resultType="com.example.Book">
003:            SELECT * FROM books WHERE id = #{id}
004:        </select>
005:    </mapper>
```

　「アノテーション」を使用する方法は、簡単なSQLの場合には便利ですが、複雑なSQLや再利用が必要な場合は、「マッパーファイル」を使用する方法が推奨されます。本書では、「マッパーファイル」を使用する方法を説明します。

MyBatisを使ってみよう

「Spring」と「MyBatis」を連携してプロジェクトを作成しながら、MyBatisの使用方法を学習しましょう。MyBatis以外にもライブラリを使用しますので、「Step by Step」で説明させて頂きます。

9-2-1 プロジェクトの作成

eclipseを起動し、メニューの左上から「ファイル」→「新規」→「Springスターター・プロジェクト」を選択します。「新規Springスターター・プロジェクト」画面で、以下のように入力後「次へ」ボタンを押します。

○ 設定内容

名前	MyBatisSample
タイプ	Gradle-Groovy
パッケージング	Jar
Javaバージョン	21
言語	Java

※ 他はデフォルト設定

依存関係で「Spring Boot DevTools」、「Lombok」、「MyBatis Framework」、「H2 Database」、「Thymeleaf」、「Spring Web」を選択して、「完了」ボタンを押します（**図9.2**）。プロジェクトが作成されます。

図9.2 依存関係

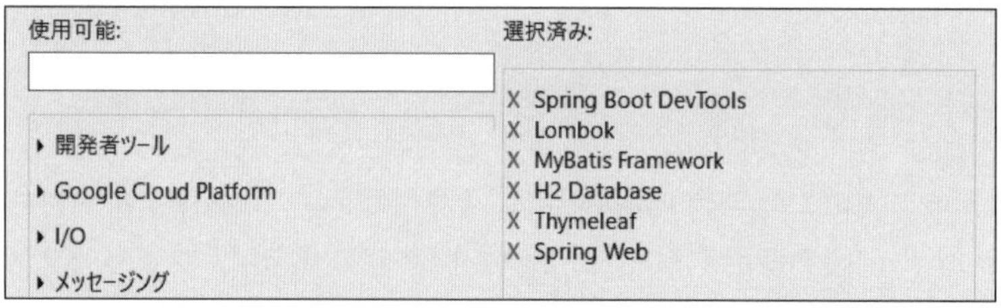

```
使用可能:                        選択済み:
┌──────────────────────┐
│                      │        X  Spring Boot DevTools
└──────────────────────┘        X  Lombok
▸ 開発者ツール                    X  MyBatis Framework
▸ Google Cloud Platform          X  H2 Database
▸ I/O                            X  Thymeleaf
▸ メッセージング                  X  Spring Web
```

● MyBatis Framework（SQL）

　Spring BootとMyBatisを組み合わせることができるツールです。MyBatisは、データベース

へのアクセスを簡単にし、開発の生産性を向上させることができます。

- H2 Database（SQL）

  H2 Databaseは軽量で高速なJavaベースのデータベースであり、開発やテストのための一時的な使用が推奨されているデータベースです。

「application.properties」とは？

Spring Bootプロジェクトにおける「application.properties」ファイルは、アプリケーションの設定やプロパティを定義するファイルです。

プロジェクト作成時に「src/main/resources」フォルダ配下に配置されています（**図9.3**）。

図9.3　**application.properties**

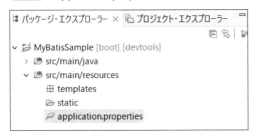

「application.properties」の主な特徴と利点を以下に記述します。

- Key-Value形式

  application.propertiesはKey-Value（キー＝値）形式で書かれており、読み書きが容易です。
- 環境固有の設定

  環境（開発、テスト、本番など）毎に異なるapplication.propertiesファイルを持つことができます。これにより、環境固有の設定を簡単に管理できます。
- 外部化された設定

  アプリケーションのコードから設定を分離することで、設定の変更が容易になり、再コンパイルや再デプロイの必要がなくなります。

application.propertiesファイルを今回作成するアプリケーション用に記述しましょう。application.propertiesファイルの内容を**リスト9.3**に記述します。「#」はコメントになります。

リスト9.3 application.properties

```
001:  # データベースへの接続URL。
002:  # ここではH2データベースのメモリモードを使用しています
003:  spring.datasource.url=jdbc:h2:mem:testdb
004:
005:  # 使用するデータベースのドライバークラス
006:  # ここではH2データベースのドライバーを指定しています
007:  spring.datasource.driver-class-name=org.h2.Driver
008:
009:  # データベースへの接続時のユーザー名。
010:  spring.datasource.username=sa
011:
012:  # データベースへの接続時のパスワード。ここではパスワードは設定していません
013:  spring.datasource.password=
014:
015:  # H2データベースのコンソールを有効にするための設定
016:  # これにより、ブラウザからH2コンソールにアクセスできます
017:  spring.h2.console.enabled=true
```

リスト9.3に設定内容をコメントで詳細に記述していますので参照をお願いします。

3行目「spring.datasource.url=jdbc:h2:mem:testdb」の各部分について更に詳細に説明します。

○ spring.datasource.url

Spring Bootのデータソース設定の一部として、データベース接続のURLを指定するキーです。

○ jdbc:h2:mem:testdb

このURLは、JDBC（Java Database Connectivity）を使用してH2データベースに接続するためのものです（表9.1）。

表9.1 H2データベースに接続する種類

項目	説明
jdbc	Javaアプリケーションがデータベースに接続するためのプロトコルを示します
h2	使用するデータベースの種類です。この場合、H2データベースを使用することを示します
mem	H2データベースのメモリモードです。この設定は、データベースがメモリ内に存在し、アプリケーションが終了するとデータが消えるモードになります
testdb	メモリ内のデータベースの名前です。自分で任意で決めれます

○ H2データベースのメモリモードとは？

H2データベースは、ディスク上に永続的にデータを保存する「ディスクモード」と、アプリケーションの実行中のみデータをメモリ内に保持する「メモリモード」の2つのモードがあります。

メモリモードは、テストや開発中に一時的なデータベースとして使用するのに便利です。アプ

リケーションが終了すると、メモリモードのデータベース内のデータは消失します。

「schema.sql」と「data.sql」

Spring Bootでは、特定の名前を持つSQLファイルを「src/main/resources」フォルダ配下に配置することで、アプリケーション起動時に自動的にデータベースの初期化やデータの投入を行うことができます。

◎ schema.sql

このファイルは、テーブルの作成やインデックスの定義、外部キーの設定など、データベースの構造に関連するSQL文を記述します。Spring Bootアプリケーションが起動する際、「schema.sql」ファイルが存在すると、その中のSQL文が自動的に実行され、データベースの構造が作成されます。

◎ data.sql

このファイルは、テーブルへのデータ登録（INSERT文）など、初期データのセットアップに関連するSQL文を記述します。

◎ ファイルの実行順番

「schema.sql」で定義されたテーブル構造を作成し（①）、「data.sql」のSQL文が実行され（②）、テーブル構造に初期データが投入されます。

Column | 注意点

これらのファイルを使用する場合、データベースの自動初期化の設定が有効になっている必要があります。Spring Bootのデフォルトの設定では、組み込みデータベース（例：H2など）を使用する場合は、この機能が有効になっています。これらのファイルは、アプリケーションの起動時に一度だけ実行されます。そのため、アプリケーションを再起動するたびにデータベースが初期化されますので注意が必要です（今回H2データベースを使用するため、特に設定を記述しなくても自動初期化の設定は有効になっています）。

9

▼ O/Rマッパー（MyBatis）を知ろう

「schema.sql」と「data.sql」ファイルの作成

「src/main/resources」フォルダを選択し、右クリック→「新規」→「ファイル」を選択します（**図9.4**）。ファイル名「schema.sql」、「data.sql」を作成します（**図9.5**）。

図9.4 ファイル作成

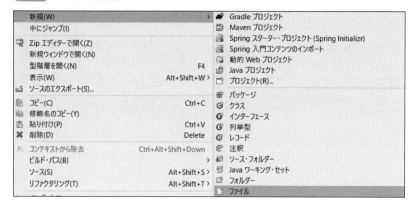

図9.5 ファイル作成2

schema.sqlに**リスト9.4**、data.sqlに**リスト9.5**を記述します。コメントを詳細に記述していますので説明は割愛します。「--」はコメントになります。

リスト9.4 schema.sql

```
001:  -- booksテーブルの作成
002:  CREATE TABLE books (
003:      -- 主キーとしてのID、自動インクリメントされる
004:      id INT PRIMARY KEY AUTO_INCREMENT,
005:      -- 書籍のタイトル、NULLを許容しない。
006:      title VARCHAR(255) NOT NULL,
007:      -- 書籍の著者名、NULLを許容しない。
008:      author VARCHAR(255) NOT NULL
009:  );
```

リスト9.5 data.sql

```
001:  -- booksテーブルへのデータ登録
002:  INSERT INTO books (title, author) VALUES ('新人研修あるある', '山田太郎');
003:  INSERT INTO books (title, author) VALUES ('こんなDBエンジニアは嫌だ', '佐藤花子');
004:  INSERT INTO books (title, author) VALUES ('本当にあったIT業界トラブル', '鈴木一郎');
```

H2コンソールの起動

プロジェクト「MyBatisSample」をBootダッシュボードから起動し、ブラウザのURLに「http://localhost:8080/h2-console」と入力すると、「H2 コンソール」画面が表示されます。

H2コンソールは、H2データベースのWebベースの管理ツールです。このコンソールを使用すると、ブラウザから直接H2データベースにアクセスして、SQLを実行したり、データベースの内容を確認したりすることができます（**図9.6**）。

図9.6 H2コンソール

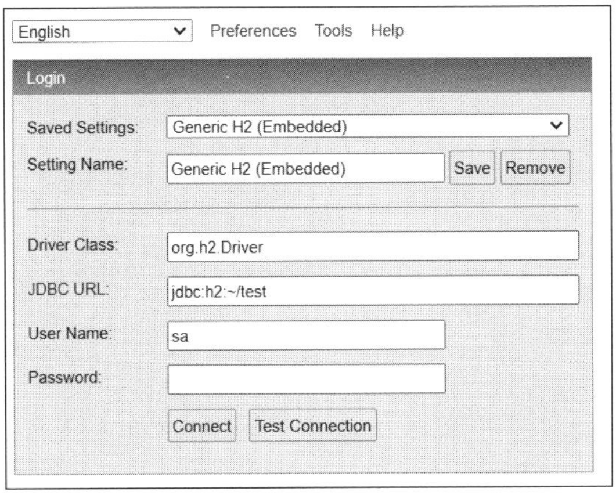

H2コンソールのログイン画面に表示される各項目について説明します（**表9.2**）。

表9.2 H2コンソールの項目

項目	説明
Saved Settings	ドロップダウンメニューから、以前に保存された接続設定を選択することができます。H2コンソールは、異なるデータベース接続の設定を保存して、後で簡単に再利用することができます
Setting Name	現在の接続設定の名前です。新しい接続設定を保存する場合や、既存の設定を更新する場合にこの名前を使用します
Driver Class	使用するJDBCドライバのクラス名を指定します。H2データベースの場合、このフィールドにはorg.h2.Driverがデフォルトで入力されています
JDBC URL	データベースへの接続URLを指定します。このURLは、データベースの場所や接続方法に関する情報を含んでいます。例えば、メモリモードでH2データベースに接続する場合、jdbc:h2:mem:testdbのようなURLが使用されます
User Name	データベースに接続する際のユーザー名を入力します。H2データベースのデフォルトユーザー名はsaです
Password	データベースに接続する際のパスワードを入力します。H2データベースのデフォルトパスワードは空（何も入力しない）です

本書では英語表記はわかりにくいので、左上のプルダウンで表記を「日本語」に変えました。
先ほど「application.properties」に記述した内容をH2コンソールに設定します（**図9.7**）。

○ 設定内容

JDBC URL	jdbc:h2:mem:testdb

※ 他はデフォルト設定

図9.7 H2コンソール2

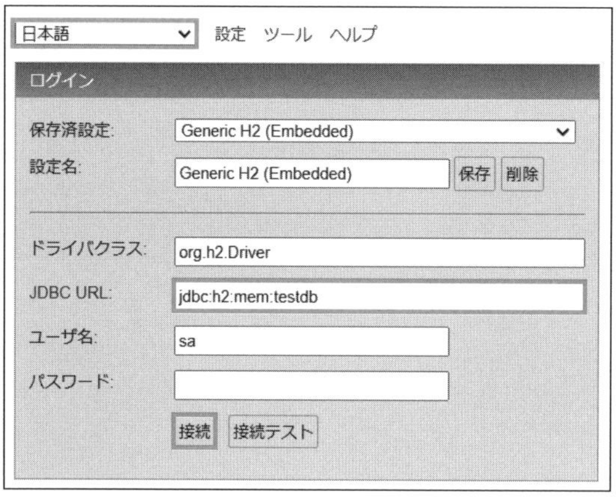

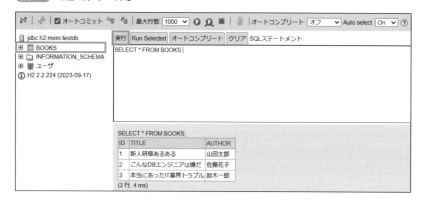

「接続」ボタンを押すと、管理画面が表示され、「schema.sql」と「data.sql」から作成された「BOOKS」テーブルが確認できます（**図9.8**）。

簡易な使用方法として、「BOOKS」テーブルをクリックすると、右側のSQLを記述する箇所に「SELECT * FROM BOOKS」と記述されます。「実行」ボタンを押すと結果が下側に表示されます。

図9.8 H2コンソール3

9-2-2　エンティティの作成

■　規約（ルール）

MyBatisを使用する場合、エンティティの作成には規約（ルール）があります。この規約は、MyBatisがSQLで取得する結果データとJavaのオブジェクトを適切にマッピングするために使用されます。**表9.3**に4つのルールを記述します。

表9.3　エンティティの規約

番号	ルール	内容
1	クラス名は任意	エンティティの名前は自由に決めることができますが、一般的にはデータベースのテーブル名やその内容を反映した名前を設定します
2	引数なし／コンストラクタ	MyBatisは、エンティティのインスタンスを作成する際にデフォルトのコンストラクタ（引数なしのコンストラクタ）を使用します。そのため、引数なしコンストラクタは必須です
3	フィールド名	エンティティのフィールド名は、対象テーブルの列名と一致している必要があります。これにより、MyBatisは自動的にSQLで取得した結果データとJavaのオブジェクトをマッピングします
4	getter/setter	Javaのカプセル化の原則に従い、フィールドにはgetterとsetterメソッドを持つことが推奨されます。MyBatisはこれらのメソッドを使用して、エンティティのフィールドの値を取得（ゲット）または設定（セット）します

■　作成

「MyBatisSample」の「src/main/java」フォルダを選択し、マウスを右クリックし、「新規」→「クラス」を選択します。クラス設定画面にて以下の「設定内容」を記述後、「完了」ボタンを押します。

○ 設定内容

パッケージ	com.example.demo.entity
名前	Book

※　他はデフォルト設定

「Book」クラスの内容は**リスト9.6**のようになります。新しく説明する内容はありませんので説明は割愛します。

エンティティ

```
001:    package com.example.demo.entity;
002:
003:    import lombok.Data;
004:
005:    @Data
006:    public class Book {
007:        /** 書籍ID */
008:        private int id;
009:        /** タイトル */
010:        private String title;
011:        /** 著者 */
012:        private String author;
013:    }
```

9-2-3 マッパーファイルの使用方法

◻ 規約（ルール）

マッパーファイルを使用する場合、**表9.4**に示す規約（ルール）に従います。

表9.4 マッパーファイルの規約

番号	ルール	内容
1	マッパーインターフェースの作成	エンティティに対応するマッパーインターフェースを作成します
2	マッパーファイルの作成	マッパーインターフェースに対応するXMLファイルを作成します。このファイルはSQLクエリとJavaメソッドのマッピングを定義します

◻ マッパーインターフェースの作成

「MyBatisSample」の「src/main/java」フォルダを選択し、マウスを右クリックし、「新規」→「インターフェース」を選択します。インターフェース設定画面にて以下の「設定内容」を記述後、「完了」ボタンを押します。

○ 設定内容

パッケージ	com.example.demo.mapper
名前	BookMapper

※ 他はデフォルト設定

「BookMapper」インターフェースの内容は**リスト9.7**のようになります。

リスト9.7 マッパーインターフェース

```
001:  package com.example.demo.mapper;
002:
003:  import java.util.List;
004:
005:  import org.apache.ibatis.annotations.Mapper;
006:
007:  import com.example.demo.entity.Book;
008:
009:  @Mapper
010:  public interface BookMapper {
011:      /** 全件取得 */
012:      List<Book> getAllBooks();
013:      /** idで1件取得 */
014:      Book getBookById(int id);
015:      /** 登録 */
016:      void insertBook(Book book);
017:      /** 更新 */
018:      void updateBook(Book book);
019:      /** 削除 */
020:      void deleteBookById(int id);
021:  }
```

9行目「@Mapper」はMyBatisのアノテーションで、JavaインターフェースがMyBatisのマッパーであることを示します。このアノテーションを使用すると、MyBatisはこのインターフェースの実装を自動的に生成し、SQL操作を行うためのメソッドを提供します。

@Mapperの主な特徴を以下に記述します（**表9.5**）。

表9.5 「@Mapper」の特徴

特徴	説明
自動実装	@Mapperアノテーションを持つインターフェースには、実装が必要ありません。MyBatisが自動的に実装をしてくれます
Springとの統合	Spring Bootプロジェクトで@Mapperを使用すると、マッパーはSpringのコンポーネントとして自動的に登録されます。これにより、@Autowiredを使用してマッパーを他のコンポーネントにインジェクションできます
SQLマッピング	対応するマッパーファイルにSQLを定義することで、@MapperインターフェースのメソッドはマッパーファイルのSQLにマッピングされます

MyBatis拡張機能（任意）

「eclipseマーケットプレース」は、eclipse IDEのユーザーがプラグインや拡張機能を簡単に検索、インストール、および管理できるオンラインプラットフォームです。eclipseの機能を拡張

するためのさまざまなツールやプラグインが提供されており、開発者はこれらを利用して作業の効率を向上させることができます（XMLファイルを効率的に作成するためのツールをインストールする作業になります。特に必要ない方は、次の説明「マッパーファイルの作成」へ進んでください）。

eclipseマーケットプレースを利用して、MyBatis拡張機能をインストールしましょう。「eclipse」のメニューバーから「ヘルプ」を選択し、「eclipseマーケットプレース」をクリックします（**図9.9**）。

図9.9 eclipseマーケットプレース

検索ボックスにキーワード「mybatis」を入力し「Enter」キーをクリックして、必要なプラグインを検索します。検索結果からプラグインを選択し、「インストール」ボタンをクリックします。ここでは、「MyBatipse 1.2.5（バージョンは時期により変更されている可能性があります）」をインストールします（**図9.10**）。

図9.10 インストール

ライセンスのレビュー画面が表示された場合は、「使用条件の条項に同意します（A）」を選択し

て「完了」ボタンをクリックします。インストールが完了したら「完了」ボタンをクリックします。オーソリティの信頼画面が表示されたら「すべて選択」ボタンをクリック後、「選択項目を信頼」ボタンをクリックします（**図9.11**）。

図9.11　インストール2

Trust Artifacts画面が表示されたら「すべて選択」ボタンをクリック後、「選択項目を信頼」ボタンをクリックします（**図9.12**）。

図9.12　インストール3

「今すぐ再起動」ボタンをクリックして、eclipseを再起動してプラグインを有効にします（**図9.13**）。

図9.13　再起動

マッパーファイルの作成

「MyBatisSample」の「src/main/resources」フォルダを選択し、マウスを右クリックし、「新規」→「その他」を選択します。ウィザード選択画面にて、ウィザードに「mybatis」と入力し表示される「MyBatis XML Mapper」を選択後、「次へ」ボタンをクリックします（**図9.14**）。

図9.14 XMLファイル

MyBatis XMLマッパー画面にて以下の「設定内容」を記述後、「完了」ボタンを押します（**図9.15**）。

○ 設定内容

親フォルダを入力または選択	MyBatisSample/src/main/resources/com/example/demo/mapper
ファイル名	BookMapper

※ 他はデフォルト設定

図9.15 XMLファイル2

　マッパーファイルの作成ルールとして、「src/main/resources」フォルダ配下に Mapper インターフェースのパッケージと同じ階層のフォルダを作成し、「Mapperインターフェース名.xml」というファイル名で定義します。

　以下のような表示になった場合は、デザインモードです（**図9.16**）。ソースタブをクリックして表示を切り替えてください（**図9.17**）。

図9.16 デザインモード

図9.17 ソースモード

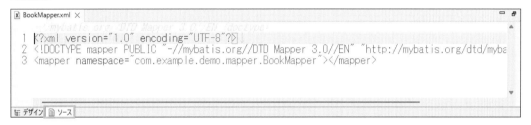

「BookMapper」XML ファイルの内容を**リスト9.8**のように記述します。

リスト9.8 マッパーファイル

```
001:    <?xml version="1.0" encoding="UTF-8"?>
002:    <!DOCTYPE mapper PUBLIC "-//mybatis.org//DTD Mapper 3.0//EN" "http://mybatis.org/
        dtd/mybatis-3-mapper.dtd">
003:    <mapper namespace="com.example.demo.mapper.BookMapper">
004:      <!-- 【SELECT】全ての書籍を取得するためのSQLを定義 -->
005:      <select id="getAllBooks" resultType="com.example.demo.entity.Book">
006:        SELECT id, title, author FROM books ORDER BY id
007:      </sclcct>
008:
009:      <!-- 【SELECT】特定のIDを持つ書籍を取得するためのSQLを定義 -->
010:      <select id="getBookById" resultType="com.example.demo.entity.Book">
011:        SELECT id, title, author FROM books WHERE id = #{id}
012:      </select>
013:
014:      <!-- 【INSERT】新しい書籍をデータベースに追加するSQLを定義 -->
015:      <insert id="insertBook" parameterType="com.example.demo.entity.Book">
016:        INSERT INTO books (title, author) VALUES (#{title}, #{author})
017:      </insert>
018:
```

```
019:     <!-- 【UPDATE】特定のIDを持つ書籍の情報を更新するSQLを定義 -->
020:     <update id="updateBook" parameterType="com.example.demo.entity.Book">
021:       UPDATE books SET title = #{title}, author = #{author}
022:       WHERE id = #{id}
023:     </update>
024:
025:     <!-- 【DELETE】特定のIDを持つ書籍の情報を削除するSQLを定義 -->
026:     <delete id="deleteBookById" parameterType="int">
027:       DELETE FROM books WHERE id = #{id}
028:     </delete>
029: </mapper>
```

　3行目「namespace」には、マッパーファイルが関連付けられている「インターフェース」の完全修飾名を指定します。完全修飾名は「パッケージ名＋クラス名」のことです。完全修飾名は「FQCN（Fully Qualified Class Name）」とも呼ばれます。

　5行目、10行目、15行目、20行目、26行目「id」は、「namespace」で設定した「インターフェース」のメソッド名を設定します（**図9.18**）。

図9.18　メソッドとid

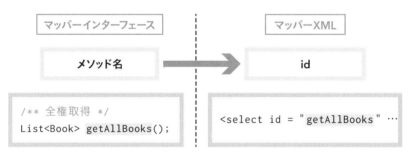

🔲 「CRUD」とは？

　「CRUD」は、システムの基本的な操作を表す4つの頭文字から成る言葉です。それぞれ、Create（作成）、Read（読み取り）、Update（更新）、Delete（削除）を意味します。

　これらの操作は「参照系」と「更新系」の2つに分けることができます。

- 参照系
  Read（R）：データを読み取る操作（データベースから情報を取得するだけで、データそのものに変更を加えることはありません）
- 更新系
  Create（C）：新しいデータをデータベースに追加する操作
  Update（U）：既存のデータを変更する操作
  Delete（D）：データベースからデータを削除する操作

まとめると、「参照系」はデータを見るだけで、データに変更を加えない操作を示します。「更新系」はデータに何らかの変更を加える操作を示します。 「CRUD」とマッパーファイルで使用している各タグとの関係を**表9.6**に示します。

表9.6 タグとの関係

CRUD	SQL	タグ	系	使用属性タイプ
C	INSERT	<insert>	更新系	parameterType
R	SELECT	<select>	参照系	resultType
U	UPDATE	<update>	更新系	parameterType
D	DELETE	<delete>	更新系	parameterType

表9.6に記述している「parameterType」と「resultType」について説明します。

parameterType

MyBatisのマッピングファイル内のSQLに渡されるパラメータのJava型をFQCNで指定するための属性です。この属性を使用することで、MyBatisは正しい型のパラメータをSQLに適切にバインドすることができます。※「バインド」とは、一般的に2つのものを結びつける、または関連付けることを指します。

resultType

SQLの結果をどのJavaクラスにマッピングするかをFQCNで指定します。FQCNで指定するクラスの「フィールド」とSQLの結果の「ヘッダー名」が一致することで、「結果データ」を「フィールド」にバインドします（**図9.19**）。

図9.19 バインド

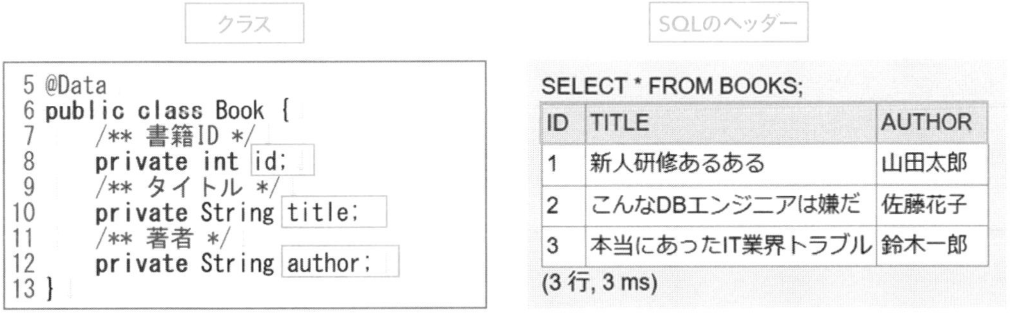

```
5 @Data
6 public class Book {
7     /** 書籍ID */
8     private int id;
9     /** タイトル */
10     private String title;
11     /** 著者 */
12     private String author;
13 }
```

SELECT * FROM BOOKS;

ID	TITLE	AUTHOR
1	新人研修あるある	山田太郎
2	こんなDBエンジニアは嫌だ	佐藤花子
3	本当にあったIT業界トラブル	鈴木一郎

(3行, 3 ms)

リスト9.8の11行目「#{ id }」は、「プレースホルダ」と呼ばれるものです。プレースホルダは、後から具体的な値に置き換えられる予約された場所を示します。MyBatisでは、このプレースホルダを使用して、SQL文に動的に値を挿入することができます。プレースホルダの利点は、「SQL

インジェクション攻撃」を防ぐことです[注2]。直接SQL文に値を組み込むのではなく、プレースホルダを使用することで、MyBatisが安全に値をエスケープしてSQLを実行します。

　MyBatisにおいて、「マッパーインターフェース」のメソッドの引数が1つだけの場合、parameterTypeを省略することができます。MyBatisは自動的にその唯一の引数の型をparameterTypeとして認識します（本書ではわかりやすいように、15行目、20行目、26行目では「parameterType」を明示的に記述しています）。

　16行目、21行目〜22行目で使用している「プレースホルダ」は、parameterTypeに指定したFQCNのエンティティの各フィールド名を記述しています（**図9.20**）。

図9.20　**parameterType**

```
<!-- 【INSERT】新しい書籍をデータベースに追加するSQLを定義 -->
<insert id="insertBook" parameterType=" com.example.demo.entity.Book ">
    INSERT INTO books (title, author) VALUES ( #{title}, #{author} )
</insert>
```

> Bookクラスのフィールド名を
> 「#{}（プレースホルダ）」で囲んで指定する

9-2-4　コントローラの作成

　「MyBatisSample」の「src/main/java」フォルダを選択し、マウスを右クリックし、「新規」→「クラス」を選択します。クラス設定画面にて以下の「設定内容」を記述後、「完了」ボタンを押します。

○ **設定内容**

パッケージ	com.example.demo.controller
名前	BookController

※ 他はデフォルト設定

　「BookController」クラスの内容は**リスト9.9**のようになります。

（**注2**）　SQLインジェクション攻撃は、不正なSQL文をアプリケーションの入力フィールドに挿入することで、データベースを不正に操作する攻撃手法です。攻撃者はデータベースの情報を盗んだり、変更したり、削除したりすることができます。

リスト9.9 コントローラ

```
001:    package com.example.demo.controller;
002:
003:    import org.springframework.stereotype.Controller;
004:    import org.springframework.ui.Model;
005:    import org.springframework.web.bind.annotation.GetMapping;
006:    import org.springframework.web.bind.annotation.PathVariable;
007:
008:    import com.example.demo.entity.Book;
009:    import com.example.demo.mapper.BookMapper;
010:
011:    import lombok.RequiredArgsConstructor;
012:
013:
014:    @Controller
015:    @RequiredArgsConstructor
016:    public class BookController {
017:        // DI
018:        private final BookMapper bookMapper;
019:
020:        // メニュー画面を表示する
021:        @GetMapping("/")
022:        public String showIndex() {
023:            return "book/index";
024:        }
025:
026:        // 全ての書籍を取得する
027:        @GetMapping("/list")
028:        public String showAllBooks(Model model) {
029:            model.addAttribute("message", "一覧表示");
030:            model.addAttribute("books", bookMapper.getAllBooks());
031:            return "book/success";
032:        }
033:
034:        // 特定のIDを持つ書籍を取得する
035:        @GetMapping("/detail/{id}")
036:        public String showBook(@PathVariable int id, Model model) {
037:            model.addAttribute("message", "詳細表示");
038:            model.addAttribute("book", bookMapper.getBookById(id));
039:            return "book/success";
040:        }
041:
042:        // 新しい書籍を作成する
043:        @GetMapping("/create")
044:        public String createBook(Model model) {
045:            // 登録用ダミーデータ
046:            Book book = new Book();
047:            book.setTitle("クラウド技術を学ぶ");
```

9

▼

O／Rマッパー（MyBatis）を知ろう

```
048:            book.setAuthor("山田太郎");
049:            bookMapper.insertBook(book);
050:            model.addAttribute("message", "登録成功");
051:            return "book/success";
052:        }
053:
054:        // 特定のIDを持つ書籍を更新する
055:        @GetMapping("/update/{id}")
056:        public String updateBook(@PathVariable int id, Model model) {
057:            // 更新用ダミーデータ
058:            Book book = new Book();
059:            book.setId(id);
060:            book.setTitle("更新されたタイトル");
061:            book.setAuthor("更新太郎");
062:            bookMapper.updateBook(book);
063:            model.addAttribute("message", "更新成功");
064:            return "book/success";
065:        }
066:
067:        // 特定のIDを持つ書籍を削除する
068:        @GetMapping("/delete/{id}")
069:        public String deleteBook(@PathVariable int id, Model model) {
070:            bookMapper.deleteBookById(id);
071:            model.addAttribute("message", "削除成功");
072:            return "book/success";
073:        }
074:    }
```

　新しく説明する内容はありません。今回はMyBatisの動作確認をしたいため、ビューは「index.html」と「success.html」の2つのみにし、コントローラ上の登録、更新処理は固定データで処理を実行しています。

9-2-5　ビューの作成

　「index.html」と「success.html」の2ファイルを作成します。
　「MyBatisSample」の「src/main/resources」フォルダを選択し、マウスを右クリックし、「新規」→「HTMLファイル」を選択します。HTML設定画面にて以下の「設定内容」を記述後、「完了」ボタンを押します（**図9.21**）。

○ 設定内容

親フォルダを入力または選択	MyBatisSample/src/main/resources/templates/book
ファイル名	index.html

※ 他はデフォルト設定

同様に、「success.html」を作成します。

○ 設定内容

親フォルダを入力または選択	MyBatisSample/src/main/resources/templates/book
ファイル名	success.html

※ 他はデフォルト設定

図9.21 ビューの作成

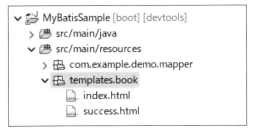

「index.html」ファイルの内容を**リスト9.10**、「success.html」ファイルの内容を**リスト9.11**のように記述します。

リスト9.10 index.html

```
001:  <!DOCTYPE html>
002:  <html xmlns:th="http://www.thymeleaf.org">
003:  <head>
004:      <meta charset="UTF-8">
005:      <title>メニュー画面</title>
006:  </head>
007:  <body>
008:      <h1>書籍管理メニュー</h1>
009:      <ul>
010:          <li><a th:href="@{/list}">書籍一覧表示</a></li>
011:          <li><a th:href="@{/detail/2}">書籍詳細</a></li>
012:          <li><a th:href="@{/create}">新しい書籍を作成</a></li>
013:          <li><a th:href="@{/update/2}">書籍を更新</a></li>
014:          <li><a th:href="@{/delete/2}">書籍を削除</a></li>
015:      </ul>
016:  </body>
017:  </html>
```

11行目、13行目、14行目は固定パラメータとして「2」を渡しています。

```
001: <!DOCTYPE html>
002: <html xmlns:th="http://www.thymeleaf.org">
003: <head>
004:     <meta charset="UTF-8">
005:     <title>操作結果</title>
006: </head>
007: <body>
008:     <h1 th:text="${message}">メッセージ</h1>
009:     <!-- 書籍一覧表示の場合 -->
010:     <table th:if="${books}" border="1">
011:         <thead>
012:             <tr>
013:                 <th>ID</th>
014:                 <th>タイトル</th>
015:                 <th>著者</th>
016:             </tr>
017:         </thead>
018:         <tbody>
019:             <tr th:each="book : ${books}">
020:             <td th:text="${book.id}">ID</td>
021:             <td th:text="${book.title}">タイトル</td>
022:             <td th:text="${book.author}">著者</td>
023:             </tr>
024:         </tbody>
025:     </table>
026:     <!-- 書籍詳細表示の場合 -->
027:     <div th:if="${book}">
028:         <p>
029:             <strong>ID:</strong>
030:             <span th:text="${book.id}">ID</span>
031:         </p>
032:         <p>
033:             <strong>タイトル:</strong>
034:             <span th:text="${book.title}">タイトル</span>
035:         </p>
036:         <p>
037:             <strong>著者:</strong>
038:             <span th:text="${book.author}">著者</span>
039:         </p>
040:     </div>
041:     <a th:href="@{/}">メニューに戻る</a>
042: </body>
043: </html>
```

　新しく説明する内容はありません。8行目「<h1 th:text="${message}">メッセージ</h1>」で
各処理のメッセージを表示しています。10行目、27行目で「th:if」を利用して、一覧処理と詳細

処理の表示を分けています。

9-2-6　動作確認

プログラムが完成したので動作確認を実施します。「Bootダッシュボード」で「MyBatisSample」を選択し、プロジェクトを起動します（**図9.22**）。

図9.22　プロジェクトの起動

「Webブラウザを開く」アイコンをクリック（**図9.23**）することでブラウザが起動して作成した「index.html」が表示されます（**図9.24**）。

図9.23　ブラウザの表示

図9.24　index.htmlの表示

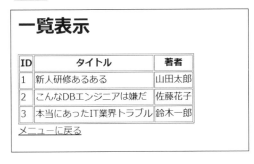

「書籍一覧表示」リンクをクリックすると、「success.html」に書籍一覧が表示されます（**図9.25**）。

図9.25　一覧表示

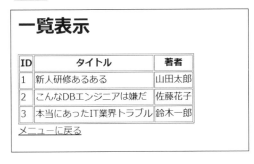

「メニューに戻る」リンクをクリックし、「書籍詳細」リンクをクリックすると書籍の詳細が表

示されます（**図9.26**）。パラメータが固定に設定されているため「ID: 2」のデータが表示されます。

図9.26 詳細表示

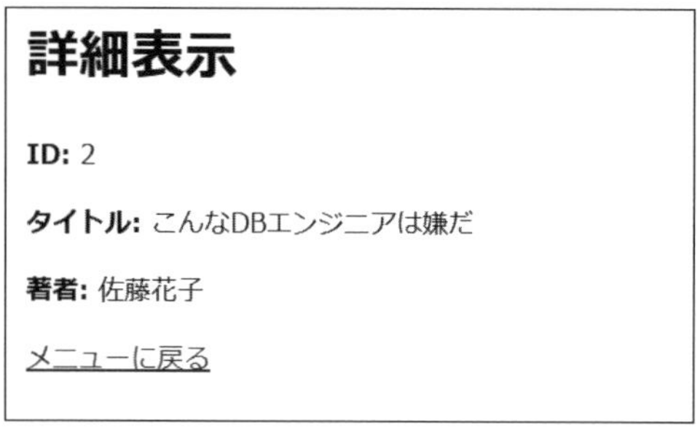

詳細表示

ID: 2

タイトル: こんなDBエンジニアは嫌だ

著者: 佐藤花子

<u>メニューに戻る</u>

「メニューに戻る」リンクをクリックし、「新しい書籍を作成」リンクをクリックすると「登録成功」のメッセージが表示されます（**図9.27**）。コントローラ側で固定データでDBへの登録が実行されます。

図9.27 登録成功

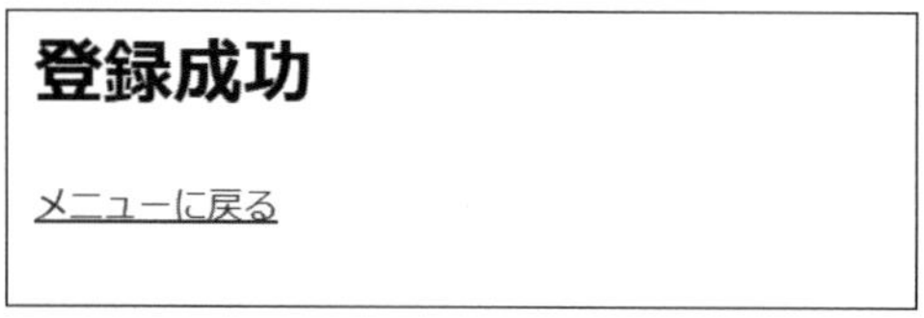

登録成功

<u>メニューに戻る</u>

「メニューに戻る」リンクをクリックし、確認のために「書籍一覧表示」リンクをクリックすると新しく書籍データが作成されたことが確認できます（**図9.28**）。

図9.28 登録確認

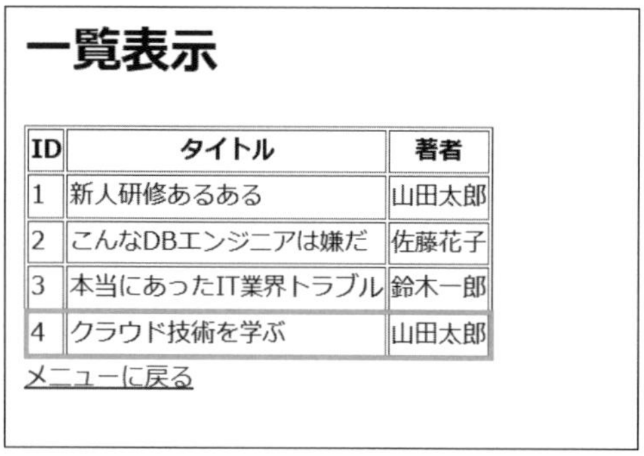

一覧表示

ID	タイトル	著者
1	新人研修あるある	山田太郎
2	こんなDBエンジニアは嫌だ	佐藤花子
3	本当にあったIT業界トラブル	鈴木一郎
4	クラウド技術を学ぶ	山田太郎

<u>メニューに戻る</u>

「メニューに戻る」リンクをクリックし、「書籍を更新」リンクをクリックすると「更新成功」のメッセージが表示されます（**図9.29**）。パラメータが固定に設定されているため「ID: 2」のデータが更新されます。

図9.29 更新成功

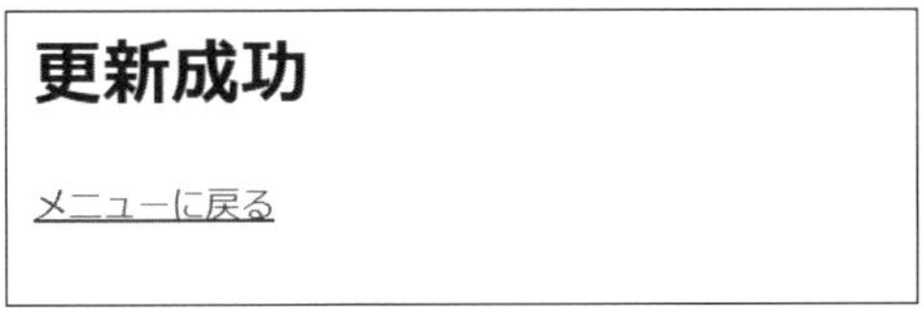

> # 更新成功
>
> メニューに戻る

「メニューに戻る」リンクをクリックし、確認のために「書籍一覧表示」リンクをクリックすると ID：2の書籍データが更新されたことが確認できます（**図9.30**）。

図9.30 更新確認

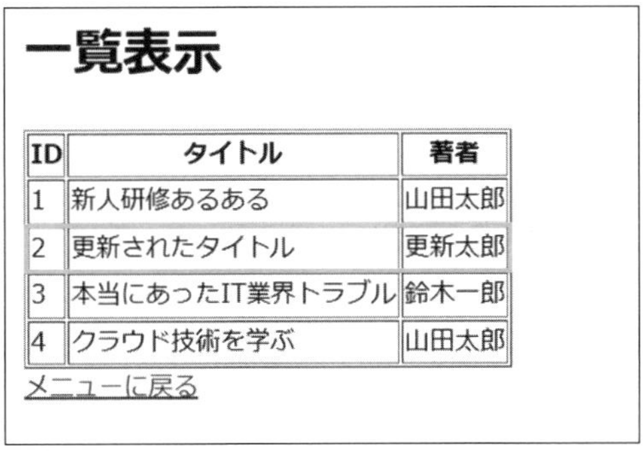

> # 一覧表示
>
> | ID | タイトル | 著者 |
> |---|---|---|
> | 1 | 新人研修あるある | 山田太郎 |
> | 2 | 更新されたタイトル | 更新太郎 |
> | 3 | 本当にあったIT業界トラブル | 鈴木一郎 |
> | 4 | クラウド技術を学ぶ | 山田太郎 |
>
> メニューに戻る

「メニューに戻る」リンクをクリックし、「書籍を削除」リンクをクリックすると「削除成功」のメッセージが表示されます（**図9.31**）。パラメータが固定に設定されているため「ID: 2」のデータが削除されます。

図9.31 削除成功

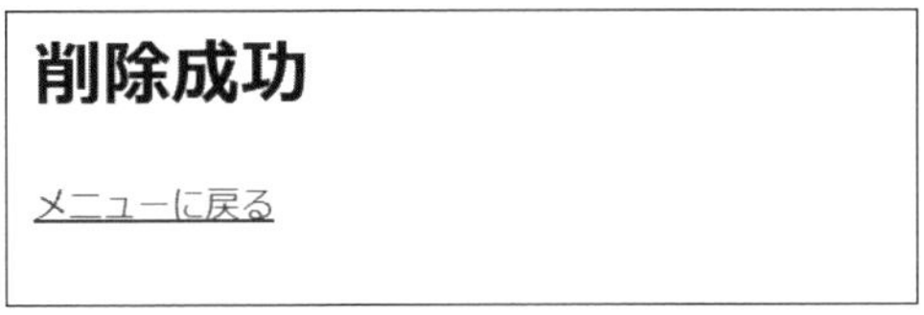

> # 削除成功
>
> メニューに戻る

「メニューに戻る」リンクをクリックし、確認のために「書籍一覧表示」リンクをクリックすると ID：2の書籍データが削除されたことが確認できます（**図9.32**）。

<figure>図9.32 削除確認

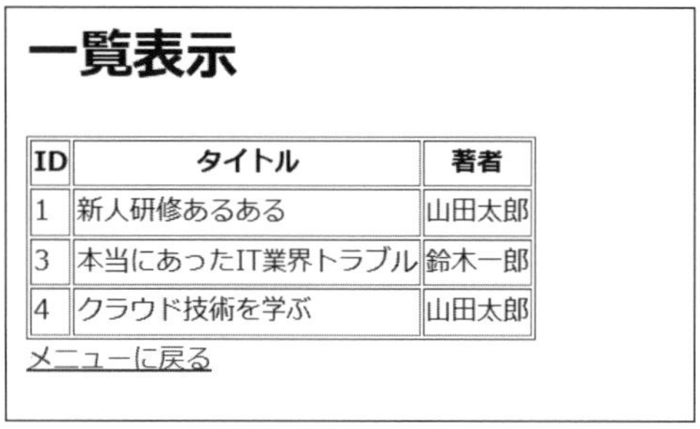

一覧表示

ID	タイトル	著者
1	新人研修あるある	山田太郎
3	本当にあったIT業界トラブル	鈴木一郎
4	クラウド技術を学ぶ	山田太郎
メニューに戻る		
</figure>

9-2-7 まとめ

MyBatisの使用方法をステップで振り返りましょう（**図9.33**）。

図9.33 振り返り

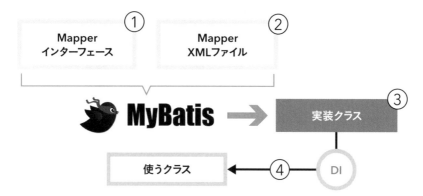

① 「Mapperインターフェース」を作成します。インターフェースには「@Mapper」を付与します。

② 「MapperXMLファイル」を作成します。「src/main/resources」フォルダ配下に「Mapperインターフェース」と同じ「パッケージ構成」にして、ファイル名は「インターフェース名」と合わせます。そして「namespace属性」にFQCNで「Mapperインターフェース」を設定します（この処理でインターフェースとマッパーファイルがマッピングされます）。「Mapperインターフェース」の「メソッド名」と各タグの「id属性」を合わせます（この処理でインターフェースのメソッドとマッパーファイルに記述されたSQLがマッピングされます）。

③ MyBatisは上記、①と②を参照して、実装クラスを作成してくれます。そのため私達は実装クラスを作成する必要がありません。この時にSpringと連携しているのでインスタンス生成も行われます。

④ ③で作成された実装クラスを使用したい「使うクラス」にて「DI」を行うことでMyBatisが作成した実装クラスを使用することができます。

9-3　resultMapについて知ろう

> ここではMyBatisを使用した複数テーブルの参照方法を学びましょう。テーブル同士の複雑な関連性（1対1、1対多など）や結合を扱いたい場合は「resultMap」を使用することで容易に実現できます。

9-3-1　resultMapとは？

　「resultMap」は、データベースのテーブルとJavaのエンティティクラスをどのようにマッピングするかを定義するための設定です。もう少し詳細に言えば、データベースのテーブルから「SQL」で取得した「結果データ」をJavaのオブジェクトにどう「格納」するかを「resultMap」を利用して「MyBatis」に教えます（**図9.34**）。

図9.34　resultMapイメージ

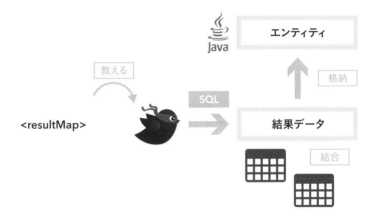

　早速プログラムを作成しながら「resultMap」について学習しましょう。

9-3-2　テーブル構成

　先ほど作成したプロジェクト「MyBatisSample」を使用します。複数テーブルを扱うため、「schema.sql」を**リスト9.12**に書き換えます。

```
001:   -- 出版社の情報を格納するテーブル
002:   CREATE TABLE publishers (
003:       id INT PRIMARY KEY AUTO_INCREMENT,   -- 主キーとしてのID。自動で増加する
004:       name VARCHAR(255) NOT NULL           -- 出版社の名前。NULLは許可されない
005:   );
006:
007:   -- 書籍の情報を格納するテーブル
008:   CREATE TABLE books (
009:       id INT PRIMARY KEY AUTO_INCREMENT,   -- 主キーとしてのID。自動で増加する
010:       title VARCHAR(255) NOT NULL,         -- 書籍のタイトル。NULLは許可されない
011:       author VARCHAR(255) NOT NULL,        -- 書籍の著者名。NULLは許可されない
012:       publisher_id INT,                    -- 出版社のID。出版社テーブルと関連付ける
013:       FOREIGN KEY (publisher_id) REFERENCES publishers(id)   -- 出版社テーブルへの外部
       キー制約
014:   );
015:
016:   -- 書籍に対するレビューを格納するテーブル
017:   CREATE TABLE reviews (
018:       id INT PRIMARY KEY AUTO_INCREMENT,   -- 主キーとしてのID。自動で増加する
019:       book_id INT NOT NULL,                -- レビュー対象の書籍のID。NULLは許可されない
020:       review_text TEXT,                    -- レビューのテキスト。NULLは許可する
021:       FOREIGN KEY (book_id) REFERENCES books(id)   -- 書籍テーブルへの外部キー制約
022:   );
```

テーブル構成は以下のようになります（**図9.35**）。

図9.35　テーブル構成

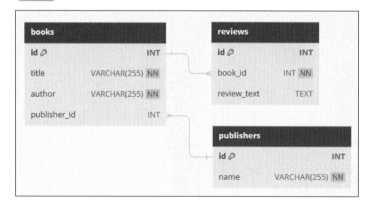

上記のテーブルには以下のような関係があります：

- books（書籍）と publishers（出版社）

  books テーブルの publisher_id 列は、publishers テーブルの id 列に対する外部キーです。これにより、各書籍は1つの出版社に関連付けられます（1対1の関係）。逆に言えば、1つの

出版社は複数の書籍を出版できます（1対多の関係）。

● books（書籍）とreviews（レビュー）

reviewsテーブルのbook_id列は、booksテーブルのid列に対する外部キーです。これにより、各レビューは1つの書籍に関連付けられます（1対1の関係）。逆に言えば、1つの書籍には複数のレビューを書くことができます（1対多の関係）。

テーブル構成が変わったので、ダミーデータも修正しましょう。「data.sql」を**リスト9.13**に書き換えます。

リスト9.13　**data.sql**

```
001:    -- publishersテーブルへのデータ登録
002:    INSERT INTO publishers (name) VALUES ('技術評論社');
003:    INSERT INTO publishers (name) VALUES ('Technology評論社');
004:
005:    -- booksテーブルへのデータ登録
006:    INSERT INTO books (title, author, publisher_id) VALUES ('新人研修あるある', '山田太郎
        ', 1);
007:    INSERT INTO books (title, author, publisher_id) VALUES ('こんなDBエンジニアは嫌だ', '
        佐藤花子', 2);
008:    INSERT INTO books (title, author, publisher_id) VALUES ('本当にあったIT業界トラブル',
        '鈴木一郎', 1);
009:
010:    -- reviewsテーブルへのデータ登録
011:    INSERT INTO reviews (book_id, review_text) VALUES (1, '非常に役立つ本でした。');
012:    INSERT INTO reviews (book_id, review_text) VALUES (2, 'こんなDBエンジニアがいることに
        驚愕しました。');
013:    INSERT INTO reviews (book_id, review_text) VALUES (2, '自分の現場には来てほしくないで
        す。');
014:    INSERT INTO reviews (book_id, review_text) VALUES (2, '同じ様な方が、私の現場にいま
        す。。。');
015:    INSERT INTO reviews (book_id, review_text) VALUES (3, '業界の闇を知るにはいい本です。');
```

9-3-3　エンティティの追加と修正

01　出版社用エンティティの追加

まずは、出版社用のエンティティを作成します。

「MyBatisSample」の「src/main/java」フォルダを選択し、マウスを右クリックし、「新規」→「クラス」を選択します。クラス設定画面にて以下の「設定内容」を記述後、「完了」ボタンを押します。

○ 設定内容

パッケージ	com.example.demo.entity
名前	Publisher

※ 他はデフォルト設定

「Publisher」クラスの内容は**リスト9.14**のようになります。新しく説明する内容はありませんので説明は割愛します。

リスト9.14 Publisher

```
001:    package com.example.demo.entity;
002:
003:    import lombok.Data;
004:
005:    @Data
006:    public class Publisher {
007:        /** 出版社ID */
008:        private int id;
009:        /** 出版社名 */
010:        private String name;
011:    }
```

02 レビュー用エンティティの追加

次は、レビュー用のエンティティを作成します。

「MyBatisSample」の「src/main/java」フォルダを選択し、マウスを右クリックし、「新規」→「クラス」を選択します。クラス設定画面にて以下の「設定内容」を記述後、「完了」ボタンを押します。

○ 設定内容

パッケージ	com.example.demo.entity
名前	Review

※ 他はデフォルト設定

「Review」クラスの内容は**リスト9.15**のようになります。新しく説明する内容はありませんので説明は割愛します。

リスト9.15 Review

```
001:    package com.example.demo.entity;
002:
003:    import lombok.Data;
004:
005:    @Data
```

```
006:    public class Review {
007:        /** レビューID */
008:        private int id;
009:        /** 書籍ID */
010:        private int bookId;
011:        /** レビュー内容 */
012:        private String reviewText;
013:    }
```

03　書籍用エンティティの修正

「com.example.demo.entity」パッケージの「Book」クラスに対して、「書籍と出版社の1対1の関係」と「書籍とレビューの1対多の関係」をフィールドに追加する修正を行います。修正内容はリスト9.16のようになります。

リスト9.16 Book

```
001:    package com.example.demo.entity;
002:
003:    import java.util.List;
004:
005:    import lombok.Data;
006:
007:    @Data
008:    public class Book {
009:        /** 書籍ID */
010:        private int id;
011:        /** タイトル */
012:        private String title;
013:        /** 著者 */
014:        private String author;
015:        /** 書籍と出版社の1対1の関係 */
016:        private Publisher publisher;
017:        /** 書籍とレビューの1対多の関係 */
018:        private List<Review> reviews;
019:    }
```

16行目「private Publisher publisher;」は、書籍と出版社の関係は「1対1」なので、フィールドの型が「Publisher」になっています。18行目「private List<Review> reviews;」は、書籍とレビューの関係は「1対多」なので、フィールドの型が「List<Review>」になっています。

9-3-4　マッパーファイルの修正

「1対1」、「1対多」の関係をMyBatisに教えるために、マッパーファイルへ「resultMap」を用い

て記述します。

修正内容は下記になります。

○ 修正内容

ファイルの場所	MyBatisSample/src/main/resources/com/example/demo/mapper
ファイル名	BookMapper

☐ resultMap：書籍と出版社の1対1の関係

「BookMapper」の「<mapper namespace="com.example.demo.mapper.BookMapper">」の直下に**リスト9.17**を追記します。

リスト9.17 resultMap：書籍と出版社の1対1

```
001:  <!-- 書籍と出版社の1対1の関係 -->
002:  <resultMap id="BookWithPublisherResult"
003:      type="com.example.demo.entity.Book">
004:      <id property="id" column="id" />
005:      <result property="title" column="title" />
006:      <result property="author" column="author" />
007:      <association property="publisher"
008:          javaType="com.example.demo.entity.Publisher">
009:          <id property="id" column="publisher_id" />
010:          <result property="name" column="publisher_name" />
011:      </association>
012:  </resultMap>
```

リスト9.17のresultMapの各タグと属性について説明します（**表9.7**〜**表9.10**）。

表9.7 <resultMap>（2行目タグ）

属性	説明
id	resultMapの一意な識別子です。他の場所から参照する際は、このIDを使用します
type	resultMapがマッピングするJavaのエンティティクラスの完全修飾名です

表9.8 <id>（4行目タグ）

属性	説明
property	エンティティクラス（Javaオブジェクト）の主キーに対応するフィールド名です
column	SQLの実行結果データの列名です。主キーに対応する列に設定します

表9.9　**<result>**（5行目〜6行目タグ）

属性	説明
property	エンティティクラスのフィールド名です
column	SQLの実行結果データの列名です

表9.10　**<association>**（7行目タグ）

属性	説明
property	エンティティクラス内で関連するオブジェクト（この場合はPublisher）を保持するフィールド名です
javaType	関連するオブジェクトのJavaの型です。完全修飾名で指定します

<association>内の<id>と<result>タグ（9行目、10行目）は関連するオブジェクト（Publisher）内のフィールドとSQLの実行結果データのマッピングを定義します。resultMapはデータベースのカラムとJavaのエンティティクラスのフィールドをどのようにマッピングするかを詳細に指定できます。特に、<association>タグを使うことで、「1対1」のような複雑な関係も表現できます。

resultMap：書籍とレビューの1対多の関係

次は、書籍とレビューの1対多の関係に対するresultMapを記述しましょう。先ほど記述した「</resultMap>」の直下に**リスト9.18**を追記します。

リスト9.18　**resultMap：書籍とレビューの1対多**

```
001:  <!-- 書籍とレビューの1対多の関係 -->
002:  <resultMap id="BookWithReviewsResult"
003:      type="com.example.demo.entity.Book">
004:      <id property="id" column="id" />
005:      <result property="title" column="title" />
006:      <result property="author" column="author" />
007:      <collection property="reviews" ofType="com.example.demo.entity.Review">
008:          <id property="id" column="review_id" />
009:          <result property="bookId" column="book_id" />
010:          <result property="reviewText" column="review_text" />
011:      </collection>
012:  </resultMap>
```

<collection>内の<id>と<result>タグ（8行目〜10行目）は、コレクション内の各エンティティ（Review）のフィールドとSQLの実行結果データのマッピングを定義します。

リスト9.18のresultMapの各タグと属性について**表9.11**に示します。

257

表9.11 <collection>（7行目タグ）

属性	説明
property	エンティティクラス（この場合はBook）内でレビューのリストを保持するフィールド名を指定します。このフィールドは通常、リストやセットなどのコレクション型です
ofType	コレクション内の各要素のJavaの型（この場合はReview）を完全修飾名で指定します

☐ SQLの修正（書籍と出版社の1対1の関係）

「BookMapper」の以下の部分（**リスト9.19**）を**リスト9.20**に書き換えます。

リスト9.19 書き換え前

```
001:   <!-- 【SELECT】全ての書籍を取得するためのSQLを定義  -->
002:   <select id="getAllBooks" resultType="com.example.demo.entity.Book">
003:       SELECT id, title, author FROM books ORDER BY id
004:   </select>
```

リスト9.20 書き換え後

```
001:   <!-- 【SELECT】全ての書籍(出版社)を取得するためのSQLを定義  -->
002:   <select id="getAllBooks" resultMap="BookWithPublisherResult">
003:       SELECT
004:           b.id, b.title, b.author,
005:           p.id as publisher_id, p.name as publisher_name
006:       FROM books b
007:       INNER JOIN publishers p ON b.publisher_id = p.id
008:       ORDER BY b.id
009:   </select>
```

3行目〜8行目が実行するSQLです。booksテーブル（エイリアス b）とpublishersテーブル（エイリアス p）をINNER JOINしています[注3]。この結合により、書籍と出版社を関連付けてデータを取得します。

5行目「p.name as publisher_name」は（エイリアス publisher_name）を設定することでresultMapで設定した「column」属性の値と合わせています。

取得された結果データは、2行目「resultMap="BookWithPublisherResult"」の記述により、先ほど作成したresultMapの「BookWithPublisherResult」と紐づけられます。resultMapの「BookWithPublisherResult」のtype属性に「Book」クラスをFQCNで設定しているため、Javaの「Book」エンティティにマッピングされ「結果データ」が格納されます。

（注3）　エイリアス（Alias）は、データベースのテーブル名やカラム名に対して一時的な名前を付与することを示します。

SQLの修正（書籍とレビューの1対多の関係）

「BookMapper」の以下の部分（**リスト9.21**）を**リスト9.22**に書き換えます。

リスト9.21 書き換え前

```
001:    <!-- 【SELECT】特定のIDを持つ書籍を取得するためのSQLを定義 -->
002:    <select id="getBookById" resultType="com.example.demo.entity.Book">
003:        SELECT id, title, author FROM books WHERE id = #{id}
004:    </select>
```

リスト9.22 書き換え後

```
001:    <!-- 【SELECT】特定のIDを持つ書籍（レビュー）を取得するためのSQLを定義 -->
002:    <select id="getBookById" resultMap="BookWithReviewsResult">
003:        SELECT
004:            b.id, b.title, b.author, b.publisher_id,
005:            r.id as review_id, r.book_id, r.review_text
006:        FROM books b
007:        INNER JOIN reviews r ON b.id = r.book_id
008:        WHERE b.id = #{id}
009:    </select>
```

3行目〜8行目が実行するSQLです。booksテーブル（エイリアスb）とreviewsテーブル（エイリアスr）をINNER JOINしています。「WHERE b.id = #{id}」で、取得する書籍のIDを指定します。「#{id}」はプレースホルダーです。プレースホルダはプログラムから渡される値（書籍のID）に置き換えられます。取得された結果データは、2行目「resultMap="BookWithReviewsResult"」の記述により「BookWithReviewsResult」という「resultMap」を通じて、Javaの「Book」エンティティにマッピングされ「結果データ」が格納されます。

9-3-5 ビューの修正

ビューファイルに「書籍と出版社の1対1の関係」と「書籍とレビューの1対多の関係」からデータを取得する記述を追加します。

○ 修正内容

ファイルの場所	MyBatisSample/src/main/resources/templates/book
ファイル名	success.html

「success.html」を**リスト9.23**に修正します。

```
001: <!DOCTYPE html>
002: <html xmlns:th="http://www.thymeleaf.org">
003: <head>
004:     <meta charset="UTF-8">
005:     <title>操作結果</title>
006: </head>
007: <body>
008:     <h1 th:text="${message}">メッセージ</h1>
009:     <!-- 書籍一覧表示の場合 -->
010:     <table th:if="${books}" border="1">
011:         <thead>
012:             <tr>
013:                 <th>ID</th>
014:                 <th>タイトル</th>
015:                 <th>著者</th>
016:                 <th>出版社</th>
017:             </tr>
018:         </thead>
019:         <tbody>
020:             <tr th:each="book : ${books}">
021:                 <td th:text="${book.id}">ID</td>
022:                 <td th:text="${book.title}">タイトル</td>
023:                 <td th:text="${book.author}">著者</td>
024:                 <td th:text="${book.publisher.name}">出版社</td>
025:             </tr>
026:         </tbody>
027:     </table>
028:     <!-- 書籍詳細表示の場合 -->
029:     <div th:if="${book}">
030:         <p>
031:             <strong>ID:</strong>
032:             <span th:text="${book.id}">ID</span>
033:         </p>
034:         <p>
035:             <strong>タイトル:</strong>
036:             <span th:text="${book.title}">タイトル</span>
037:         </p>
038:         <p>
039:             <strong>著者:</strong>
040:             <span th:text="${book.author}">著者</span>
041:         </p>
042:         <hr>
043:         <!-- レビュー一覧の表示 -->
044:         <div th:if="${book.reviews}">
045:             <h3>レビュー一覧:</h3>
046:             <ul>
047:                 <li th:each="review : ${book.reviews}">
```

```
048:                        <span th:text="${review.reviewText}">レビューテキスト</span>
049:                     </li>
050:                  </ul>
051:               </div>
052:           </div>
053:           <a th:href="@{/}">メニューに戻る</a>
054:       </body>
055:   </html>
```

24行目「<td th:text="${book.publisher.name}">出版社</td>」が「書籍と出版社の1対1の関係」からデータを取得している部分になります。「 ${book.publisher.name} 」は、Javaオブジェクト bookのpublisherフィールドのnameプロパティを参照しています。

44行目〜51行目が「書籍とレビューの1対多の関係」からデータを取得している部分になります。

44行目「<div th:if="${book.reviews}">」は、book.reviewsがnullまたは空でない場合にのみ表示されます。つまり、レビューが存在する場合のみ、この<div>内の内容が表示されます。

47行目「<li th:each="review : ${book.reviews}">」この<li>タグは、book.reviewsに含まれる各レビューに対して一つずつ生成されます。th:each属性が、リストの各アイテム（レビュー）に対してこの<li>タグを繰り返す役割を果たします。

48行目「<span th:text="${review.reviewText}">レビューテキスト</span>」この<span>タグは、各レビューのテキスト内容（reviewText）を表示します。

9-3-6 動作確認

プログラムが完成したので動作確認を実施します。「Bootダッシュボード」で「MyBatisSample」を選択し、プロジェクトを起動します。

「Webブラウザを開く」アイコンをクリック（図9.36）することでブラウザが起動して作成した「index.html」が表示されます（図9.37）。

図9.36　ブラウザの表示

図9.37　ブラウザの表示

書籍管理メニュー

- 書籍一覧表示
- 書籍詳細
- 新しい書籍を作成
- 書籍を更新
- 書籍を削除

「書籍一覧表示」リンクをクリックすると、「success.html」に書籍一覧が表示されます（図9.38）。

▼ O／Rマッパー（MyBatis）を知ろう

図9.38　一覧画面

「書籍と出版社の1対1の関係」から出版社名が取得できていることを確認できます。「メニューに戻る」リンクをクリックし、「書籍詳細」リンクをクリックします（**図9.39**）。

図9.39　詳細画面

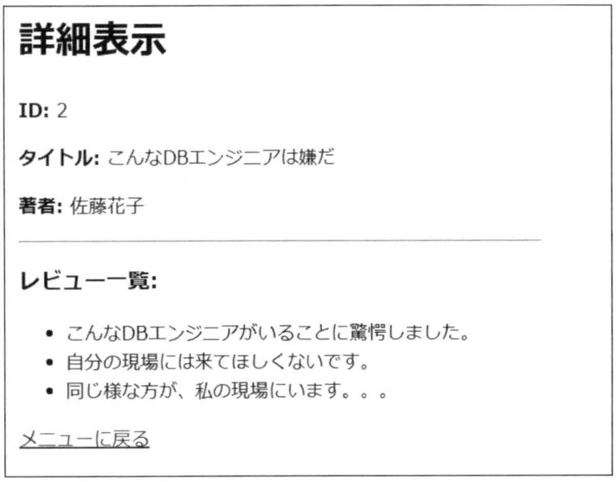

「書籍とレビューの1対多の関係」から書籍に対するレビューが取得できていることを確認できます。

9-3-7　まとめ

resultMapの使用方法を「書籍と出版社の1対1の関係」を対象として、ステップで振り返りましょう。

01　書籍エンティティへ出版社エンティティを追加する

まず、書籍（Book）エンティティに出版社（Publisher）エンティティを追加します。これにより、1つの書籍が1つの出版社に関連付けられるようになります（**図9.40**）。

図9.40　1対1の関係

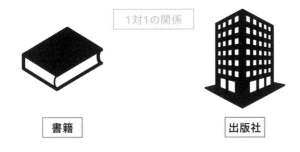

1対1の関係

書籍　　出版社

02　マッパーファイルへresultMapを追加する

次に、MyBatisのマッパーファイル（XMLファイル）にresultMapを追加します。このresultMapは、SQLの結果データをJavaのエンティティにマッピングする方法を定義します（**図9.41**）。

図9.41　resultMap

```
 4      <!-- 書籍と出版社の1対1の関係 -->
 5      <resultMap id="BookWithPublisherResult"
 6          type="com.example.demo.entity.Book">
 7          <id property="id" column="id" />
 8          <result property="title" column="title" />
 9          <result property="author" column="author" />
10          <association property="publisher"
11              javaType="com.example.demo.entity.Publisher">
12              <id property="id" column="publisher_id" />
13              <result property="name" column="publisher_name" />
14          </association>
15      </resultMap>
```

03　SQLの作成

次に、書籍と出版社の情報を取得するSQLを作成し、マッパーファイルへ記述します。「02で記述したresultMapの構造」（**図9.41**）と「03で記述したSQLの結果」（**図9.42**）を使用することでデータが01のエンティティに格納されます。

図9.42　SQLの結果データ

```
SELECT
    b.id, b.title, b.author,
    p.id as publisher_id, p.name as publisher_name
FROM books b
LEFT JOIN publishers p ON b.publisher_id = p.id
ORDER BY b.id;
```

ID	TITLE	AUTHOR	PUBLISHER_ID	PUBLISHER_NAME
1	新人研修あるある	山田太郎	1	技術評論社
2	こんなDBエンジニアは嫌だ	佐藤花子	2	Technology評論社
3	本当にあったIT業界トラブル	鈴木一郎	1	技術評論社

(3行, 1 ms)

注目するのは、**図9.42**の「結果データの列名」と「resultMapのcolumn属性」を同名にする必

要があることです（**図9.43**）。

図9.43 SQLの結果データが格納される流れ

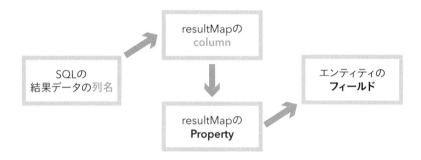

04 ビューへの反映

最後に、ビュー（HTMLファイル）に書籍エンティティに格納されている出版社エンティティの情報を表示するコードを追加します。

図9.44 ビューでの表示

```
<tbody>
    <tr th:each="book : ${books}">
        <td th:text="${book.id}">ID</td>
        <td th:text="${book.title}">タイトル</td>
        <td th:text="${book.author}">著者</td>
        <td th:text="${book.publisher.name}">出版社</td>
    </tr>
</tbody>
```

ここで「${book.publisher.name}」という表記は、Javaの「ゲッターメソッド」を使ってデータを取得しています。具体的には、まずbookオブジェクトのgetPublisher()メソッドが呼び出され（**図9.45**）、次にその結果（Publisherオブジェクト）のgetName()メソッドが呼び出されます（**図9.46**）。

図9.45 書籍エンティティ

```
 7  @Data
 8  public class Book {
 9      /** 書籍ID */
10      private int id;
11      /** タイトル */
12      private String title;
13      /** 著者 */
14      private String author;
15      /** 本と出版社の1対1の関係 */
16      private Publisher publisher;
17      /** 本とレビューの1対多の関係 */
18      private List<Review> reviews;
```

図9.46 出版社エンティティ

```
 5  @Data
 6  public class Publisher {
 7      /** 出版社ID */
 8      private int id;
 9      /** 出版社名 */
10      private String name;
```

上記により、resultMapを使用して「書籍と出版社の1対1の関係」からデータを取得できます。

第10章 アプリの作成準備を行おう

10-1 アプリケーションの概要

この章からは後半パートになります。1章から9章までに学習した内容を用いながら「Spring」を使用してWebアプリケーションを作成していきます。今回作成するアプリケーションはITの新人研修で題材に良くあげられる「ToDoアプリ」です。

10-1-1 「ToDoアプリ」とは？

「ToDoアプリ」は、日々のタスクや予定を管理するためのアプリケーションです。

簡単に言うとユーザーが自分のタスクを作成して、表示して、更新して、削除することで効率的に「すること」を整理し、管理します。

10-1-2 プロジェクト作成準備

機能一覧

「ToDoアプリ」の機能を表10.1に記述します。

表10.1 機能一覧

No	機能	説明
1	一覧表示	登録されている「すること」を一覧表示します
2	詳細表示	PK（プライマリーキー）で対象の「すること」の詳細を表示します
3	登録	「すること」を登録します
4	更新	登録されている「すること」を変更します
5	削除	登録されている「すること」を削除します

URLマッピング

「ToDoアプリ」のURLに対する役割を表10.2に記述します。ルーティング処理作成時に使用します。

No	役割	HTTPメソッド	URL
1	一覧画面を表示する	GET	/todos
2	詳細画面を表示する	GET	/todos/{id}
3	登録画面を表示する	GET	/todos/form
4	登録処理を実行する	POST	/todos/save
5	更新画面を表示する	GET	/todos/edit/{id}
6	更新処理を実行する	POST	/todos/update
7	削除処理を実行する	POST	/todos/delete/{id}

テーブル

「ToDoアプリ」で扱うテーブル構成を以下に示します（**表10.3**）。今回はデータベースに「1-3 開発環境の構築をしよう（PostgreSQL）」でインストールしたPostgreSQLを使用します。

表10.3 todosテーブル

テーブル名：todos

列	型	制約	備考
id （することのID）	serial	PK	SERIAL型を使用すると、新しいレコードが追加されるたびに、そのカラムの値が自動的に1ずつ増加されます。PKです
todo （すること）	varchar（255）	NOT NULL	255文字までの可変長文字列を格納します。制約によりNULLを許可しません
detail（詳細）	text		長さ制限がない文字列を格納します
created_at （作成日時）	timestamp without time zone		レコードが作成された日時を記録します。通常、このフィールドはレコード作成時に自動的に設定され、その後変更しません
updated_at （更新日時）	timestamp without time zone		レコードが更新された日時を記録します。レコードが更新されるたびに値を更新します

画面遷移図

作成する画面遷移を**図10.1**に示します。

- 「一覧画面」から「登録画面」を表示します。「登録処理」を実行した後は「一覧画面」を表示します
- 「一覧画面」から「詳細画面」を表示します
- 「詳細画面」からPKである「ID」を利用して対象のToDoデータを取得し「更新画面」を表示します。「更新処理」を実行した後は「一覧画面」を表示します

- 「詳細画面」から「削除処理」を実行します。PKである「ID」を利用して対象のToDoデータを削除します。実行後は「一覧画面」を表示します

図10.1 画面遷移

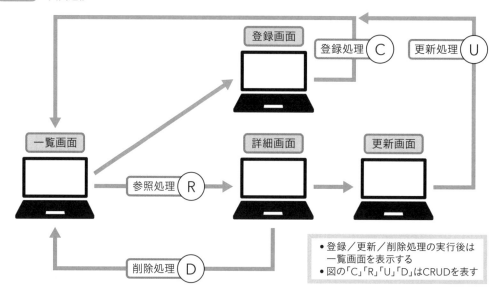

- 登録／更新／削除処理の実行後は一覧画面を表示する
- 図の「C」「R」「U」「D」はCRUDを表す

10-2-2 作成手順

「ToDoアプリ」の作成手順を以下に記述します。

① 今回のアプリケーションでは、H2データベースではなく、環境構築でインストールしたpostgreSQLを使用し、postgresにDBやテーブルを作成します。

②「Spring Initializr」を使用して、Springプロジェクトを作成後、IDEにプロジェクトを取り込みます（Spring Initializrについては後述します）。

③「application.properties」にDBへの接続やMyBatisが実行するSQLのログ表示などを設定し、「schema.sql」と「data.sql」を用意します。

④ パッケージ構成を作成し、各クラスを作成します。作成順番として今回はわかりやすいように「使われる」クラス（呼び出されるクラス）から作成していきます。

⑤ コンポーネントは、「エンティティ」→「リポジトリ」→「サービス」→「コントローラ」→「ビュー」の順番に作成します（各コンポーネントとレイヤについては後述します）。

⑥ 最後にアプリケーションの動作確認をします。

上記から「ToDoアプリ」をご自身で作成するイメージが何となくできたでしょうか？
作成するにあたって注意することは、一度に全ての処理を作ろうとしないことです。まずは正常処理を作成後、入力チェックや例外処理などの付随する処理を作成していきます。では早速アプリケーションの作成を実施しましょう。

10-2 「ToDoアプリ」の作成を準備しよう

今回作成する「ToDoアプリ」について概要を整理できたので、データベースやプロジェクトを作成していきます。またプログラム作成時に意識しなければならない「レイヤ化」についても説明します。

10-2-1 データベースの作成

「1-3 開発環境の構築をしよう（PostgreSQL）」でインストールしたデータベースに対して、今回のWebアプリケーションで使用するDBやユーザーを作成します。

01 pgadminの起動

Windows画面の左下の検索バーに「pgadmin（注1）」と入力し（図10.2）、表示される象のアイコン（図10.3）をクリックして「pgadmin」を起動します（図10.4）。

図10.2 pgadminの起動1

図10.3 pgadminの起動2

pgAdmin 4
アプリ

図10.4 pgadminの起動3

表示された画面にて「PostgreSQL 16」のアイコンをダブルクリックすると、パスワードが求められます（図10.5）。ご自身がインストール時に設定したパスワードを入力し、「Save Password」にチェックを入れて、「OK」ボタンをクリックします。本書ではパスワードを「postgres」と設定しています。

（注1）　pgadminはPostgreSQLを操作するためのGUI管理ツールです。

図10.5 パスワードの入力

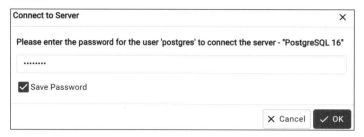

認証されると、「PostgreSQL 16」に入れます。表示されている「Databases」→「postgres」はインストール時にデフォルトで作成されるDBになります（**図10.6**）。

図10.6 postgres

02 ユーザー（ロール）の作成

左側のツリービューで、「Login/Group Role」を選択し右クリック「Create」→「Login/Group Role」をクリックします（**図10.7**）。

図10.7 ユーザーの作成1

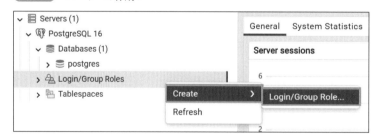

タブ「General」でName項目に「springuser」というユーザー名を記述します（**図10.8**）。タブを切り替えながら必要な設定を行います。

図10.8 名前

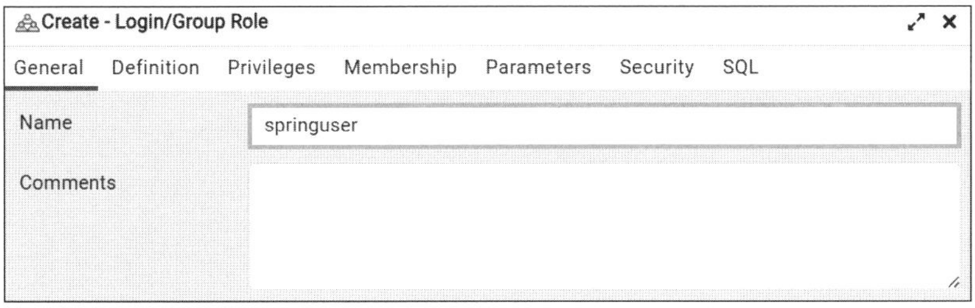

タブ「Definition」でPassword項目に任意のパスワードを記述します。本書では「p@ss」という
パスワードを記述します（**図10.9**）。

図10.9 Definitionタグ

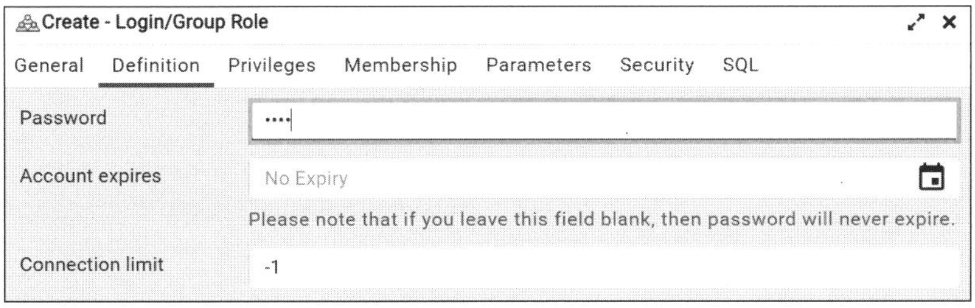

Definitionタグの項目説明を**表10.4**に示します。

表10.4 Definitionタグ

項目	説明
Password	データベースにログインする際に使用するパスワードを設定します
Account expires	この項目は、ロール（ユーザーまたはグループ）がデータベースにアクセスできる期限を設定するためのものです。設定した日付が来ると、そのロールはデータベースにログインできなくなります。期限を設定しない場合は、フィールドを空白にします
Connection limit	この項目は、特定のユーザーが同時に確立できるデータベース接続の最大数を設定します。数値を5に設定した場合、ユーザーは同時に最大5つの接続を確立できます。無制限にする場合は、このフィールドに-1を設定します

タブ「Privileges」でCan login項目とSuperuser項目をONにして、**図10.10**のように設定します。

図10.10 Privilegesタグ

```
⚐ Group Role - springuser

General    Definition    Privileges    Membership    Parameters    Security    SQL

Can login?                    ⬤━

Superuser?                    ⬤━

Create roles?                 ⬤━

Create databases?             ⬤━

Inherit rights from the       ⬤━
parent roles?

Can initiate                  ━⚪
streaming replication
and backups?
```

Privilegesタグの項目の説明を**表10.5**に示します。

表10.5 Privilegesタグ

項目	説明
Can login?	このオプションが有効になっている場合、このユーザーはPostgreSQLデータベースにログインできます
Superuser?	スーパーユーザーは、すべてのデータベースとユーザーに対して全権限を持ちます。通常は管理者のみがこの権限を持つべきです
Create roles?	このオプションが有効になっている場合、このユーザーは新しいロール（ユーザー）を作成できます
Create databases?	このオプションが有効になっている場合、このユーザーは新しいデータベースを作成できます
Inherit rights from the parent roles?	このオプションが有効になっている場合、このユーザーは親ロールから権限を継承します
Can initiate streaming replication and backups?	このオプションが有効になっている場合、このユーザーはストリーミングレプリケーションとバックアップを開始できます

設定が完了しましたので、画面右下の「Save」ボタンをクリックしてユーザーを作成します（**図10.11**）。

図10.11 ユーザーの作成

「Login/Group Role」の中に「springuser」が作成されたことを確認できます（**図10.12**）。

図10.12 ユーザーの作成完了

03 DBの作成

左側のツリービューで、「Databases」を選択し右クリック「Create」→「Database」をクリックします（**図10.13**）。

図10.13 データベースの作成

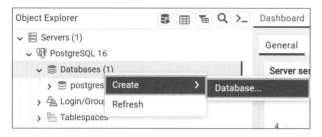

タブ「General」でDatabase項目に「springdb」、Owner項目に「springuser」を設定し、画面右下の「Save」ボタンをクリックします（**図10.14**）。

図10.14 データベースの作成2

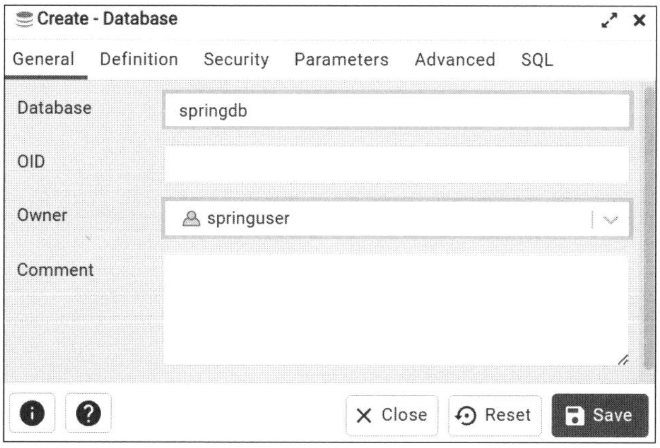

> 🗄 **Create - Database**   ↗ ✕
>
> General Definition Security Parameters Advanced SQL
>
> Database | springdb
> OID |
> Owner | 👤 springuser | ∨
> Comment |
>
> ⓘ ❓   ✕ Close   ↻ Reset   💾 Save

「Databases」の中に「springdb」が作成されたことを確認できます（**図10.15**）。

図10.15　データベースの作成完了

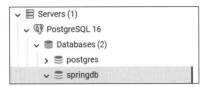

「ToDoアプリ」用のデータベース「springdb」が作成できましたので、次はプロジェクトを作成しましょう。

10-2-2　プロジェクトの作成

「Spring Initializr」を使用して、Springプロジェクトを作成します。作成後、IDE（今回はeclipse）にプロジェクトを取り込みます。今まではeclipseから「Springスターター・プロジェクト」経由で「Spring Initializr」を使用していましたが、直接「Spring Initializr」を利用することでIDEに縛られることなくSpringプロジェクトの開発が行えます。

☐ Spring Initializrとは？

Spring Bootプロジェクトを簡単に始めるためのツールです。Webサイトを通じて、新規Spring Bootプロジェクトの雛形（テンプレート）を生成できます。
使い方を以下に記述します。

① Spring Initializr（https://start.spring.io/）のWebサイトにアクセスします（図10.16）。

図10.16　Spring Initializr

② プロジェクトの設定（プログラミング言語、Spring Bootのバージョン、プロジェクトのメタデータなど）を選択します[注2]。以下に項目の説明（表10.6）と今回の設定を記述しています（図10.17）。

（注2）　メタデータとは、データに関するデータのことです。簡単に言えば、メタデータは「データの説明書」のようなものです。

表10.6 Project Metadata

項目	説明	今回の設定
Project	プロジェクトのタイプを選びます。これはプロジェクトの依存関係を管理するためのツールです	Gradle - Groovy
Language	プログラミング言語を選びます	Java
Spring Boot	Spring Bootのバージョンを選びます。「SNAPSHOT」は、開発中の最新の状態を示しますが、頻繁に更新され、安定していません。「Mx（xは任意の数値）」は比較的安定していますが、まだ正式リリース前のバージョンです。そのため通常は安定版を選びます	3.2.3※
Group	通常は組織名や会社名が入ります。Javaのパッケージ名としても使用されます	com.example
Artifact	プロジェクトの名前です。この名前がそのまま生成されるJARファイルやWARファイルの名前になります	webapp
Name	プロジェクトの表示名です。通常はArtifactと同じにします	webapp
Description	プロジェクトの説明です	任意
Package name	Javaのパッケージ名です。通常は「Group＋Artifact」から自動生成されます	com.example.webapp
Packaging	「Jar」：Javaのスタンドアロンアプリケーションを作成します。「War」：Webアプリケーションを作成します。外部のWebサーバーにデプロイする場合に選びます	Jar
Java	使用するJavaのバージョンを選びます。通常は安定版を選びます	21

※ 時期によってバージョンは変わりますが3.x.xなら問題ありません。

図10.17 Spring Initializr2

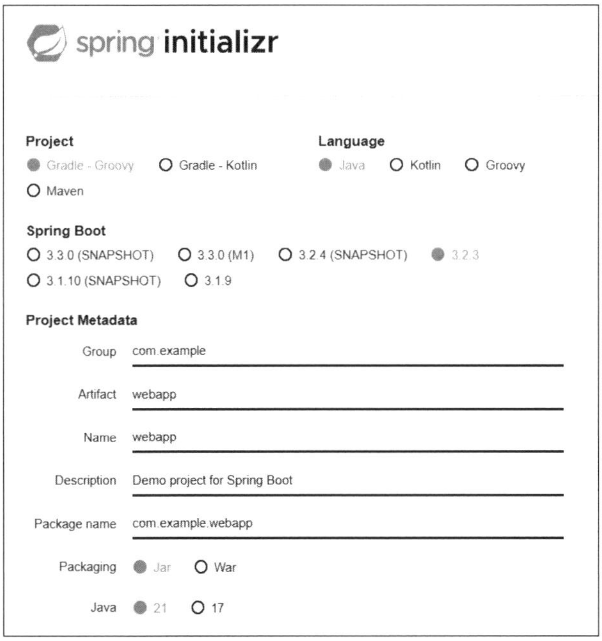

③ 必要な依存関係（Spring Boot DevTools、Lombok、Spring Web、MyBatis Framework、Thymeleaf、PostgreSQL Driver）を選びます（**図10.18**）。「ADD DEPENDENCIES」ボタンをクリックして選択してください。

図10.18　Spring Initializr3

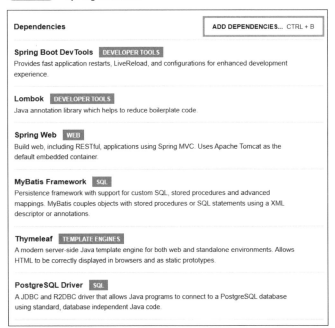

今回初めて使用する「PostgreSQL Driver」はアプリケーションとPostgreSQLデータベースを繋ぐ架け橋のようなツールです。

④ 「GENERATE」ボタンをクリックしてプロジェクトを生成します（**図10.19**）。

図10.19　Spring Initializr4

⑤ ダウンロードしたプロジェクトZIPファイルを解凍し、自分が使用したいIDEで開きます。

再度の説明になりますが、今まで作成してきたSpring Bootプロジェクトは、eclipseから「Springスターター・プロジェクト」経由で「Spring Initializr」を使用していました。

Webサイトを通じて、「Spring Initializr」を使用する主な利点は、作成されたプロジェクトを好きなIDEで取り込めることです。今回はeclipseを利用していますが、IntelliJ IDEAやVisual Studio Codeなどご自身の好きなIDEを利用して開発が行えます。

eclipseへのインポート

eclipseを開いて、ヘッダーにある「ファイル」→「インポート」を選択し、表示される「インポート」画面にて、「既存のGradleプロジェクト」を選択し、「次へ」ボタンをクリックします（**図10.20**）。

図10.20 インポート

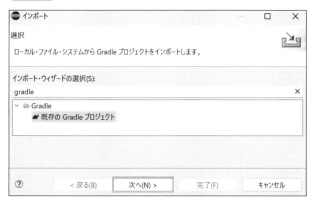

プロジェクト・ルート・ディレクトリーに先ほど解凍したプロジェクトフォルダを設定し、「完了」ボタンをクリック（**図10.21**）すると、プロジェクトが作成されます（**図10.22**）。

図10.21 インポート2

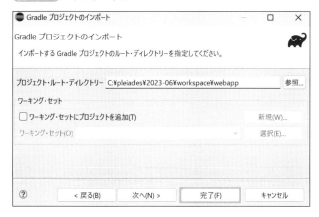

図10.22 インポート3

10-2-3 application.propertiesの設定

プロジェクト内にある「application.properties」にDBへの接続やMyBatisのログ表示などを設定し、「schema.sql」と「data.sql」を用意し、DBに対してテーブルの作成、ダミーデータの登録を実施します。

application.propertiesへの記述

「src/main/resources」フォルダにある「application.properties」に**リスト 10.1** を記述します。

リスト 10.1 application.properties

```
001:    # DataSource
002:    # Postgresのドライバーの設定
003:    spring.datasource.driver-class-name=org.postgresql.Driver
004:    # データベースへの接続URLを設定
005:    spring.datasource.url=jdbc:postgresql://localhost:5432/springdb
006:    # データベース接続のためのユーザー名を設定
007:    spring.datasource.username=springuser
008:    # データベース接続のためのパスワードを設定
009:    spring.datasource.password=p@ss
010:    # SQLスクリプトの初期化モードを設定
011:    spring.sql.init.mode=always
012:    # Log表示設定
013:    logging.level.com.example.webapp.repository=DEBUG
```

11行目「spring.sql.init.mode=always」は、Spring Boot アプリケーションが起動するたびに SQLスクリプトを実行するようにする設定です。この設定は組み込みデータベース（例：H2, HSQLDB, Derbyなど）ではデフォルトで有効ですが、外部データベース（PostgreSQL, MySQL, Oracleなど）を使用する場合は明示的に設定を記述する必要があります。ここまでの書籍の説明ではデータベースはH2データベースを使用していたため、この記述が必要ありませんでした。

13行目「logging.level.com.example.webapp.repository=DEBUG」は、com.example.webapp. repositoryパッケージ内のクラスに対するログ出力レベルを DEBUG に設定しています。MyBatis を使用する場合、「logging.level」を DEBUG に設定すると、実行される SQL クエリやパラメータ などの詳細な情報がログに出力されます。「logging.level」の後ろの「com.example.webapp. repository」はアプリケーション内の特定のパッケージを指し、このパッケージに属するクラス のログ出力を制御します。

ログレベルには「DEBUG, INFO, WARN, ERROR など」があり、それぞれ異なる詳細度のログ情報を提供します。

今回設定する「DEBUG」レベルは開発中に詳細な情報を得るために使用され、アプリケーションの動作を細かく追跡するのに役立ちます。

schema.sqlの作成

「src/main/resources」フォルダを選択し、右クリック→「新規」→「ファイル」を選択します。ファイル名「schema.sql」を作成し、**リスト 10.2** の内容を記述します。

リスト10.2 schema.sql

```
001:  -- テーブルが存在したら削除する
002:  DROP TABLE IF EXISTS todos;
003:
004:  -- テーブルの作成
005:  CREATE TABLE todos (
006:      -- id（することID）：主キー
007:      id serial PRIMARY KEY,
008:      -- todo（すること）：NULL不許可
009:      todo varchar(255) NOT NULL,
010:      -- detail（説明）
011:      detail text,
012:      -- created_at（作成日）
013:      created_at timestamp without time zone,
014:      -- updated_at（更新日）
015:      updated_at timestamp without time zone
016:  );
```

　2行目の「DROP TABLE IF EXISTS」は、指定されたテーブルがデータベースに存在する場合、そのテーブルを削除するSQLコマンドです。アプリケーションを起動する度にテーブルを削除して、再構築を行い、ダミーデータを登録する方法で今回アプリケーションを作成しようと思うため、このような記述をしています。

data.sqlの作成

　「src/main/resources」フォルダを選択し、右クリック→「新規」→「ファイル」を選択します。ファイル名「data.sql」を作成し、**リスト10.3**の内容を記述します。

リスト10.3 data.sql

```
001:  -- 1件目のデータ登録
002:  INSERT INTO todos (todo, detail, created_at, updated_at)
003:  VALUES
004:  ('買い物', 'スーパーで食材を購入する', CURRENT_TIMESTAMP, CURRENT_TIMESTAMP);
005:  -- 2件目のデータ登録
006:  INSERT INTO todos (todo, detail, created_at, updated_at)
007:  VALUES
008:  ('図書館に行く', '本を借りる', CURRENT_TIMESTAMP, CURRENT_TIMESTAMP);
009:  -- 3件目のデータ登録
010:  INSERT INTO todos (todo, detail, created_at, updated_at)
011:  VALUES
012:  ('ジムに行く', '運動する', CURRENT_TIMESTAMP, CURRENT_TIMESTAMP);
```

　schema.sqlで作成したテーブルに対して、ダミーデータを登録するINSERT文を記述しています。

10

アプリの作成準備を行おう

279

10-2-4　レイヤ化

■ レイヤ

「3-2-2　5つのルール」でアプリケーションを作成する時、レイヤで分ける事が推奨されていることを説明しました。今回作成するWebアプリケーションは次の3レイヤで分割して開発します。

- アプリケーション層
- ドメイン層
- インフラストラクチャ層

　アプリケーション層、ドメイン層、インフラストラクチャ層はEric Evansの「DomainDriven Design：ドメイン駆動設計」略して「DDD」で説明されている用語です。本書では用語は使用していますが、「DDD」の考えにのっとっているわけではありません。「5-1　MVCモデルについて知ろう」で説明した「MVCモデル」ですが、業務機能や扱うデータ要件が複雑になるほど「業務処理内容を記述する」Model（モデル：M）の担当する部分が多くなってしまい「Modelの肥大化」という問題が発生してしまいます。「MVCモデル」の設計上、「Model」が担う役割自体を減らすことはできないので「Model」の中の「役割分担」をより明確に、アプリケーションのレイヤ構成を当てはめて、肥大化するModelを分割しようというのがレイヤ化の考え方になります。

　各レイヤには、図10.23に示すコンポーネント（部品）が含まれます。

　レイヤについて表10.7に示します。言い回しが少し難しく感じる場合は、「3章　Spring Frameworkのコア機能（DI）を知ろう」の表3.1を参照してから再度参照頂くと理解が深まると思います。

表10.7　レイヤの説明

レイヤ	役割
アプリケーション層	「クライアント」から受取った「リクエスト」を制御し、「ドメイン層」を使ってアプリケーションを制御します
ドメイン層	「Domain Object」に対するアプリケーションの「業務処理」を実行します
インフラストラクチャ層	「Domain Object」に対する「CRUD操作」を行い、データ永続化（データの保存）を担当します

　レイヤ化の厳格なルールとして、「アプリケーション層」も「インフラストラクチャ層」も「ドメイン層」に依存しますが、「ドメイン層」は他の層に依存してはいけないというルールがあります。

　依存とは簡単に言うと「import」して使用することです。つまり「ドメイン層」の変更によって「アプリケーション層」に変更が生じることは許可されますが、「アプリケーション層」の変更によって「ドメイン層」に変更が生じることは許可されません。簡単に言うと「ドメイン層」は「ア

図10.23 レイヤ

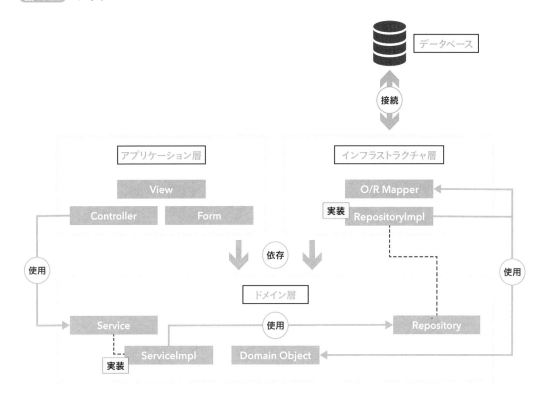

プリケーション層」、「インフラストラクチャ層」のコンポーネントを「import」して使用していないので、「アプリケーション層」、「インフラストラクチャ層」の変更に影響されないということです（**図10.24**）。

図10.24 ドメイン層

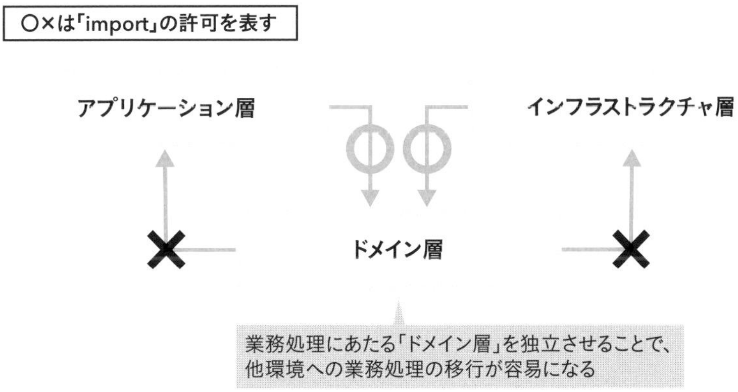

○×は「import」の許可を表す

アプリケーション層　　　　　　　　　　インフラストラクチャ層

ドメイン層

業務処理にあたる「ドメイン層」を独立させることで、
他環境への業務処理の移行が容易になる

レイヤ別コンポーネントの説明

　アプリケーション層、ドメイン層、インフラストラクチャ層のレイヤ別に
コンポーネントの説明を**表10.8**〜**表10.10**に示します。

表10.8　アプリケーション層のコンポーネント

コンポーネント	説明
Controller	「リクエスト」を処理にマッピングし、結果を「View」に渡すという制御を行います。主処理は「Controller」内では行わず「ドメイン層」の「Service」を呼び出します
Form	「画面のフォーム」を表現します。画面からの入力値を「Controller」に渡す場合や、「Controller」から画面に結果を出力する際などに使用します。「ドメイン層」が「アプリケーション層」に依存しないように、「Form」から「Domain Object」への変換や「Domain Object」から「Form」への変換は、「アプリケーション層」で行う必要があります
View	簡単に言うと「見た目」を表す部分です

表10.9　ドメイン層のコンポーネント

コンポーネント	説明
Domain Object	業務処理を実行する上で必要な概念やルールを表現する広い概念です（本書では、エンティティがDomain Objectに対応します）
Service	「Service」は「インターフェース」です。「業務処理」の定義のみ記述します（実装内容は記述しません）
ServiceImpl	「Service」インターフェースの実装クラスです。アプリケーションの「業務処理」そのものを表します
Repository	「Repository」は「インターフェース」です。「データベースへのデータ操作」CRUD処理などの定義を記述します（実装内容は記述しません）

表10.10　インフラストラクチャ層のコンポーネント

コンポーネント	説明
RepositoryImpl	「ドメイン層」で定めた「Repository」インターフェースの実装クラスです。「O/R Mapper」が「Repository」の実装クラスを作成する場合もあります
O/R Mapper	「O：オブジェクト」と「R：リレーショナルデータベース」とのデータをマッピングするツールです

10-3 テーブルとデータを作成しよう

作成した「application.properties」、「schema.sql」、「data.sql」を利用して、PostgreSQLにテーブルとダミーデータが登録されることを確認します。PostgreSQLの管理ツールであるpgadminの使用方法についても説明します。

10-3-1 アプリケーションの起動

eclipseの「Bootダッシュボード」で「webapp」を選択し、プロジェクトを起動します。

SpringBootプロジェクトでは、起動時に「application.properties」ファイルに記述された設定内容を参照します。設定内容から対象のデータベースがわかります。その後、対象のデータベースに対して順番に「src/main/resources」フォルダ配下の「schema.sql」からテーブルが作成され、「data.sql」からデータが登録されます（**図10.25**）。

図10.25 起動時の動き

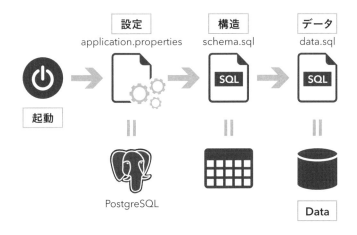

10-3-2 テーブルの確認

pgadminを起動して、DBが作成され、対象テーブルにテストデータが投入されたことを確認しましょう。Windows画面の左下の検索バーに「pgadmin」と入力し、象のアイコンが表示されたらダブルクリックしてpgadminを起動します。

「Servers」をクリックしてパスワードを求める画面が表示された場合は、インストール時に設

定したパスワードを入力します（本書ではpostgresというパスワードにしています）。

「PostgreSQL 16」→「Databases」→「springdb」が作成されていることを確認します（**図 10.26**）。

図10.26 対象データベース

「springdb」→「Schemas」→「public」→「Tables」→「todos」が作成されていることを確認します（**図10.27**）。

図10.27 テーブル

10-3-3 データの確認

「todos」テーブルを選択して、右クリック後「Scripts」→「SELECT Script」をクリックします（**図 10.28**）。

図10.28 SELECT Script

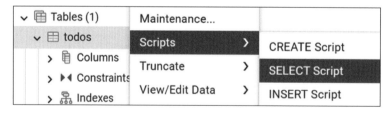

SQLを記述できる画面が、選択したテーブルに対するSELECT文が記述された状態で表示されます（**図10.29**）。

図10.29 Query Tool

「▶」をクリックすることで、選択したテーブルに登録されているデータが確認できます（**図10.30**）。

図10.30 登録データ

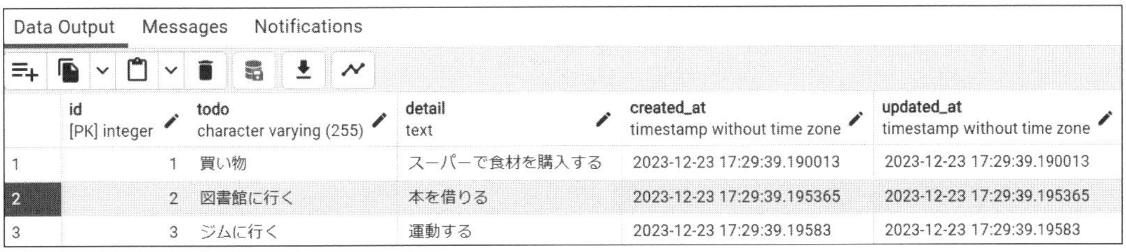

	id [PK] integer	todo character varying (255)	detail text	created_at timestamp without time zone	updated_at timestamp without time zone
1	1	買い物	スーパーで食材を購入する	2023-12-23 17:29:39.190013	2023-12-23 17:29:39.190013
2	2	図書館に行く	本を借りる	2023-12-23 17:29:39.195365	2023-12-23 17:29:39.195365
3	3	ジムに行く	運動する	2023-12-23 17:29:39.19583	2023-12-23 17:29:39.19583

作成コンポーネントの一覧

「ToDoアプリ」で作成する「コンポーネント」を以下に記述します（**表10.11**）。

表10.11 作成予定コンポーネント

No	層	コンポーネント	作成物名称	備考
1	アプリケーション層	View	―	見た目、画面です
2	アプリケーション層	Controller	ToDoController	制御の役割を担います
3	アプリケーション層	Form	ToDoForm	「画面のフォーム」を表現します
4	ドメイン層	Service	ToDoService	インターフェースで作成します
5	ドメイン層	ServiceImpl	ToDoServiceImpl	「Service」を実装します
6	ドメイン層	Domain Object	ToDo	ここでは「Entity」と同様です
7	ドメイン層	Repository	ToDoMapper	インターフェースで作成します（今回はMyBatisのマッパーファイルを使用する方法で作成するので名前は「××Mapper」とします）
8	インフラストラクチャ層	RepositoryImpl	―	O/Rマッパーにより自動作成されます
9	インフラストラクチャ層	O/R Mapper	―	MyBatis

アプリの作成準備を行おう

プロジェクトのテンプレート、データベース、テーブル、ダミーデータを作成し、アプリケーション開発の準備ができました。次章から Step by Step を心掛け「ToDo アプリ」の作成を開始しましょう。

　現在の進捗を**図10.31**に示します。

図10.31　ここまでの進捗

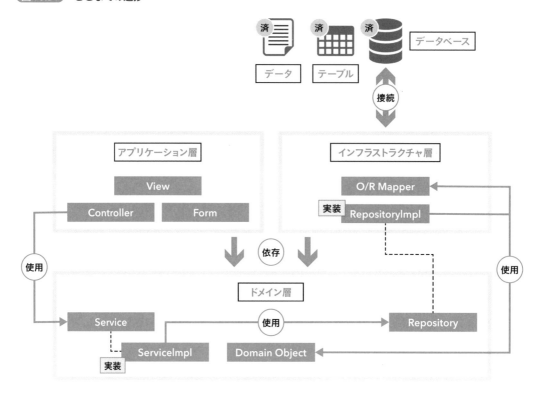

アプリを作成しよう
（データベース操作）

11-1 「Domain Object」と 「Repository」を作成しよう

現時点では、データベースのテーブル構造だけがわかっている状態です。色々な作成方法がありますが、ビギナーの方に私がお勧めする作成方法は、「使われる側」のクラスから作成する方法です。

11-1-1 今回作成するコンポーネント

「ToDoアプリ」で作成する「コンポーネント」の作成状況を表11.1に示します。表11.1の中のNo.6～No.9が今回作成する部分です。

表11.1 作成予定コンポーネント

No	層	コンポーネント	作成物名称	備考
1	アプリケーション層	View	—	見た目、画面です
2	アプリケーション層	Controller	ToDoController	制御の役割を担います
3	アプリケーション層	Form	ToDoForm	「画面のフォーム」を表現します
4	ドメイン層	Service	ToDoService	インターフェースで作成します
5	ドメイン層	ServiceImpl	ToDoServiceImpl	「Service」を実装します
6	ドメイン層	Domain Object	ToDo	ここでは「Entity」と同様です
7	ドメイン層	Repository	ToDoMapper	インターフェースで作成します（今回はMyBatisのマッパーファイルを使用する方法で作成するので名前は「××Mapper」とします）
8	インフラストラクチャ層	RepositoryImpl	—	O/Rマッパーにより自動作成されます
9	インフラストラクチャ層	O/R Mapper	—	MyBatis

11-1-2 Domain Object：エンティティの作成

テーブル構造がわかっていることから、まずはドメイン層のコンポーネント「Domain Object」を作成します。「Domain Object」は、業務処理を実行する上で必要な概念やルールを表現する広い概念であり、その中で「識別子が同一であれば同一」とみなすコンポーネントを「Entity：エンティティ」と呼びます。まずは「todos：すること」テーブルの1レコードに対応するエンティティ

を作成しましょう。

「webapp」の「src/main/java」フォルダを選択し、マウスを右クリックし、「新規」→「クラス」を選択します。クラス設定画面にて以下の「設定内容」を記述後、「完了」ボタンを押します。

○ 設定内容

パッケージ	com.example.webapp.entity
名前	ToDo

※ 他はデフォルト設定

「ToDo」クラスの内容は**リスト11.1**のようになります。

リスト11.1 **ToDo**

```
001:    package com.example.webapp.entity;
002:
003:    import java.time.LocalDateTime;
004:
005:    import lombok.AllArgsConstructor;
006:    import lombok.Data;
007:    import lombok.NoArgsConstructor;
008:
009:    /**
010:     * すること：エンティティ
011:     */
012:    @Data
013:    @NoArgsConstructor
014:    @AllArgsConstructor
015:    public class ToDo {
016:        /** することID */
017:        private Integer id;
018:        /** すること */
019:        private String todo;
020:        /** すること詳細 */
021:        private String detail;
022:        /** 作成日時 */
023:        private LocalDateTime createdAt;
024:        /** 更新日時 */
025:        private LocalDateTime updatedAt;
026:    }
```

「ToDo」クラスはschema.sqlで記述した「todos」テーブルの列に対応するフィールドを持った「Entity」です。簡単に言うと「todos」テーブルの1行に対応するクラスです。

今回作成するアプリケーションでは、O/Rマッパー「MyBatis」を使用します。MyBatisは、結果データをJavaオブジェクトにマッピングする際に、そのオブジェクトのデフォルトコンスト

ラクタ（引数なしのコンストラクタ）を使用します。したがって、結果データを格納するための
Javaオブジェクト（Entity）は、デフォルトコンストラクタを持つ必要があります。

12行目「@Data」をクラスに付与することで、クラスに対して、ゲッターやセッター等の便利
なメソッドを自動的に生成します。

13行目「@NoArgsConstructor」をクラスに付与することで、デフォルトコンストラクタを自
動的に生成します。

14行目「@AllArgsConstructor」をクラスに付与することで、クラスのすべてのフィールドを引
数として持つコンストラクタを自動的に生成します。

上記3つのアノテーションはLombokのアノテーションです。

11-1-3 Repositoryの作成

「Repository」は「インターフェース」で作成します。「todos：すること」テーブルのデータ操
作メソッドを記述します（実装内容は記述しません）。「todos：すること」テーブル用の
Repositoryを作成します。「webapp」の「src/main/java」フォルダを選択し、マウスを右クリッ
クし、「新規」→「インターフェース」を選択します。インターフェース設定画面にて以下の「設定
内容」を記述後、「完了」ボタンを押します。

○ 設定内容

パッケージ	com.example.webapp.repository
名前	ToDoMapper

※ 他はデフォルト設定

「ToDoMapper」インターフェースの内容は**リスト11.2**のようになります。

リスト11.2　ToDoMapper

```
001:   package com.example.webapp.repository;
002:
003:   import java.util.List;
004:
005:   import org.apache.ibatis.annotations.Mapper;
006:   import org.apache.ibatis.annotations.Param;
007:
008:   import com.example.webapp.entity.ToDo;
009:
010:   /**
011:    * ToDo：リポジトリ
012:    */
013:   @Mapper
014:   public interface ToDoMapper {
015:
```

```
016:      /**
017:       * 全ての「すること」を取得します。
018:       */
019:      List<ToDo> selectAll();
020:
021:      /**
022:       * 指定されたIDに対応する「すること」を取得します。
023:       */
024:      ToDo selectById(@Param("id") Integer id);
025:
026:      /**
027:       * 「すること」を登録します。
028:       */
029:      void insert(ToDo toDo);
030:
031:      /**
032:       * 「すること」を更新します。
033:       */
034:      void update(ToDo toDo);
035:
036:      /**
037:       * 指定されたIDの「すること」を削除します。
038:       */
039:      void delete(@Param("id") Integer id);
040: }
```

　今回は「O/Rマッパー」にMyBatisを使用するため、13行目「@Mapper」をインターフェースに付与しています。「@Mapper」は、インターフェースがMyBatisの「マッパー」であることを示します。

　「マッパー」とは、Javaのオブジェクトとデータベースのテーブルの間のマッピングを定義するものです。

　24行目、39行目の「@Param」は、メソッドの引数に名前をつけて、後ほど作成するマッパーファイル内のSQLのプレースホルダと関連付けることができます。MyBatisでは、メソッドの引数が1つの場合、「@Param」は必須ではありませんが、明示的な名前を付与することで可読性を高めたい場合や将来的にメソッドが複数の引数を持つ可能性がある場合には、@Paramを使用します。

アプリを作成しよう（データベース操作）

11-2 「SQL」を考えよう

ここでは、**ToDo**アプリの機能である、一覧表示、詳細表示、登録、更新、削除で使用する**SQL**を作成していきます。

11-2-1 SQLの作成

Repositoryインターフェースに対応するマッパーファイルの作成前に、pgadminを使用して作成するSQLの動作確認を実施したいと思います。

プログラムを作成する際に「ステップ・バイ・ステップ（一歩ずつ）」のアプローチの利点を以下に示します。

- 理解しやすい
  小さなステップで進めることで、各段階で何が行われているのかを理解しやすくなります。
- エラーの特定
  小さなステップでコードを書くと、エラーが出た場合にそのエラーがどこで発生したのかを特定しやすくなります。
- 修正が容易
  小さなステップで進めていれば、必要な修正も小さくて済みます。
- 複雑な問題の分解
  大きな問題を小さな部分に分けて考えることで、複雑な問題でも解決が容易になります。

それでは、作成した DB 上で対象のテーブルに対して SQL 文を実行しましょう。

pgadmin を起動後、「Databases」→「springdb」→「Schemas」→「public」→「Tables」→「todos」を選択し、ヘッダーにある「Tools」→「Query Tool」をクリックします（**図11.1**）。

図11.1 Query Tool

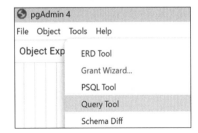

表示された「Query Tool」画面に、**リスト 11.3** を記述します。

リスト 11.3 SQL文

```
001:  -- メソッド：selectAllで使用
002:  SELECT id, todo, detail, created_at, updated_at FROM todos;
003:  -- メソッド：selectByIdで使用
004:  SELECT id, todo, detail, created_at, updated_at FROM todos WHERE id = 1;
005:  -- メソッド：insertで使用
006:  INSERT INTO todos (todo, detail, created_at, updated_at)
007:  VALUES
008:  ('チケット購入', '東京ドーム（新日本）', CURRENT_TIMESTAMP, CURRENT_TIMESTAMP);
009:  -- メソッド：updateで使用
010:  UPDATE todos SET todo='ショッピング', detail='デパートで散財する',
011:      updated_at=CURRENT_TIMESTAMP WHERE id = 1;
012:  -- メソッド：deleteで使用
013:  DELETE FROM todos WHERE id = 4;
```

上記の色文字部分が、後ほど動的に値を変更する部分になります。

「Query Tool」画面上で、実行したいSQLをマウスで選択状態にして、ヘッダーにある「▶」をクリックすることで、SQLが正常に動作していることが確認できます。

もう少し詳細に確認方法を説明すると例えば4行目の「SELECT」から始まるSQL文をマウスで選択状態にした後（**図11.2**）、ヘッダーにある「▶」をクリックすると、SQLの実行結果が画面下に表示されます（**図11.3**）。

図11.2 SQLの選択

```
Query    Query History
1   -- メソッド：selectAllで使用
2   SELECT id, todo, detail, created_at, updated_at FROM todos;
3   -- メソッド：selectByIdで使用
4   SELECT id, todo, detail, created_at, updated_at FROM todos WHERE id = 1;
5   -- メソッド：insertで使用
```

図11.3 SQLの結果

id [PK] integer	todo character varying (255)	detail text	created_at timestamp without time zone	updated_at timestamp without time zone
1	1　買い物	スーパーで食材を購入する	2024-03-02 17:33:25.317636	2024-03-02 17:33:25.317636

2行目（全件検索）、4行目（PKでの1件検索）、6行目〜8行目（登録処理）、10行目〜11行目（更新処理）、13行目（削除）に対して、上から順番にSQLを選択後、「▶」をクリックし実行後、各SQLに問題がないことを確認します。

各SQL文が正常に動くことを確認できました。次はこのSQLをマッパーファイルに書き込んでいきます。データをリセットするために、「webapp」プロジェクトを再起動しましょう。

11-3 「マッパーファイル」を 作成しよう

pgadmin上で作成したSQLが、無事動くことを確認できました。マッパーファイルに
確認したSQLを記述後、「Repositoryインターフェース」の「メソッド」と紐づけを行い、
MyBatisに「Repositoryインターフェース」の実装クラスを作成してもらいましょう。

11-3-1　マッパーファイルの作成

　「webapp」の「src/main/resources」フォルダを選択し、マウスを右クリックし、「新規」→「そ
の他」を選択します。ウィザード選択画面にて、ウィザードに「mybatis」と入力し表示される
「MyBatis XML Mapper」を選択後、「次へ」ボタンをクリックします。

　MyBatis XMLマッパー画面にて以下の「設定内容」を記述後、「完了」ボタンを押します（**図11.4**）。

○ **設定内容**

親フォルダを入力または選択	webapp/src/main/resources/com/example/webapp/repository
ファイル名	ToDoMapper

※ 他はデフォルト設定

図11.4　マッパーファイル

　マッパーファイルの作成ルールとして、「src/main/resources」フォルダ配下にRepositoryイン
ターフェースのパッケージと同じ階層のフォルダを作成し、「Repositoryインターフェース
名.xml」というファイル名で定義します。

　「ToDoMapper」XMLファイルの内容は**リスト11.4**のようになります。エディタでは「ソース」
タブに切り替えてから、ソースコードの記述をお願いします。

リスト11.4　マッパーファイル

```xml
001: <?xml version="1.0" encoding="UTF-8"?>
002: <!DOCTYPE mapper PUBLIC "-//mybatis.org//DTD Mapper 3.0//EN" "http://mybatis.org/
     dtd/mybatis-3-mapper.dtd">
003: <mapper namespace="com.example.webapp.repository.ToDoMapper">
004:     <!-- 全件検索 -->
005:     <select id="selectAll" resultType="com.example.webapp.entity.ToDo">
006:         SELECT id, todo, detail, created_at as createdAt,
007:         updated_at as updatedAt FROM todos
008:     </select>
009:     <!-- 1件検索 -->
010:     <select id="selectById" resultType="com.example.webapp.entity.ToDo">
011:         SELECT id, todo, detail, created_at as createdAt,
012:         updated_at as updatedAt FROM todos WHERE id = #{id}
013:     </select>
014:     <!-- 登録 -->
015:     <insert id="insert">
016:         INSERT INTO todos (todo, detail, created_at, updated_at)
017:         VALUES
018:         (#{todo}, #{detail}, CURRENT_TIMESTAMP, CURRENT_TIMESTAMP)
019:     </insert>
020:     <!-- 更新 -->
021:     <update id="update">
022:         UPDATE todos SET todo = #{todo}, detail = #{detail},
023:         updated_at = CURRENT_TIMESTAMP WHERE id = #{id}
024:     </update>
025:     <!-- 削除 -->
026:     <delete id="delete">
027:         DELETE FROM todos WHERE id = #{id}
028:     </delete>
029: </mapper>
```

　5行目、10行目の「resultType」には「todos：すること」テーブルにあたるエンティティ「ToDo」
クラスをFQCNで設定します。これはSQLの結果を、どのJavaクラスにマッピングするかを指
定しています。FQCNで指定する「resultType」で指定したクラスの「フィールド」とSQL結果の
「ヘッダー名」が一致することで、「結果データ」を「フィールド」にバインドします。

　「#{ フィールド名 }」はMyBatisの「プレースホルダ」です。先ほどpgadminで実行したSQLで
動的に値を修正したい箇所はプレースホルダに変更します。

15行目、21行目、26行目は「マッパーインターフェース」のメソッドの引数が1つだけの場合、parameterTypeを省略することができるため、省略しています。

MyBatisについての詳細は「9-1 MyBatisについて知ろう」で説明しています。もし上記説明でわからない場合は、お手数ですが参照をお願いします。

11-3-2 ここまでの動作確認

「webapp」の「src/main/java」フォルダ配下のパッケージ「com.example.webapp」、クラス「WebappApplication」を**リスト11.5**のように修正します。

リスト11.5 WebappApplication

```
001:    package com.example.webapp;
002:
003:    import org.springframework.boot.SpringApplication;
004:    import org.springframework.boot.autoconfigure.SpringBootApplication;
005:
006:    import com.example.webapp.entity.ToDo;
007:    import com.example.webapp.repository.ToDoMapper;
008:
009:    import lombok.RequiredArgsConstructor;
010:
011:    @SpringBootApplication
012:    @RequiredArgsConstructor
013:    public class WebappApplication {
014:
015:        public static void main(String[] args) {
016:            SpringApplication.run(WebappApplication.class, args)
017:                .getBean(WebappApplication.class).exe();
018:        }
019:
020:        /** DI */
021:        private final ToDoMapper mapper;
022:
023:        public void exe() {
024:            // ★全件検索
025:            System.out.println("=== 全件検索 ===");
026:            for (ToDo row : mapper.selectAll()) {
027:                System.out.println(row);
028:            }
029:            // ★1件検索
030:            System.out.println("=== 1件検索 ===");
031:            System.out.println(mapper.selectById(1));
032:            // ★登録
033:            // 登録データ作成
034:            ToDo todo = new ToDo();
```

```
035:              todo.setTodo("リポジトリのテスト");
036:              todo.setDetail("DBへの登録処理");
037:              mapper.insert(todo);
038:              System.out.println("=== 登録確認 ===");
039:              System.out.println(mapper.selectById(4));
040:              // ★更新
041:              ToDo target = mapper.selectById(4);
042:              target.setTodo("リポジトリのテスト：更新");
043:              target.setDetail("DBへの更新処理");
044:              mapper.update(target);
045:              System.out.println("=== 更新確認 ===");
046:              System.out.println(mapper.selectById(4));
047:              // ★削除
048:              mapper.delete(4);
049:              System.out.println("=== 削除確認 ===");
050:              for (ToDo row : mapper.selectAll()) {
051:                  System.out.println(row);
052:              }
053:          }
054:      }
```

　12行目「@RequiredArgsConstructor」と21行目「private final ToDoMapper mapper;」からMy Batisが実装してくれるクラスをインターフェース「ToDoMapper」にインジェクションしています。Lombokアノテーション「@RequiredArgsConstructor」はfinal修飾子が付与されているフィールドを引数に持つコンストラクタを生成します。Springではコンストラクタが1つの場合は、「@Autowired」を省略できるため、裏では「コンストラクタインジェクション」が実施されています。

　17行目「.getBean(WebappApplication.class).exe();」で23行目の「exe()」メソッドを実行しています。

　「exe()」メソッド内では26行目「mapper.selectAll()」で全件検索を実施、31行目「mapper.selectById(1)」で1件検索を実施（ここではID：1に対応するデータを検索）、37行目「mapper.insert(todo);」で登録処理を実施（自動採番が発行されID：4のデータが登録される）、44行目「mapper.update(target);」で更新処理を実施（ここではID：4に対応するデータを一度取得して、その後データを更新）、48行目「mapper.delete(4);」で削除処理を実施（ここではID：4に対応するデータを削除）しています。

　ここまで作成したプログラムの動作確認を実施します。「WebappApplication」クラスを選択し、右クリックして表示されるダイアログで、「実行」＞「Spring Bootアプリケーション」をクリックしてアプリケーションを起動します（図11.5）。

図11.5 Spring Boot アプリケーション

📄	1 サーバーで実行	Alt+Shift+X, R
🗐	2 Java アプリケーション	Alt+Shift+X, J
🐭	3 Spring Boot アプリケーション	Alt+Shift+X, B
	実行 の構成(N)...	

　「Bootダッシュボード」を使ってプログラムを実行すると、「WebappApplication」クラスは起動します。しかし、ここではよりわかりやすくするために、直接自分で修正した「WebappApplication」クラスを選択して実行する方法を採用しています。

　起動クラスである「WebappApplication」を書き換えて、MyBatisを利用したデータベースへのアクセスを確認できました。

　application.propertiesに設定した「logging.level.com.example.webapp.repository=DEBUG」により、MyBatisが裏で実行しているSQLをターミナルで確認することができます。通常の開発ではJavaで作成したクラスの動作確認は「JUnit」と呼ばれるテストフレームワークを使用して、単体テストを行います。本書はビギナーの方を対象としているため上記のような方法を実施させていただきました。現時点の進捗を**図11.6**に示します。

図11.6 ここまでの進捗

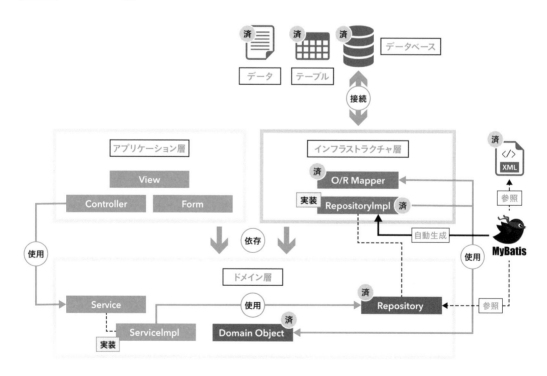

　次は、ドメイン層のインターフェース「Service」と実装クラス「ServiceImpl」を作成しましょう。

第 **12** 章

アプリを作成しよう
（サービス処理）

12-1　「Service」と「ServiceImpl」を作成しよう

12-2　トランザクション管理を知ろう

12-1 「Service」と「Service Impl」を作成しよう

ドメイン層の「Service」インターフェースと「ServiceImpl」実装クラスは、業務処理（提供するサービス）を担うため、大変重要な部分になります。

12-1-1 今回作成するコンポーネント

「ToDoアプリ」で作成する「コンポーネント」の作成状況を表12.1に示します。枠で囲まれた部分が今回作成する部分です。

表12.1 作成予定コンポーネント

No	層	コンポーネント	作成物名称	備考
1	アプリケーション層	View	—	見た目、画面です
2	アプリケーション層	Controller	ToDoController	制御の役割を担います
3	アプリケーション層	Form	ToDoForm	「画面のフォーム」を表現します
4	ドメイン層	Service	ToDoService	インターフェースで作成します
5	ドメイン層	ServiceImpl	ToDoServiceImpl	「Service」を実装します
6	ドメイン層	Domain Object	ToDo	ここでは「Entity」と同様です
7	ドメイン層	Repository	ToDoMapper	インターフェースで作成します（今回はMyBatisのマッパーファイルを使用する方法で作成するので名前は「××Mapper」とします）
8	インフラストラクチャ層	RepositoryImpl	—	O/Rマッパーにより自動作成されます
9	インフラストラクチャ層	O/R Mapper	—	MyBatis

12-1-2 Serviceの作成

まずはインターフェース「Service」を作成します。ここで記述する「業務処理（提供するサービス）」は「することの管理処理（CRUD）」となります（実装内容は記述しません）。

「webapp」の「src/main/java」フォルダを選択し、マウスを右クリックし、「新規」→「インターフェース」を選択します。インターフェース設定画面にて以下の「設定内容」を記述後、「完了」ボタンを押します。

○ 設定内容

パッケージ	com.example.webapp.service
名前	ToDoService

※ 他はデフォルト設定

　「ToDoService」クラスの内容は**リスト12.1**のようになります。「すること」のCRUD処理のメソッド定義を記述しています。

リスト12.1　**ToDoService**

```
001:   package com.example.webapp.service;
002:
003:   import java.util.List;
004:
005:   import com.example.webapp.entity.ToDo;
006:
007:   /**
008:    * ToDo：サービス
009:    */
010:   public interface ToDoService {
011:
012:       /**
013:        * 全「すること」を検索します。
014:        */
015:       List<ToDo> findAllToDo();
016:
017:       /**
018:        * 指定されたIDの「すること」を検索します。
019:        */
020:       ToDo findByIdToDo(Integer id);
021:
022:       /**
023:        * 「すること」を新規登録します。
024:        */
025:       void insertToDo(ToDo toDo);
026:
027:       /**
028:        * 「すること」を更新します。
029:        */
030:       void updateToDo(ToDo toDo);
031:
032:       /**
033:        * 指定されたIDの「すること」を削除します。
034:        */
035:       void deleteToDo(Integer id);
036:   }
```

12-1-3 ServiceImpl の作成

次に実装クラス「ServiceImpl」を作成します。

「webapp」の「src/main/java」フォルダを選択し、マウスを右クリックし、「新規」→「クラス」を選択します。インターフェース設定画面にて以下の「設定内容」を記述後、「完了」ボタンを押します。

○ 設定内容

パッケージ	com.example.webapp.service.impl
名前	ToDoServiceImpl
インターフェース	com.example.webapp.service.ToDoService

※ 他はデフォルト設定

「ToDoServiceImpl」クラスの内容は**リスト12.2**のようになります。

リスト12.2 **ToDoServiceImpl**

```
001:  package com.example.webapp.service.impl;
002:
003:  import java.util.List;
004:
005:  import org.springframework.stereotype.Service;
006:  import org.springframework.transaction.annotation.Transactional;
007:
008:  import com.example.webapp.entity.ToDo;
009:  import com.example.webapp.repository.ToDoMapper;
010:  import com.example.webapp.service.ToDoService;
011:
012:  import lombok.RequiredArgsConstructor;
013:
014:  /**
015:   * ToDo：サービス実装クラス
016:   */
017:  @Service
018:  @Transactional
019:  @RequiredArgsConstructor
020:  public class ToDoServiceImpl implements ToDoService {
021:
022:      /** DI */
023:      private final ToDoMapper toDoMapper;
024:
025:      @Override
026:      public List<ToDo> findAllToDo() {
027:          return toDoMapper.selectAll();
028:      }
```

```
029:
030:        @Override
031:        public ToDo findByIdToDo(Integer id) {
032:            return toDoMapper.selectById(id);
033:        }
034:
035:        @Override
036:        public void insertToDo(ToDo toDo) {
037:            toDoMapper.insert(toDo);
038:        }
039:
040:        @Override
041:        public void updateToDo(ToDo toDo) {
042:            toDoMapper.update(toDo);
043:        }
044:
045:
046:        @Override
047:        public void deleteToDo(Integer id) {
048:            toDoMapper.delete(id);
049:        }
050:    }
```

オーバーライドしたメソッド処理は、全て「ToDoMapper」に処理を委譲します。

17行目の「@Service」をクラスに付与してインスタンス生成対象にします。

18行目「@Transactional」がここでの重要部分になります。

@Transactional

「@Transactional」は、Springが提供するアノテーションです。これをメソッドやクラスに付与することで、そのメソッドやクラス内の処理がトランザクション管理されます。トランザクション管理について詳細に説明します。

12-2 トランザクション管理を知ろう

ここでは「4-3-1 トランザクション管理」で軽く説明した「@Transactional」アノテーションについて使用方法を含め説明します。

12-2-1 トランザクションとは？

「トランザクション」とはデータベースやコンピュータプログラムで使われる概念で、複数の処理を1つにまとめたものです（**図12.1**）。トランザクションは成功か失敗のどちらかしかありません。

処理の途中で失敗した場合はトランザクションの実行前に戻ります。このことを「ロールバック」といいます。

処理がすべて成功した場合は処理が確定されます。このことを「コミット」といいます。トランザクションには中途半端に「成功」する、中途半端に「失敗」するなどはありません。

図12.1 トランザクション

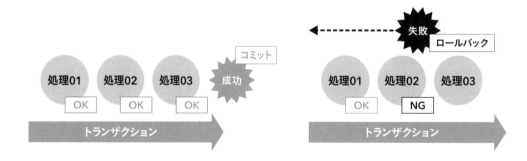

12-2-2 トランザクション境界とは？

トランザクションは開始と終了を明示的に指定する必要があり、開始から終了までの範囲を「トランザクション境界」といいます（**図12.2**）。結論から言うとトランザクション境界は「Service」の実装クラスに設定します。

MVCモデルにおいて「サービス処理」は「Model」に属します。「Service」は「Model」の一部であり、「サービス処理」の入口（開始）と捉えることができます。このことからトランザクション境界は「Service」の実装クラスに指定します。

図12.2　トランザクション境界

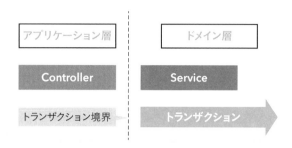

12-2-3　トランザクションの管理方法

「トランザクションの管理方法」は「Spring Framework」から提供されている「@Transactional」アノテーションを使用します。

　使用方法は簡単です。クラスやメソッドに「@Transactional」アノテーションを付与することでトランザクションが管理され、トランザクションの「開始、コミット、ロールバック」が自動で行われます。

　ロールバック発生条件は、非検査例外（RuntimeException及びそのサブクラス）が発生した場合です。検査例外（Exception及び、そのサブクラスでRuntimeException以外）が発生した場合は、「ロールバック」されず「コミット」されますので注意してください。

クラスに@Transactionalを付与する

　クラスに「@Transactional」を付与することで、クラス内の「すべてのメソッド」にトランザクション制御をかけることができます（@Transactionalアノテーションは「public」メソッドのみに適用されます）。

　クラスに@Transactionalを付与する場合の適用範囲とメリット・デメリットを以下に示します。

- 適用範囲

　クラスに付与した場合、そのクラス内の全てのメソッドがトランザクション管理されます。
- メリット

　クラス内の全メソッドに一括でトランザクション管理を適用できるため、コードがシンプルになります。
- デメリット

　トランザクションを必要としないメソッドまでトランザクション管理が適用される可能性があります。これはパフォーマンスに影響を与える可能性があります。

メソッドに@Transactionalを付与する

メソッドに「@Transactional」を付与することで、メソッドが呼ばれたタイミング（正確にはメソッド開始前）にトランザクションが開始され、対象のメソッドが正常終了した場合は「コミット」、例外で終了した場合は「ロールバック」されます。

メソッドに@Transactionalを付与する場合の適用範囲・メリット・デメリットを以下に示します。

- 適用範囲
  メソッドに付与した場合、そのメソッドだけがトランザクション管理されます。
- メリット
  個々のメソッドに対してトランザクションの有無をコントロールできるため、柔軟性があります。
- デメリット
  クラス内の多くのメソッドに個別にアノテーションを付ける必要があるため、コードが冗長になる可能性があります。

推奨方法はクラスに@Transactionalアノテーションを付与する方法です。「トランザクション境界」の設定が必要なのは更新処理（登録、更新、削除）を含むサービス処理だけですが、設定漏れによるバグを防ぐ事を目的として、クラスに@Transactionalアノテーションを付与することを推奨します。

いずれの方法でもアノテーションを付与しておくだけで自動的に「コミット・ロールバック」をしてくれるので、とても便利です。@Transactionalアノテーションは、裏でAOP（Aspect-Oriented Programming：アスペクト指向プログラミング）を利用しています。もしAOPとは何か曖昧な場合は「4章 Spring Frameworkのコア機能（AOP）を知ろう」を参照ください。

12-2-4 動作確認

「Repository」を作成した際に行った動作確認と同じ方法で、今回作成したサービス処理の動作確認も行います。これを実現するために、「WebappApplication」を修正して動作確認を実施します。

01 ここまでの動作確認

「webapp」の「src/main/java」フォルダ配下のパッケージ「com.example.webapp」、クラス「WebappApplication」を**リスト12.3**のように修正します。

リスト12.3 WebappApplication

```
001:  package com.example.webapp;
002:
003:  import org.springframework.boot.SpringApplication;
004:  import org.springframework.boot.autoconfigure.SpringBootApplication;
005:
006:  import com.example.webapp.entity.ToDo;
007:  import com.example.webapp.service.ToDoService;
008:
009:  import lombok.RequiredArgsConstructor;
010:
011:  @SpringBootApplication
012:  @RequiredArgsConstructor
013:  public class WebappApplication {
014:
015:      public static void main(String[] args) {
016:          SpringApplication.run(WebappApplication.class, args)
017:          .getBean(WebappApplication.class).exe();
018:      }
019:      /** DI */
020:      private final ToDoService service;
021:
022:      public void exe() {
023:          // ★全件検索
024:          System.out.println("=== 全件検索 ===");
025:          for (ToDo row : service.findAllToDo()) {
026:              System.out.println(row);
027:          }
028:          // ★1件検索
029:          System.out.println("=== 1件検索 ===");
030:          System.out.println(service.findByIdToDo(1));
031:          // ★登録
032:          // 登録データ作成
033:          ToDo todo = new ToDo();
034:          todo.setTodo("サービスのテスト");
035:          todo.setDetail("ToDo登録サービス");
036:          service.insertToDo(todo);
037:          System.out.println("=== 登録確認 ===");
038:          System.out.println(service.findByIdToDo(4));
039:          // ★更新
040:          ToDo target = service.findByIdToDo(4);
041:          target.setTodo("サービスのテスト：更新");
042:          target.setDetail("ToDo更新サービス");
043:          service.updateToDo(target);
044:          System.out.println("=== 更新確認 ===");
045:          System.out.println(service.findByIdToDo(4));
046:          // ★削除
047:          service.deleteToDo(4);
```

```
048:          System.out.println("=== 削除確認 ===");
049:          for (ToDo row : service.findAllToDo()) {
050:              System.out.println(row);
051:          }
052:      }
053: }
```

「Repository」を作成したときに行った動作確認と同様の内容を、今回はサービスを介して行います。主な変更点は、20行目に「private final ToDoService service;」を追加することです。この変更を適用した後、アプリケーションを起動して動作を確認しましょう。

インフラストラクチャ層とドメイン層の作成が完了しました。現時点の進捗を以下に示します（**図12.3**）。

次はアプリケーション層の作成に取り掛かりましょう。

図12.3 ここまでの進捗

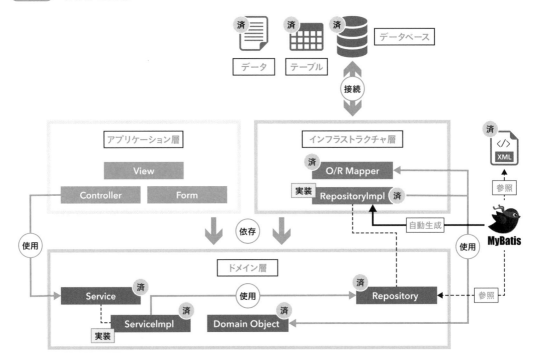

第 **13** 章

アプリを作成しよう
（アプリケーション層）

Section

13-1 「ToDoアプリ」： 参照処理を実装しよう

「インフラストラクチャ層」と「ドメイン層」のプログラム作成が完了したので、次は「アプリケーション層」の作成に取り組みます。この層では、「画面」や「リクエストハンドラメソッド」などを開発し、「ToDoアプリ」を完成に近づけます。

13-1-1 今回作成するコンポーネント

「ToDoアプリ」で作成する「コンポーネント」の作成状況を**表13.1**に示します。枠で囲まれた部分が今回作成する部分です。

表13.1 作成予定コンポーネント

No	層	コンポーネント	作成物名称	備考
1	アプリケーション層	View	―	見た目、画面です
2	アプリケーション層	Controller	ToDoController	制御の役割を担います
3	アプリケーション層	Form	ToDoForm	「画面のフォーム」を表現します
4	ドメイン層	Service	ToDoService	インターフェースで作成します
5	ドメイン層	ServiceImpl	ToDoServiceImpl	「Service」を実装します
6	ドメイン層	Domain Object	ToDo	ここでは「Entity」と同様です
7	ドメイン層	Repository	ToDoMapper	インターフェースで作成します（今回はMyBatisのマッパーファイルを使用する方法で作成するので名前は「××Mapper」とします）
8	インフラストラクチャ層	RepositoryImpl	―	O/Rマッパーにより自動作成されます
9	インフラストラクチャ層	O/R Mapper	―	MyBatis

13-1-2 Controllerの作成（ToDo一覧、ToDo詳細）

「すること：ToDo」CRUD用のControllerを作成します。Controllerは「リクエスト」を処理にマッピングし、結果を「View」に渡すという制御を担当します。

「webapp」の「src/main/java」フォルダを選択し、マウスを右クリックし、「新規」→「クラス」を選択します。クラス設定画面にて以下の「設定内容」を記述後、「完了」ボタンを押します。

○ 設定内容

パッケージ	com.example.webapp.controller
名前	ToDoController

※ 他はデフォルト設定

「ToDoController」クラスの内容は**リスト13.1**のようになります。今回作成する処理は以下の
URLに対応するリクエストハンドラメソッドです（**表13.2**）。

表13.2 URL一覧

No	役割	HTTPメソッド	URL
1	一覧画面を表示する	GET	/todos
2	詳細画面を表示する	GET	/todos/{id}

リスト13.1 ToDoController

```
001: package com.example.webapp.controller;
002:
003: import org.springframework.stereotype.Controller;
004: import org.springframework.ui.Model;
005: import org.springframework.web.bind.annotation.GetMapping;
006: import org.springframework.web.bind.annotation.PathVariable;
007: import org.springframework.web.bind.annotation.RequestMapping;
008: import org.springframework.web.servlet.mvc.support.RedirectAttributes;
009:
010: import com.example.webapp.entity.ToDo;
011: import com.example.webapp.service.ToDoService;
012:
013: import lombok.RequiredArgsConstructor;
014:
015: /**
016:  * ToDo：コントローラ
017:  */
018: @Controller
019: @RequestMapping("/todos")
020: @RequiredArgsConstructor
021: public class ToDoController {
022:
023:     /** DI */
024:     private final ToDoService toDoService;
025:
026:     /**
027:      *「すること」の一覧を表示します。
028:      */
029:     @GetMapping
```

アプリを作成しよう（アプリケーション層）

13

```
030:        public String list(Model model) {
031:            model.addAttribute("todos", toDoService.findAllToDo());
032:            return "todo/list";
033:        }
034:
035:        /**
036:         * 指定されたIDの「すること」の詳細を表示します。
037:         */
038:        @GetMapping("/{id}")
039:        public String detail(@PathVariable Integer id, Model model,
040:                RedirectAttributes attributes) {
041:            // 「すること」IDに対応する「すること」情報を取得
042:            ToDo ToDo = toDoService.findByIdToDo(id);
043:            if (ToDo != null) {
044:                // 対象データがある場合はモデルに格納
045:                model.addAttribute("todo", toDoService.findByIdToDo(id));
046:                return "todo/detail";
047:            } else {
048:                // 対象データがない場合はフラッシュメッセージを設定
049:                attributes.addFlashAttribute("errorMessage", "対象データがありません");
050:                // リダイレクト
051:                return "redirect:/todos";
052:            }
053:        }
054:    }
```

　39行目では「@PathVariable Integer id」を用いて、URLから「すること」のIDを取得します。@PathVariableの使用方法の詳細は、「**7-3 URLに埋め込まれた値を受け取ろう**」で確認できます。

　42行目では「toDoService.findByIdToDo(id)」を使って、対応する「ToDo」を検索します。取得した「ToDo」が存在する場合、Modelにキー「todo」として格納し、詳細画面を表示します。

　存在しない場合は、エラーメッセージをフラッシュメッセージに追加し、「すること」の一覧画面にリダイレクトします。

☐ フラッシュメッセージ

　40行目で使用される「RedirectAttributes」は、Spring MVCにおいてリダイレクト時に一時的にデータを渡すためのオブジェクトです。これにより、リダイレクト先のページで表示するメッセージなどを設定できます。この方法で渡されるデータを「フラッシュメッセージ」と呼びます。

　49行目「attributes.addFlashAttribute("errorMessage", "対象データがありません");」では、エラーメッセージをフラッシュメッセージとして設定しています。

リダイレクト

リダイレクトは、ウェブサイトやページのURLが変更された際に、自動的に新しいURLへ転送する仕組みです。このプロセスは、HTTPの「302」ステータスコードを用いて実行されます。このステータスコードはブラウザに対して、指定された別のURLへアクセスするよう指示します。Spring MVCでは、「"redirect:"」という文字列を使ってリダイレクトを行います。

51行目の「return "redirect:/todos";」は、ToDo一覧ページを表示するURL「/todos」にリダイレクトしています。

PRGパターン

Webアプリケーションで「リダイレクト」の典型的な用例として「PRGパターン」があります。このパターンの名前は、「Post」、「Redirect」、「Get」の各単語の頭文字を取っています。PRGパターンは、「POST」メソッドでのリクエストに対し「Redirect」を返し、次に「GET」メソッドで応答する遷移先の画面を表示するデザインパターン[注1]です。このパターンを用いることで、ブラウザの再読み込み時にフォームデータが二重送信されることを防げます。具体的には、POSTリクエスト後にリダイレクトしてGETリクエストで画面を表示します（**図13.1**）。

図13.1 PRGパターン

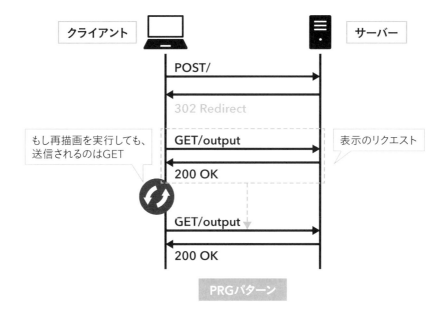

（注1） デザインパターンとは、先人達の経験から作成された良い例のことです。

313

13-1-3　Viewの作成（ToDo一覧、ToDo詳細）

　ビューにあたるファイルは、デフォルトでプロジェクトの「src/main/resources/templates」フォルダに配置する必要があります。「templates」フォルダ配下に「todo」フォルダと一覧画面用の「list.html」ファイル、詳細画面用の「detail.html」ファイルを作成します。

☐ 一覧画面用のView

　「webapp」の「src/main/resources」フォルダを選択し、マウスを右クリックし、「新規」→「HTMLファイル」を選択します。HTML設定画面にて以下の「設定内容」を記述後、「完了」ボタンを押します。

○ 設定内容

親フォルダを入力または選択	webapp/src/main/resources/templates/todo
ファイル名	list.html

※ 他はデフォルト設定

　「list.html」ファイルの内容を**リスト13.2**のように記述します。

リスト13.2　list.html

```
001: <!DOCTYPE html>
002: <html xmlns:th="http://www.thymeleaf.org">
003: <head>
004:     <title>ToDo一覧</title>
005: </head>
006: <body>
007:     <h2>ToDo一覧</h2>
008:     <!-- Flashメッセージの表示 -->
009:     <p th:if="${errorMessage}"
010:        th:text="${errorMessage}" style="color: red;">
011:        エラーメッセージ
012:     </p>
013:     <table border="1" width="300">
014:         <thead>
015:             <tr>
016:                 <th>ID</th>
017:                 <th>ToDo</th>
018:                 <th>詳細</th>
019:             </tr>
020:         </thead>
021:         <tbody>
022:             <tr th:each="todo : ${todos}">
023:                 <td th:text="${todo.id}"></td>
```

```
024:                    <td th:text="${todo.todo}"></td>
025:                    <td>
026:                        <a th:href="@{/todos/{id}(id=${todo.id})}">
027:                            詳細
028:                        </a>
029:                    </td>
030:                </tr>
031:            </tbody>
032:        </table>
033:    </body>
034: </html>
```

9行目〜12行目で対象の「すること：ToDo」が存在しなかった場合、フラッシュメッセージを表示します。

22行目〜30行目は、コントローラでModelに格納したキー「todos」を使用して、各することのID、ToDo、詳細画面へのリンクを表示しています。

22行目「<tr th:each="todo : ${todos}">」は、th:each属性を使用して、サーバーサイドから渡された「すること：ToDo」のリストを格納したキー「todos」を使用し、リストの各要素「ToDo」エンティティを順番に取り出し、テーブルの行（<tr>）を繰り返し生成します。

26行目「<a th:href="@{/todos/{id}(id=${todo.id})}">」は、th:href属性を使用して、詳細リンクのURLを動的に生成しています。

「@{/todos/{id}(id=${todo.id})}」の部分は、URLの{ id }部分にtodo.idの値が埋め込まれます。これにより、各「すること」の詳細ページへのリンクが生成されます。{ id }の部分は、URLパラメータのプレースホルダー（置き換えられる箇所）です。「(id=${todo.id})」の部分で、プレースホルダー{ id }に挿入する値を指定しています。

このような形式をREST形式と言います（**図13.2**）。

図13.2 REST形式

プレースホルダ　　　　　　　　　　プレースホルダに入れる値

"@{ /todos/{ id }(id = ${ todo.id })}"

プレースホルダと同じ変数名にする　　　　　　値

詳細画面用のView

「webapp」の「src/main/resources」フォルダを選択し、マウスを右クリックし、「新規」→「HTMLファイル」を選択します。HTML設定画面にて以下の「設定内容」を記述後、「完了」ボタンを押します。

○ 設定内容

親フォルダを入力または選択	webapp/src/main/resources/templates/todo
ファイル名	detail.html

※ 他はデフォルト設定

「detail.html」ファイルの内容を**リスト 13.3** のように記述します。

リスト 13.3 detail.html

```
001: <!DOCTYPE html>
002: <html xmlns:th="http://www.thymeleaf.org">
003: <head>
004:     <title>ToDo詳細</title>
005: </head>
006: <body>
007:     <h2>ToDo詳細</h2>
008:     <table border="1">
009:         <tr>
010:             <th>ID</th>
011:             <td th:text="${todo.id}"></td>
012:         </tr>
013:         <tr>
014:             <th>タイトル</th>
015:             <td th:text="${todo.todo}"></td>
016:         </tr>
017:         <tr>
018:             <th>詳細</th>
019:             <td th:text="${todo.detail}"></td>
020:         </tr>
021:         <tr>
022:             <th>登録日時</th>
023:             <td th:text="${todo.createdAt.format(
024:                 T(java.time.format.DateTimeFormatter).
025:                 ofPattern('yyyy/MM/dd HH:mm:ss'))}">
026:             </td>
027:         </tr>
028:         <tr>
029:             <th>更新日時</th>
030:             <td th:text="${todo.updatedAt.format(
031:                 T(java.time.format.DateTimeFormatter).
032:                 ofPattern('yyyy/MM/dd HH:mm:ss'))}">
033:             </td>
034:         </tr>
035:     </table>
036:     <a th:href="@{/todos}">ToDo一覧へ</a>
037: </body>
038: </html>
```

8行目〜35行目では、サーバーサイドから渡されたToDoエンティティが格納されているキー「todo」を使用して、ID、ToDoの内容、詳細情報をテーブルの各セルに表示しています。

23行目〜26行目では、登録日時をフォーマット表示しています。「todo.createdAt」はLocalDateTime型の日時データです。この日時データを「yyyy/MM/dd HH:mm:ss」の形式にフォーマットするために「format」メソッドを利用します。Thymeleafテンプレート内でJavaのクラスにアクセスする際には、「T(...)構文」が使われます。ここでは、java.time.format.DateTimeFormatterクラスを参照してカスタムの日時フォーマットを指定しています。30行目〜33行目の更新日時も同様の処理をしています。

36行目の「<a th:href="@{/todos}">ToDo一覧へ</a>」は、リンクをクリックすると「/todos」のURLに遷移し、ToDo一覧画面を表示します。

13-1-4 動作確認

ToDo一覧表示処理とToDo詳細表示処理のプログラムが完了しました。Webアプリケーションを起動して、無事作成されているか動作確認を実施しましょう。

01 WebappApplicationの修正

動作確認を実施する前に「webapp」の「src/main/java」フォルダ配下のパッケージ「com.example.webapp」、クラス「WebappApplication」を元に戻す必要があります。**リスト13.4**のように修正します。

リスト13.4　**WebappApplication を元に戻す**

```
001:   package com.example.webapp;
002:
003:   import org.springframework.boot.SpringApplication;
004:   import org.springframework.boot.autoconfigure.SpringBootApplication;
005:
006:   @SpringBootApplication
007:   public class WebappApplication {
008:
009:       public static void main(String[] args) {
010:           SpringApplication.run(WebappApplication.class, args);
011:       }
012:   }
```

Spring BootでWebアプリケーションを作成する際、通常はこのクラスに修正を加える必要はありません。このクラスを実行すると、Spring Bootアプリケーションが起動し、Webサーバーが立ち上がります。これにより、アプリケーションがWebリクエストを受け付ける状態になります。

RepositoryとServiceの作成後に「WebappApplication」に修正を加えたのは、ステップバイス
テップで各レイヤーの動作を確認するためです。

02　ToDo一覧表示の確認

　「Bootダッシュボード」で「webapp」を選択し、プロジェクトを起動します。ブラウザを立ち
上げURL「http://localhost:8080/todos」を指定すると「ToDo一覧画面」が表示されます（**図
13.3**）。

図13.3　ToDo一覧画面

```
ToDo一覧

┌────┬──────────────┬──────┐
│ ID │      ToDo     │ 詳細 │
├────┼──────────────┼──────┤
│ 1  │ 買い物        │ 詳細 │
├────┼──────────────┼──────┤
│ 2  │ 図書館に行く  │ 詳細 │
├────┼──────────────┼──────┤
│ 3  │ ジムに行く    │ 詳細 │
└────┴──────────────┴──────┘
```

03　ToDo詳細表示の確認

　ToDo一覧画面にてID：2の行「詳細」リンクをクリックします。「http://localhost:8080/
todos/2」がGETで送られ「ToDo詳細画面」が表示されます（**図13.4**）。

図13.4　部署詳細

```
ToDo詳細

┌──────────┬─────────────────────┐
│    ID    │ 2                   │
├──────────┼─────────────────────┤
│ タイトル │ 図書館に行く        │
├──────────┼─────────────────────┤
│   詳細   │ 本を借りる          │
├──────────┼─────────────────────┤
│ 登録日時 │ 2023/12/24 14:31:52 │
├──────────┼─────────────────────┤
│ 更新日時 │ 2023/12/24 14:31:52 │
└──────────┴─────────────────────┘
ToDo一覧へ
```

Section

13-2 「ToDoアプリ」：登録・更新処理を実装しよう

「一覧表示」と「詳細表示」のプログラム作成が完了したので、次は「登録処理」と「更新処理」の作成に取り組みます。まずは「画面のフォーム」に対応する**Form**クラスの作成です。

13-2-1 Formの作成

ToDoの登録・更新で使用するFormクラスを作成します。Formクラスは「画面のフォーム」を表現します。画面からの入力値を「Controller」に渡す場合や、「Controller」から画面に結果を出力する際などに使用します。

「webapp」の「src/main/java」フォルダを選択し、マウスを右クリックし、「新規」→「クラス」を選択します。クラス設定画面にて以下の「設定内容」を記述後、「完了」ボタンを押します。

○ 設定内容

パッケージ	com.example.webapp.form
名前	ToDoForm

※ 他はデフォルト設定

「ToDoForm」クラスの内容は**リスト13.5**のようになります。

リスト13.5 ToDoForm

```
001:   package com.example.webapp.form;
002:
003:   import lombok.AllArgsConstructor;
004:   import lombok.Data;
005:   import lombok.NoArgsConstructor;
006:
007:   /**
008:    * すること：Form
009:    */
010:   @Data
011:   @NoArgsConstructor
012:   @AllArgsConstructor
013:   public class ToDoForm {
```

319

```
014:     /** することID */
015:     private Integer id;
016:     /** すること */
017:     private String todo;
018:     /** すること詳細 */
019:     private String detail;
020:     /** 新規判定 */
021:     private Boolean isNew;
022:  }
```

　注目点は、21行目「private Boolean isNew;」です。Trueの場合は新規登録処理を表し、False
の場合は更新処理を表します。

13-2-2　Helperの作成

コントローラは主に以下の2つの役割を担います。

- 画面遷移の制御
  リクエストに基づいて適切な画面に遷移し、処理結果に対応するビューを返却します。
- ドメイン層のサービス呼び出し
  リクエストに応じた業務処理を実行します。

　つまり、コントローラの主な役割はルーティング（URLマッピングと遷移先の返却）です。そ
れ以外の処理が必要な場合は、別のクラスに切り出し、そこに処理を委譲することでコントロー
ラの肥大化を防ぎます。本書では、コントローラを支援するクラスを「ヘルパークラス」と呼ん
でいます。今回のケースでは、「Form → Entity」と「Entity → Form」の変換処理をヘルパークラ
スに委譲します。
　「webapp」の「src/main/java」フォルダを選択し、マウスを右クリックし、「新規」→「クラス」
を選択します。クラス設定画面にて以下の「設定内容」を記述後、「完了」ボタンを押します。

○ 設定内容

パッケージ	com.example.webapp.helper
名前	ToDoHelper

※ 他はデフォルト設定

　「ToDoHelper」クラスの内容は**リスト13.6**のようになります。

320

Column │ 「Form」と「Entity」の違い

「Form」と「Entity」は、Webアプリケーション開発においてよく使われる概念です。似ているように見えますが、役割が異なります。

それぞれの定義・役割・特徴を表13.A、表13.Bに示します。

表13.A Form（フォーム）

定義	ユーザーがWebページ上で入力するデータを受け取るためのオブジェクトです
役割	ユーザーの入力を一時的に保持し、サーバーに送信するために使われます
特徴	入力検証（バリデーション）などのために使われることが多いです

表13.B Entity（エンティティ）

定義	アプリケーションのビジネスロジックやデータベースのテーブルを表現するオブジェクトです
役割	アプリケーションの核となるデータとビジネスルールを保持し、永続化（保存）の対象となります
特徴	データベースのテーブルに対応し、データの永続性に重点を置きます

○ **Form（フォーム）とEntity（エンティティ）の違い**

Formはユーザーからの入力を扱うためのもので、Entityはアプリケーションのビジネスロジックやデータベースのデータを管理するためのものです。これらの違いを理解することで、適切な場面でFormとEntityを使い分けましょう（図13.A）。

図13.A FormとEntity

321

リスト 13.6 **ToDoHelper**

```
001:  package com.example.webapp.helper;
002:
003:  import com.example.webapp.entity.ToDo;
004:  import com.example.webapp.form.ToDoForm;
005:
006:  /**
007:   * ToDo：ヘルパー
008:   */
009:  public class ToDoHelper {
010:      /**
011:       * ToDoへの変換
012:       */
013:      public static ToDo convertToDo(ToDoForm form) {
014:          ToDo todo = new ToDo();
015:          todo.setId(form.getId());
016:          todo.setTodo(form.getTodo());
017:          todo.setDetail(form.getDetail());
018:          return todo;
019:      }
020:
021:      /**
022:       * ToDoFormへの変換
023:       */
024:      public static ToDoForm convertToDoForm(ToDo todo) {
025:          ToDoForm form = new ToDoForm();
026:          form.setId(todo.getId());
027:          form.setTodo(todo.getTodo());
028:          form.setDetail(todo.getDetail());
029:          // 更新画面設定
030:          form.setIsNew(false);
031:          return form;
032:      }
033:  }
```

「Form　→　Entity」、「Entity　→　Form」の変換処理をstaticメソッドで記述しています。

13-2-3 Controllerの修正（ToDoの登録、ToDoの更新）

既に作成しているToDoControllerクラスに「すること」の登録・更新のリクエストハンドラメソッドを追加します。

今回作成する処理は**表13.3**に示すURLに対応するリクエストハンドラメソッドです。

表13.3 URL一覧

No	役割	HTTPメソッド	URL
1	登録画面を表示する	GET	/todos/form
2	登録処理を実行する	POST	/todos/save
3	更新画面を表示する	GET	/todos/edit/{id}
4	更新処理を実行する	POST	/todos/update

追加する内容は**リスト13.7**になります。記述後にエラーが表示される場合は、インポートの編成「Ctrl + Shift + O（オー）」をしてください。

リスト13.7 リクエストハンドラメソッドの追加

```
001:  // === 登録・更新処理追加 ===
002:  /**
003:   * 新規登録画面を表示します。
004:   */
005:  @GetMapping("/form")
006:  public String newToDo(@ModelAttribute ToDoForm form) {
007:      // 新規登録画面の設定
008:      form.setIsNew(true);
009:      return "todo/form";
010:  }
011:
012:  /**
013:   * 新規登録を実行します。
014:   */
015:  @PostMapping("/save")
016:  public String create(ToDoForm form,
017:      RedirectAttributes attributes) {
018:      // エンティティへの変換
019:      ToDo ToDo = ToDoHelper.convertToDo(form);
020:      // 登録実行
021:      toDoService.insertToDo(ToDo);
022:      // フラッシュメッセージ
023:      attributes.addFlashAttribute("message", "新しいToDoが作成されました");
024:      // PRGパターン
025:      return "redirect:/todos";
026:  }
027:
028:  /**
029:   * 指定されたIDの修正画面を表示します。
030:   */
031:  @GetMapping("/edit/{id}")
032:  public String edit(@PathVariable Integer id, Model model,
033:      RedirectAttributes attributes) {
034:      // IDに対応する「すること」を取得
```

アプリを作成しよう（アプリケーション層）

```
035:        ToDo target = toDoService.findByIdToDo(id);
036:        if (target != null) {
037:            // 対象データがある場合はFormへの変換
038:            ToDoForm form = ToDoHelper.convertToDoForm(target);
039:            // モデルに格納
040:            model.addAttribute("toDoForm", form);
041:            return "todo/form";
042:        } else {
043:            // 対象データがない場合はフラッシュメッセージを設定
044:            attributes.addFlashAttribute("errorMessage", "対象データがありません");
045:            // 一覧画面へリダイレクト
046:            return "redirect:/todos";
047:        }
048:    }
049:
050:    /**
051:     * 「すること」の情報を更新します。
052:     */
053:    @PostMapping("/update")
054:    public String update(ToDoForm form,
055:        RedirectAttributes attributes) {
056:        // エンティティへの変換
057:        ToDo ToDo = ToDoHelper.convertToDo(form);
058:        // 更新処理
059:        toDoService.updateToDo(ToDo);
060:        // フラッシュメッセージ
061:        attributes.addFlashAttribute("message", "ToDoが更新されました");
062:        // PRGパターン
063:        return "redirect:/todos";
064:    }
```

　現時点では、登録・更新時のバリデーションチェックは設定していません。レイヤ化を意識した記述のため、Helperクラスで作成した「Form→Entity」への変換を19行目、57行目で実施し、「Entity→Form」への変換を38行目で実施しています。

　もしレイヤ化について曖昧な部分がある場合は「10-2-4 レイヤ化」を参照してください。

13-2-4 Viewの作成（ToDoの登録、ToDoの更新）

　「templates」フォルダ配下「todo」フォルダへ、登録・更新画面用の「form.html」ファイルを作成します。

　「webapp」の「src/main/resources」フォルダを選択し、マウスを右クリックし、「新規」→「HTMLファイル」を選択します。HTML設定画面にて以下の「設定内容」を記述後、「完了」ボタンを押します。

○ 設定内容

親フォルダを入力または選択	webapp/src/main/resources/templates/todo
ファイル名	form.html

※ 他はデフォルト設定

「form.html」ファイルの内容を**リスト13.8**のように記述します。

リスト13.8 form.html

```
001: <!DOCTYPE html>
002: <html xmlns:th="http://www.thymeleaf.org">
003: <head>
004:     <title>ToDoフォーム</title>
005: </head>
006: <body>
007:     <!-- タイトル：登録 or 編集 -->
008:     <h2 th:if="${toDoForm.isNew}">新規ToDo登録</h2>
009:     <h2 th:unless="${toDoForm.isNew}">ToDo編集</h2>
010:     <!-- アクション：登録 or 編集 -->
011:     <form th:action="${toDoForm.isNew} ? @{/todos/save} : @{/todos/update}"
012:         th:object="${toDoForm}" method="post">
013:         <!-- idは更新時に必要のため、hiddenで持つ -->
014:         <input type="hidden" th:field="*{id}">
015:         <table>
016:             <tr>
017:                 <th>ToDo</th>
018:                 <td>
019:                     <input type="text" th:field="*{todo}">
020:                 </td>
021:             </tr>
022:             <tr>
023:                 <th>詳細</th>
024:                 <td>
025:                     <textarea rows="5" cols="30" th:field="*{detail}">
026:                     </textarea>
027:                 </td>
028:             </tr>
029:         </table>
030:         <!-- ボタン：登録 or 編集 -->
031:         <input th:if="${toDoForm.isNew}" type="submit" value="登録">
032:         <input th:unless="${toDoForm.isNew}" type="submit" value="更新">
033:     </form>
034:     <a th:href="@{/todos}">戻る</a>
035: </body>
036: </html>
```

Formクラスで設定していた「isNew」フィールドを使用して、タイトルやボタン、アクションを「登録処理」と「更新処理」で分けています。

8行目〜9行目で「th:if」と「th:unless」を使用して、toDoForm.isNewの値がtrueかfalseかによって表示するタイトルを切り替えています。toDoForm.isNewがtrueの場合、新規登録のタイトルが表示され、falseの場合は更新のタイトルが表示されます。

31行目〜32行目も同じ処理をボタンの表示に適用しています。

11行目で「th:action」に三項演算子を使用して、toDoForm.isNewがtrueの場合は新規登録のURL「/todos/save」、falseの場合は更新のURL「/todos/update」を設定することで、フォームの送信先（アクション）を動的に切り替えています。

14行目「<input type="hidden" th:field="*{id}">」は、更新時には「すること」のIDが必要なため、type="hidden"のinputフィールドを使用してIDをフォームに含めています。hiddenは、ユーザーには見えませんが、フォームとしてデータを送信する際に含めることができるフィールドを作成します。

作成済みViewの修正

新規登録や更新作業と紐づけるために、既に作成済みの2ファイルを修正します。

修正内容

パッケージ	webapp/src/main/resources/templates/todo
ファイル名	list.html

一般画面（list.html）へ処理の完了を表示するフラッシュメッセージの記述と新規登録画面へのリンク処理を**リスト13.9**のように追加します。

リスト13.9 list.htmlへの追加

```
001: <body>
002:     <h2>ToDo一覧</h2>
003:     <!-- Flashメッセージの表示 -->
004:     <p th:if="${message}" th:text="${message}"
005:         style="color: blue;">完了メッセージ
006:     </p>
007:     <p th:if="${errorMessage}"
008:         th:text="${errorMessage}" style="color: red;">
009:         エラーメッセージ
010:     </p>
011:         …
012:         既存コードのため省略
013:         …
014:     </table>
015:     <a th:href="@{/todos/form}">新規登録</a>
016: </body>
```

326

　4行目〜6行目「<p th:if="${message}" th:text="${message}" style="color: blue;">完了メッセージ</p>」で登録処理、更新処理の完了時に表示するフラッシュメッセージを設定しています。

　15行目「<a th:href="@{/todos/form}">新規登録</a>」は、一覧画面から新規登録画面へ遷移するリンクを設定しています。

○ 修正内容

パッケージ	webapp/src/main/resources/templates/todo
ファイル名	detail.html

　詳細画面（detail.html）へ編集画面へのリンク処理を**リスト13.10**に記述します。

リスト13.10　detail.htmlへの追加

```
001:       …
002:          既存コードのため省略
003:       …
004:       </table>
005:       <a th:href="@{/todos/edit/{id}(id=${todo.id})}">編集</a>
006:       <a th:href="@{/todos}">ToDo一覧へ</a>
007:    </body>
008:    </html>
```

　5行目「<a th:href="@{/todos/edit/{id}(id=${todo.id})}">編集</a>」の{ id }の部分は、URLパラメータのプレースホルダー（置き換えられる箇所）です。

　「(id=${todo.id})」の部分で、プレースホルダー{ id }に挿入する値を指定しているREST形式です。${todo.id}は、todoオブジェクトのidプロパティの値を取得しています。

13-2-5　動作確認

　ToDo登録処理とToDo更新処理のプログラムが完了しました。Webアプリケーションを起動して、ブラウザを立ち上げURL「http://localhost:8080/todos」を指定します。登録・更新処理が無事作成されているか動作確認を実施しましょう。

01　ToDo登録処理の確認

　一覧画面にて「新規登録」リンクをクリックします。「http://localhost:8080/todos/form」がGETで送られ「新規ToDo登録画面」が表示されます。ToDo項目へ「学習」、詳細項目に「Springの学習」と値を設定して「登録」ボタンをクリックします。PRGパターンで登録処理が行われ「一覧画面」にフラッシュメッセージが表示されます（**図13.5**）。

図 13.5　一覧画面：登録

ToDo一覧

新しいToDoが作成されました

ID	ToDo	詳細
1	買い物	詳細
2	図書館に行く	詳細
3	ジムに行く	詳細
4	学習	詳細

新規登録

02　ToDo更新処理の確認

　一覧画面にてID：4の行の「詳細」リンクをクリックして表示される詳細画面にて「編集」リンクをクリックします。「http://localhost:8080/todos/edit/4」がGETで送られ「ToDo編集画面」が表示されます。ToDo項目へ「プログラム学習」、詳細項目に「SpringMVCの学習」と値を修正して「更新」ボタンをクリックします。PRGパターンで更新処理が行われ「一覧画面」にフラッシュメッセージが表示されます（**図13.6**）。

図 13.6　一覧画面：更新

ToDo一覧

ToDoが更新されました

ID	ToDo	詳細
1	買い物	詳細
2	図書館に行く	詳細
3	ジムに行く	詳細
4	プログラム学習	詳細

新規登録

13-3 「ToDoアプリ」：削除処理を実装しよう

「登録処理」と「更新処理」のプログラム作成が完了したので、最後は「削除処理」の作成に取り組みます。

13-3-1 Controllerの作成（ToDoの削除）

ToDoControllerに「すること」の削除のリクエストハンドラメソッドをToDoControllerクラス内の末尾に追加します。

今回作成する処理は以下のURLに対応するリクエストハンドラメソッドです（**表13.4**）。

表13.4 URL一覧

No	役割	HTTPメソッド	URL
1	削除処理を実行する	POST	/todos/delete/{id}

追加する内容は**リスト13.11**になります。

リスト13.11 ToDoの削除を追加

```
001:  /**
002:   * 指定されたIDの「すること」を削除します。
003:   */
004:  @PostMapping("/delete/{id}")
005:  public String delete(@PathVariable Integer id, RedirectAttributes attributes) {
006:      // 削除処理
007:      toDoService.deleteToDo(id);
008:      // フラッシュメッセージ
009:      attributes.addFlashAttribute("message", "ToDoが削除されました");
010:      // PRGパターン
011:      return "redirect:/todos";
012:  }
```

ソースコードにコメントを詳細に記述しています。特に新しく説明する内容はありませんので、説明は割愛します。

「templates」フォルダ配下の「todo」フォルダ配下の詳細画面用の「detail.html」ファイルに
ToDo削除ボタンを追加します。

○ 修正内容

パッケージ	webapp/src/main/resources/templates/todo
ファイル名	detail.html

detail.htmlへの追加内容を**リスト13.12**に記述します。

リスト13.12 ToDo削除ボタンを追加

```
001:    …
002:        既存コードのため省略
003:    …
004:    </table>
005:        <a th:href="@{/todos/edit/{id}(id=${todo.id})}">編集</a>
006:        <form th:action="@{/todos/delete/{id}(id=${todo.id})}" method="post">
007:            <input type="submit" value="削除">
008:        </form>
009:        <a th:href="@{/todos}">ToDo一覧へ</a>
010:    </body>
011:    </html>
```

6行目で、REST形式で詳細画面で表示されている「すること」のID値をプレースホルダ{ id }に
渡してaction属性に対応するURLを生成しています。

13-3-3 動作確認

ToDo削除処理のプログラムが完了しました。Webアプリケーションを起動して、ブラウザを
立ち上げURL「http://localhost:8080/todos」を指定します。削除処理が無事作成されているか動
作確認を実施しましょう。

01 ToDo削除処理の確認

一覧画面にてID：1の行の「詳細」リンクをクリックして表示される詳細画面にて「削除」ボタ
ンをクリックします。「http://localhost:8080/todos/delete/1」がPOSTで送られ「ToDo削除処理」
が実行されます。PRGパターンで削除処理が行われ「一覧画面」にフラッシュメッセージが表示
されます（**図13.7**）。

図13.7 一覧画面：削除

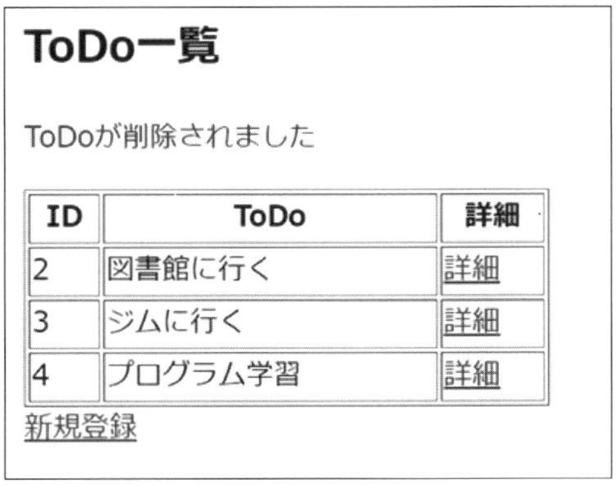

02 ToDoデータが存在しない場合の確認

動作確認の最後として、データベースに存在しない「すること」の動きを確認します。存在しないID：999を表示するように、ブラウザのアドレスバーに「http://localhost:8080/todos/999」を入力して、データが存在しない旨のメッセージが「一覧画面」に表示されます（**図13.8**）。

図13.8 データが存在しない

現時点の進捗を**図13.9**に示します。

図13.9　ここまでの進捗

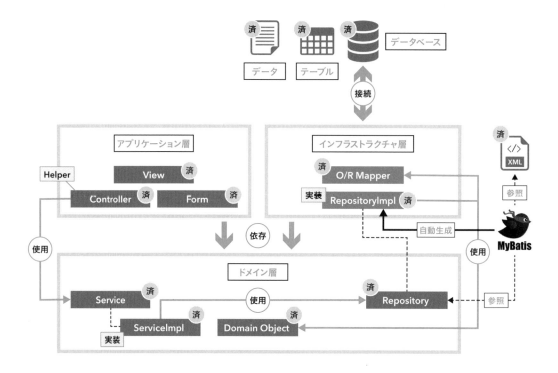

ToDoアプリの正常系処理についてCRUD処理は、無事全て完了しました。「ステップ・バイ・ステップ（一歩ずつ）」を意識してプログラムを作成したことで、混乱せずに作成できたのではないでしょうか？

ただ現状の「ToDoアプリ」は、どんな値でも登録・更新されてしまう「ノーガード」状態です。

登録・更新処理に対して「入力チェック」を設定し、不正な値から「ToDoアプリ」を守りましょう（**図13.10**）。

図13.10　入力チェック

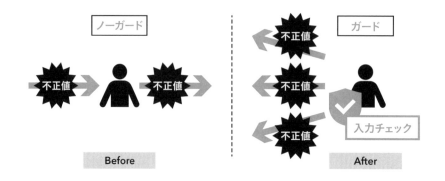

第 **14** 章

入力チェックを
実装しよう

14-1 「入力チェック」の 準備をしよう

現在の「ToDoアプリ」はCRUD処理を無事に完成させていますが、入力チェックがま だ実装されていません。そのため、不正な入力が行われると、アプリケーションは予 期しない動作をする可能性があります。この問題を解決するためには、バリデーショ ンチェックを実装することが重要です。

14-1-1 「バリデーション」を考える

「ToDoアプリ」に設定するバリデーションを表14.1に示します。

表14.1 入力チェック

列	バリデーション	メッセージ
ToDo	未入力チェック	ToDoは必須です
詳細	範囲チェック	詳細は{min}～{max}文字以内で入力してください

14-1-2 「Spring Initializr」で依存関係を追加

URL「https://start.spring.io/」にアクセスして、「Spring Initializr」を表示します（図14.1）。

図14.1 Spring Initializr

画面右にある「Dependencies」の横にある「ADD DEPENDENCIES」をクリックします（図14.2）。

図14.2 ADD DEPENDENCIES1

表示された画面に「validation」と入力して、表示された「Validation」をクリックします（**図14.3**）。

図14.3 ADD DEPENDENCIES2

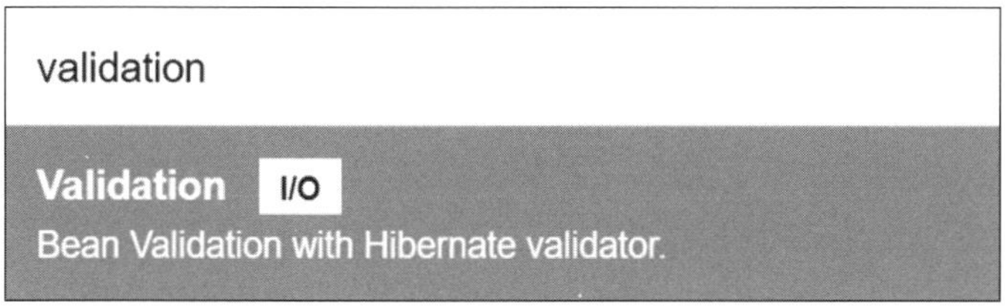

validation

Validation I/O
Bean Validation with Hibernate validator.

画面下にある「EXPLORE」をクリックします（**図14.4**）。

図14.4 ADD DEPENDENCIES2

　表 示 さ れ た 画 面 の「dependencies」の ブ ロ ッ ク に 注 目 し、「implementation 'org.springframework.boot:spring-boot-starter-validation'」をコピーします（**図14.5**）。

図14.5 ADD DEPENDENCIES3

```
18   dependencies {
19     implementation 'org.springframework.boot:spring-boot-starter-validation'
20     testImplementation 'org.springframework.boot:spring-boot-starter-test'
21   }
```

　Gradleの 記 述「implementation 'org.springframework.boot:spring-boot-starter-validation'」は、Spring Bootプロジェクトにバリデーション機能を追加するための依存関係です。この依存関係をプロジェクトのビルド設定に追加することで、アプリケーション内でデータのバリデーション（検証）を行うことができるようになります。

　「Spring Initializr」はもう使用しないため画面を閉じ、eclipseのwebappプロジェクト内「build.

gradle」内「dependencies」ブロックにコピーした「implementation 'org.springframework.boot:spring-boot-starter-validation'」を貼り付けます[(注1)]（**リスト14.1**）。

リスト14.1 build.gradle1

```
001: dependencies {
002:     implementation 'org.springframework.boot:spring-boot-starter-thymeleaf'
003:     implementation 'org.springframework.boot:spring-boot-starter-validation'
004:     implementation 'org.springframework.boot:spring-boot-starter-web'
005:     implementation 'org.mybatis.spring.boot:mybatis-spring-boot-starter:3.0.3'
006:     compileOnly 'org.projectlombok:lombok'
007:     developmentOnly 'org.springframework.boot:spring-boot-devtools'
008:     runtimeOnly 'org.postgresql:postgresql'
009:     annotationProcessor 'org.projectlombok:lombok'
010:     testImplementation 'org.springframework.boot:spring-boot-starter-test'
011:     testImplementation 'org.mybatis.spring.boot:mybatis-spring-boot-starter-test:3.0.3'
012: }
```

記述を貼り付けた後は、「build.gradle」をリフレッシュして設定を更新します。パッケージ・エクスプローラーの「build.gradle」を選択します（**図14.6**）。

図14.6 build.gradle2

右クリック「Gradle」→「Gradleプロジェクトのリフレッシュ」を実行し、設定内容を更新することで、プロジェクト内でバリデーション機能が使用できるようになります（**図14.7**）。

図14.7 build.gradle3

Gradle	>	Gradle プロジェクトのリフレッシュ　Ctrl+R
チーム(E)	>	tation 'org.mybatis.spring.b
GitHub	>	nly 'org.projectlombok:lombo
		entOnly 'org.springframework

（注1）　時期によって、「implementation 'org.mybatis.spring.boot:mybatis-spring-boot-starter:3.0.3'」などに付与されるバージョン指定（後ろの番号）は変わっている可能性があります。

Section

14-2 「入力チェック」を 実装しよう

「バリデーションチェック」作成の準備ができました。「**form**」→「**controller**」→「**view**」
の順番で「入力チェック」を作成していきましょう。

14-2-1 Formクラスの修正

バリデーションを追加するために、ToDo登録・更新用のFormクラスを修正します。

○ 修正内容

パッケージ	com.example.webapp.form
名前	ToDoForm

「ToDoForm」クラスの内容は**リスト 14.2**のようになります。

リスト 14.2　**ToDoForm**

```
001:    package com.example.webapp.form;
002:
003:    import jakarta.validation.constraints.NotBlank;
004:    import jakarta.validation.constraints.Size;
005:    import lombok.AllArgsConstructor;
006:    import lombok.Data;
007:    import lombok.NoArgsConstructor;
008:
009:    /**
010:     * すること：Form
011:     */
012:    @Data
013:    @NoArgsConstructor
014:    @AllArgsConstructor
015:    public class ToDoForm {
016:        /** することID */
017:        private Integer id;
018:        /** すること */
019:        @NotBlank(message = "ToDoは必須です。")
020:        private String todo;
021:        /** すること詳細 */
```

```
022:        @Size(min = 1, max = 100, message = "詳細は{min}〜{max}文字以内で入力してください。")
023:        private String detail;
024:        /** 新規判定 */
025:        private Boolean isNew;
026:   }
```

19行目の「@NotBlank」は、フィールドが空白であってはならないことを指定しています。こ
れは、ユーザーがこのフィールドに何らかの文字を入力する必要があることを意味します。何も
入力されていない場合、「ToDoは必須です。」というエラーメッセージが表示されます。

22行目の「@Size」アノテーションは、フィールドの文字数が1文字以上100文字以下でなけれ
ばならないことを指定しています。この範囲を超える文字数が入力された場合、「詳細は1〜
100文字以内で入力してください。」というエラーメッセージが表示されます。

14-2-2 コントローラの修正

バリデーションを実施する処理を、ToDo用のコントローラクラスに追加します。

○ 修正内容

パッケージ	com.example.webapp.controller
名前	ToDoController

「ToDoController」クラスの内容は**リスト14.3**のようになります。

リスト14.3 **ToDoController**

```
001:   …既存コード省略…
002:
003:       /**
004:        * 新規登録を実行します。
005:        */
006:       @PostMapping("/save")
007:       public String create(@Validated ToDoForm form,
008:               BindingResult bindingResult,
009:               RedirectAttributes attributes) {
010:           // === バリデーションチェック ===
011:           // 入力チェックNG：入力画面を表示する
012:           if (bindingResult.hasErrors()) {
013:               // 新規登録画面の設定
014:               form.setIsNew(true);
015:               return "todo/form";
016:           }
017:           // エンティティへの変換
018:           ToDo ToDo = ToDoHelper.convertToDo(form);
```

```
019:            // 登録実行
020:            toDoService.insertToDo(ToDo);
021:            // フラッシュメッセージ
022:            attributes.addFlashAttribute("message", "新しいToDoが作成されました");
023:            // PRGパターン
024:            return "redirect:/todos";
025:        }
026:
027:    …既存コード省略…
028:
029:        /**
030:         * 「すること」を更新します。
031:         */
032:        @PostMapping("/update")
033:        public String update(@Validated ToDoForm form,
034:                BindingResult bindingResult,
035:                RedirectAttributes attributes) {
036:            // === バリデーションチェック ===
037:            // 入力チェックNG：入力画面を表示する
038:            if (bindingResult.hasErrors()) {
039:                // 更新画面の設定
040:                form.setIsNew(false);
041:                return "todo/form";
042:            }
043:            // エンティティへの変換
044:            ToDo ToDo = ToDoHelper.convertToDo(form);
045:            // 更新処理
046:            toDoService.updateToDo(ToDo);
047:            // フラッシュメッセージ
048:            attributes.addFlashAttribute("message", "ToDoが更新されました");
049:            // PRGパターン
050:            return "redirect:/todos";
051:        }
052:
053:    …既存コード省略…
```

7行目、33行目「@Validated」は、送信されたフォームデータに対してバリデーション（入力チェック）を行うことを指示します。ToDoFormクラスに定義されたバリデーションのアノテーション（@NotBlank, @Sizeなど）に基づいて、入力値が適切かどうかをチェックします。

8行目、34行目「BindingResult」は、バリデーションの結果を保持するオブジェクトです。「@Validated」によって行われたバリデーションの後、エラーがあるかどうかをこのオブジェクトを通じて確認できます。

12行目、38行目「bindingResult.hasErrors()メソッド」を使って、バリデーションエラーがあるかどうかをチェックします。入力チェックがある場合は「true」を返し、エラーがなければ「false」を返します。

ビューの修正

バリデーションメッセージを表示する処理を、ToDo 用の「登録・編集画面」に追加します。

○ 修正内容

パッケージ	webapp/src/main/resources/templates/todo
ファイル名	form.html

「form.html」の内容は**リスト 14.4**のようになります。

リスト 14.4 form.html

```
001:    …既存コード省略…
002:        <table>
003:            <tr>
004:                <th>ToDo</th>
005:                <td>
006:                    <input type="text" th:field="*{todo}">
007:                    <!-- todo用：バリデーションエラー表示 -->
008:                    <span th:if="${#fields.hasErrors('todo')}"
009:                        th:errors="*{todo}" style="color: red;">
010:                        エラーがあれば表示
011:                    </span>
012:                </td>
013:            </tr>
014:            <tr>
015:                <th>詳細</th>
016:                <td>
017:                    <textarea rows="5" cols="30" th:field="*{detail}">
018:                    </textarea>
019:                    <!-- 詳細用：バリデーションエラー表示 -->
020:                    <span th:if="${#fields.hasErrors('detail')}"
021:                        th:errors="*{detail}" style="color: red;">
022:                        エラーがあれば表示
023:                    </span>
024:                </td>
025:            </tr>
026:        </table>
```

8行目〜9行目「<span th:if="${#fields.hasErrors('todo')}" th:errors="*{todo}" style="color: red;">」
は、バリデーションエラーがある場合にエラーメッセージを表示するためのものです。詳細に説
明します。

「th:if」属性は条件付きで要素を表示するために使われ、「${#fields.hasErrors(todo)}」でtodo
フィールドにバリデーションエラーがあるかどうかをチェックします。エラーがある場合はtrue

を返し、その場合<span>要素が表示されます。

「th:errors」属性は、指定されたフィールドのバリデーションエラーメッセージを表示します。「*{todo }」は、ToDoFormのtodoプロパティに関連するエラーメッセージを表示することを示します。

「style="color: red;"」属性は、エラーメッセージのテキスト色を赤に設定します。

20行目〜21行目も同様の処理になります。

「form」→「controller」→「view」の作成が完了しました。

14-2-4 動作確認

「入力チェック」の実装が完了しました。これでToDoの登録および編集処理にバリデーションチェックが適用されています。Webアプリケーションを起動し、これらのチェックが正常に機能しているかを動作確認してみましょう。

01 バリデーションチェック：登録画面

「Bootダッシュボード」で「webapp」を選択し、プロジェクトを起動します。ブラウザを立ち上げURL「http://localhost:8080/todos」を指定し、表示された「ToDo一覧画面」の「新規登録」リンクをクリックして「新規ToDo登録画面」を表示します。ToDo、詳細項目を未入力で登録ボタンをクリックして、バリデーションエラーメッセージが表示されることを確認します（**図14.8**）。

図14.8　ToDo登録画面1

詳細項目に101文字を入力しても、バリデーションエラーメッセージが表示されることを確認します（**図14.9**）。

図14.9　ToDo登録画面2

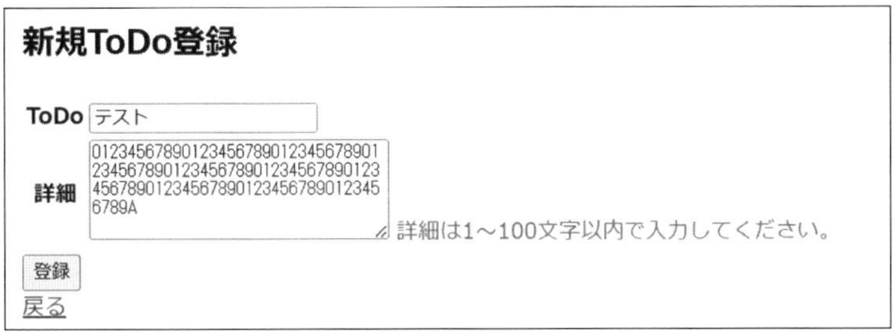

バリデーションチェック：更新画面

　「ToDo一覧画面」の「ID：1」のレコードの「詳細」リンクをクリックして「ToDo詳細画面」を表示します。「編集」リンクをクリックして「ToDo編集画面」を表示します。ToDo、詳細項目を未入力に修正し、更新ボタンをクリックして、バリデーションエラーメッセージが表示されることを確認します（**図14.10**）。

図14.10 ToDo 編集画面1

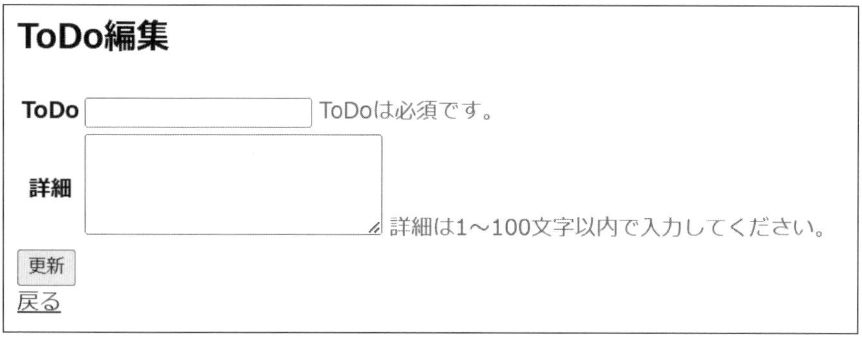

　詳細項目に101文字を入力しても、バリデーションエラーメッセージが表示されることを確認します（**図14.11**）。

図14.11 ToDo 編集画面2

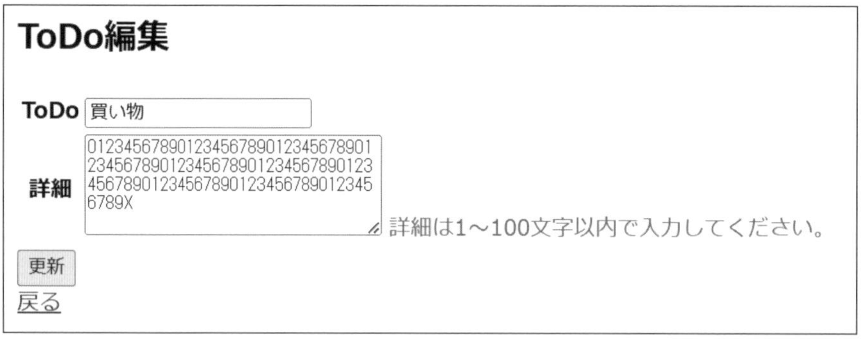

　これで「ToDoアプリ」は、どんな値でも登録・更新されてしまう「ノーガード」状態から、不正な値から「ToDoアプリ」を守る「入力チェック」という盾を手に入れました。

第 **15** 章

ログイン認証を
実装しよう

15-1 Spring Securityの概要

この章からは少し難易度が上がります。「認証 (**Authentication**)」とは、ユーザーが自身の身元を証明する方法のことです。簡単に言えば、これは「ログイン処理」に相当します。**Spring**には「ログイン処理」を容易に実装できる機能が備わっています。

15-1-1 Spring Securityとは？

Spring Securityは、認証や認可、およびその他多くのセキュリティ対策を簡易に実装できるSpringプロジェクトが提供するフレームワークです。多機能であるため、ビギナーの方にはやや敷居が高いかもしれません。本書ではSpring Securityの基本的な部分について説明します (**図15.1**)。より深い理解を求める方は、他の書籍を参照して学習してください。

図15.1 Spring Security

認証と認可

Spring Securityが提供する「認証」と「認可」について、**表15.1**に示します。

表15.1 認証と認可

言葉	説明
認証 (Authentication)	ユーザーが自分の身元を証明する方法。簡単に言うと「ログイン」のことです
認可 (Authorization)	認証されたユーザーが特定のリソースにアクセスできるかどうかを決定する方法。簡単に言うと「権限」のことです

15-1-2　メニュー画面の作成

　Spring Securityの説明に入る前に、後に作成する「ログイン画面」で「認証」が成功した場合、「メニュー画面」に遷移させたいため、まずは「メニュー画面」を作成します。メニュー画面には、「ToDo一覧へのリンク」を設置します。

01　Controllerの作成

　メニュー用のControllerを作成します。「webapp」の「src/main/java」フォルダを選択し、マウスを右クリックし、「新規」→「クラス」を選択します。クラス設定画面にて以下の「設定内容」を記述後、「完了」ボタンを押します。

○ 設定内容

パッケージ	com.example.webapp.controller
名前	MenuController

※　他はデフォルト設定

　「MenuController」クラスの内容は**リスト15.1**のようになります。

リスト15.1　**MenuController**

```
001:    package com.example.webapp.controller;
002:
003:    import org.springframework.stereotype.Controller;
004:    import org.springframework.web.bind.annotation.GetMapping;
005:    import org.springframework.web.bind.annotation.RequestMapping;
006:
007:    /**
008:     * Menu：コントローラ
009:     */
010:    @Controller
011:    @RequestMapping("/")
012.    public class MenuController {
013:
014:        /**
015:         * メニュー画面を表示する
016:         */
017:        @GetMapping
018:        public String showMenu() {
019:            // templatesフォルダ配下のmenu.htmlに遷移
020:            return "menu";
021:        }
022:    }
```

URL「http://localhost:8080/」で、メニュー画面に遷移するリクエストハンドラーメソッドのみ記述しています。

02 Viewの作成（メニュー画面）

「templates」フォルダ配下にメニュー画面用の「menu.html」ファイルを作成します。

「webapp」の「src/main/resources」フォルダを選択し、マウスを右クリックし、「新規」→「HTMLファイル」を選択します。HTML設定画面にて以下の「設定内容」を記述後、「完了」ボタンを押します。

○ 設定内容

親フォルダを入力または選択	webapp/src/main/resources/templates
ファイル名	menu.html

※ 他はデフォルト設定

「menu.html」ファイルの内容を**リスト15.2**のように記述します。

リスト15.2 menu.html

```
001: <!DOCTYPE html>
002: <html xmlns:th="http://www.thymeleaf.org">
003: <head>
004:     <title>メニュー</title>
005: </head>
006: <body>
007:     <h2>メニュー画面</h2>
008:     <hr>
009:     <a th:href="@{/todos}">ToDo一覧へ</a>
010: </body>
011: </html>
```

9行目に「ToDo一覧画面」に遷移するリンクが記述されています。

03 動作確認

「Bootダッシュボード」で「webapp」を選択し、プロジェクトを起動します。ブラウザを立ち上げURL「http://localhost:8080/」を指定すると「メニュー画面」が表示されます（**図15.2**）。

図15.2 メニュー

メニュー画面

ToDo一覧へ

Section

15-2 Spring Securityを導入しよう

Spring SecurityをSpring Bootプロジェクトに導入するには、「**build.gradle**」に依存関係を追加します。

15-2-1 「Spring Initializr」で依存関係を追加

URL「https://start.spring.io/」にアクセスして、「Spring Initializr」を表示します。
画面右にある「Dependencies」の横にある「ADD DEPENDENCIES」をクリックします。
「spring security」と入力して、表示された「Spring Security」をクリックします（**図15.3**）。

図15.3 ADD DEPENDENCIES1

```
spring security|                                    Press Ctrl for multiple adds

Spring Security    SECURITY                                              ↵
Highly customizable authentication and access-control framework for Spring applications.
```

画面下にある「EXPLORE」をクリックします（**図15.4**）。

図15.4 ADD DEPENDENCIES2

```
GENERATE  CTRL + ↵      EXPLORE  CTRL + SPACE      SHARE...
```

　表示された画面の「dependencies」のブロックに注目し、「implementation 'org.springframework.boot:spring-boot-starter-security'」 と「testImplementation 'org.springframework.security:spring-security-test'」をコピーします（**図15.5**）。

図15.5 ADD DEPENDENCIES3

```
18   dependencies {
19     implementation 'org.springframework.boot:spring-boot-starter-security'
20     testImplementation 'org.springframework.boot:spring-boot-starter-test'
21     testImplementation 'org.springframework.security:spring-security-test'
22   }
```

Gradleにおける「implementation 'org.springframework.boot:spring-boot-starter-security'」という記述は、Spring Bootアプリケーションにセキュリティ機能を簡単に組み込むための依存関係です。この依存関係をプロジェクトのビルド設定に追加することで、Spring Securityの機能をアプリケーション内で利用できるようになります。適切なセキュリティ設定を施すことで、アプリケーションを保護することが可能です。

また、Gradleの「testImplementation 'org.springframework.security:spring-security-test'」は、Spring BootプロジェクトでSpring Securityに関連するテストを行う際に使用される依存関係です。この依存関係はテスト実行時にのみ必要で、主にセキュリティ機能を含むアプリケーションのテストをサポートするために使われます（本書ではSpring Securityのテストに関する詳細は扱いません）。

Spring Initializrの使用が完了したら、その画面を閉じてください。次に、eclipseで開いている「webapp」プロジェクトを参照し、「build.gradle」ファイル内の「dependencies」ブロックに、先ほどコピーした以下の2行を追加します（**リスト15.3**）。

リスト15.3 build.gradle

```
001: dependencies {
002:     implementation 'org.springframework.boot:spring-boot-starter-thymeleaf'
003:     implementation 'org.springframework.boot:spring-boot-starter-validation'
004:     implementation 'org.springframework.boot:spring-boot-starter-web'
005:     implementation 'org.mybatis.spring.boot:mybatis-spring-boot-starter:3.0.3'
006:     implementation 'org.springframework.boot:spring-boot-starter-security'
007:     compileOnly 'org.projectlombok:lombok'
008:     developmentOnly 'org.springframework.boot:spring-boot-devtools'
009:     runtimeOnly 'org.postgresql:postgresql'
010:     annotationProcessor 'org.projectlombok:lombok'
011:     testImplementation 'org.springframework.boot:spring-boot-starter-test'
012:     testImplementation 'org.springframework.security:spring-security-test'
013:     testImplementation 'org.mybatis.spring.boot:mybatis-spring-boot-starter-
     test:3.0.3'
014: }
```

6行目「implementation 'org.springframework.boot:spring-boot-starter-security'」により、Spring Bootアプリケーションにセキュリティ機能が組み込まれます。

12行目「testImplementation 'org.springframework.security:spring-security-test'」は、セキュリティ機能を含むアプリケーションのテストをサポートするための依存関係です。

「build.gradle」に記述を追加した後は、このファイルをリフレッシュして設定を更新する必要があります。これを行うには、eclipseのパッケージ・エクスプローラーで「build.gradle」ファイルを選択し、右クリックメニューから「Gradle」→「Gradleプロジェクトのリフレッシュ」を選びます。この操作により、設定が更新され、プロジェクト内でSpring Securityのバリデーション機能を使用できるようになります。

15-2-2 デフォルト設定の確認

Spring Securityをプロジェクトに依存関係として追加すると、いくつかの基本的なセキュリティ機能が自動的に有効化されます。これらの機能を実際に動かしながら確認していきましょう。

01 ログイン

フォームベース認証は、Webアプリケーションで広く使われている認証方法の一つです。この方法では、ユーザーがWebページのフォームに「ユーザー名」と「パスワード」を入力し、それを用いてシステムにログインします。

Spring Securityをプロジェクトの依存関係に追加すると、自動的にデフォルトのログイン画面が用意され、フォームベース認証が可能になります。

eclipseの「Bootダッシュボード」で「webapp」を選択しアプリケーションを起動します。その後、ブラウザで「http://localhost:8080/login」にアクセスすると、デフォルトのログイン画面が表示されます（**図15.6**）。Spring Securityが使用するデフォルトのユーザー名は「user」です。

図15.6 デフォルトのログイン画面

Please sign in

Username

Password

Sign in

パスワードは、eclipseのコンソール上にランダムに生成されたパスワードを表示します（**図15.7**）。

図15.7 デフォルトのパスワード

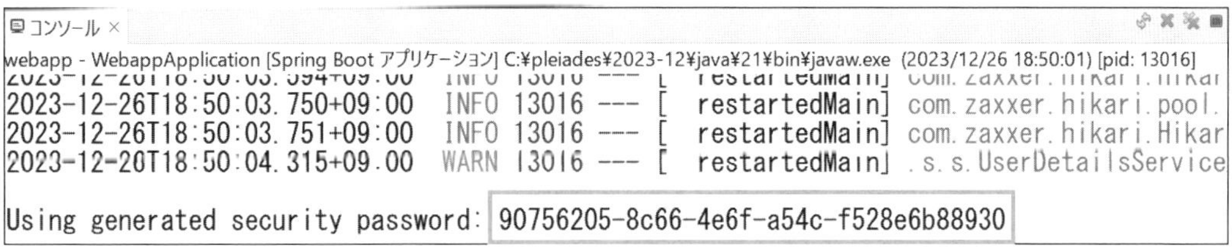

```
コンソール ×
webapp - WebappApplication [Spring Boot アプリケーション] C:¥pleiades¥2023-12¥java¥21¥bin¥javaw.exe (2023/12/26 18:50:01) [pid: 13016]
2023-12-26T18:50:03.994+09:00  INFO 13016 --- [   restartedMain] com.zaxxer.hikari.Hikari
2023-12-26T18:50:03.750+09:00  INFO 13016 --- [   restartedMain] com.zaxxer.hikari.pool.
2023-12-26T18:50:03.751+09:00  INFO 13016 --- [   restartedMain] com.zaxxer.hikari.Hikari
2023-12-26T18:50:04.315+09:00  WARN 13016 --- [   restartedMain] .s.s.UserDetailsService

Using generated security password: 90756205-8c66-4e6f-a54c-f528e6b88930
```

図15.8にデフォルト認証の動きを示します。

デフォルトのログイン画面で「username」欄に「user」、そして「password」欄にターミナルに表示されたランダムな文字列を入力し、「Sign in」ボタンをクリックします。Spring Securityを

プロジェクトに追加した場合、初期設定では、正しいユーザー名とパスワードでログインに成功することで「http://localhost:8080/」にリダイレクトされます。

これにより、以前に作成した「メニュー画面」が表示されます。

図15.8 デフォルト認証の動き

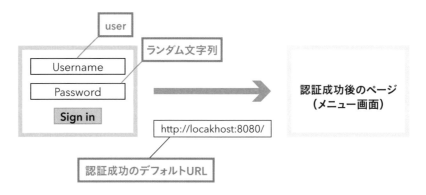

02 ログアウト

Spring Securityは、デフォルトでログアウト機能を提供しています。ログアウトするには、URL「/logout」に対してPOSTリクエストを送信します。これにより、ログアウト処理が実行されます。

次に、このログアウト機能を「メニュー画面」に組み込んでみましょう。

○ 修正内容

親フォルダを入力または選択	webapp/src/main/resources/templates
ファイル名	menu.html

「menu.html」の内容はリスト15.4のようになります。

リスト15.4 menu.html

```
001:  <!DOCTYPE html>
002:  <html xmlns:th="http://www.thymeleaf.org">
003:  <head>
004:      <title>メニュー</title>
005:  </head>
006:  <body>
007:      <h2>メニュー画面</h2>
008:      <hr>
009:      <a th:href="@{/todos}">ToDo一覧へ</a>
010:      <br>
011:      <!-- ログアウト -->
```

```
012:        <form th:action="@{/logout}" method="post">
013:            <input type="submit" value="ログアウト">
014:        </form>
015:    </body>
016:    </html>
```

　12行目～14行目にてURL「/logout」に対するPOSTリクエストを送信する「ログアウト」ボタンを追加します。

　eclipseの「Bootダッシュボード」で「webapp」を選択し、プロジェクトを起動します。ブラウザを立ち上げURL「http://localhost:8080/login」を指定し表示された「デフォルトのログイン画面」にて「username」に「user」、「password」にターミナルに表示されたランダムな文字列を入力して、「Sign in」ボタンをクリックします。ログアウトボタンが追加された「メニュー画面」が表示されます（**図15.9**）。なお、セッションの状態によっては、はじめからメニュー画面が表示される場合があります。その場合は、「ログアウト」ボタンをクリックしログイン画面を表示してください。

図15.9　ログアウト1

メニュー画面

ToDo一覧へ
ログアウト

　ログアウトボタンをクリックすることで、ログアウトが実行され、デフォルトのログイン画面に遷移します（**図15.10**）。

図15.10　ログアウト2

Please sign in

You have been signed out

Username

Password

Sign in

03 セキュリティチェック

Spring Securityをプロジェクトの依存関係に加えると、デフォルトの設定によりアプリケーションの全てのURLへのアクセスに認証が必要になります。認証されていないユーザーがアプリケーションのURLにアクセスしようとした場合、Spring Securityはセキュリティチェックを行い、ログインページへリダイレクトします。

アプリケーションを起動した後、認証されていない状態で「ToDo一覧」のURL「http://localhost:8080/todos」にアクセスしてみましょう。すると、リダイレクトが実行され、デフォルトのログイン画面が表示されます。このプロセスのイメージを**図15.11**に示しています。

図15.11 セキュリティチェック

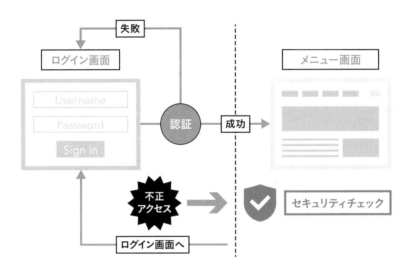

Spring Securityのデフォルト設定を説明してきましたが、実際にSpring Securityを使用する場合は、デフォルト設定ではアプリケーションの要件を完全に満たせない場合があります。そんな時は、実際の使用状況に合わせてセキュリティ設定をカスタマイズしましょう。

15-2-3 カスタマイズ設定の概要

Spring Securityのカスタマイズは、アプリケーションのセキュリティ要件に応じて、様々なセキュリティ機能を調整するために重要です。このカスタマイズには、URLベースのアクセス制御、カスタムログインフォームの作成、さまざまな認証メカニズムの設定などが含まれます。

ビギナーの方にとっては、Spring Securityのカスタマイズ設定が難しく感じられるかもしれませんが、理解の第一歩として覚えておくべき重要なキーワードが「UserDetails」と「UserDetailsService」です。多くの設定項目がありますが、まずはこれらのキーワードを意識してください（**表15.2**）。

表15.2 「UserDetails」と「UserDetailsService」

言葉	説明
UserDetails	認証されるユーザーの情報を表すインターフェース
UserDetailsService	UserDetailsを認証するためのサービス

本書では、カスタマイズ設定を「ToDoアプリ」に導入する内容をページの都合で説明できませんが、本書を最後まで読んでいただけたら上記の問題を解決していますので、最後まで読んでくれたら幸いです。

Column | SpringSecurityの重要性

Spring Securityの重要性を以下に示します。

- 認証と認可
  Spring Securityは、ユーザーが誰であるかを確認する認証プロセスと、ユーザーがアクセスを許可されたリソースのみにアクセスできるようにする認可プロセスを提供します。
- セキュアなパスワード
  パスワードを安全に保存するためのハッシュ化を提供し、セキュリティを強化します。
- セッション管理
  ユーザーセッションを管理し、セッションハイジャック[1]などを防ぐ機能を提供します。
- カスタマイズと拡張性
  設定や実装をカスタマイズして、特定のセキュリティ要件に合わせることができます。これにより、アプリケーションに最適なセキュリティ対策を施すことが可能です。
- CSRF（クロスサイトリクエストフォージェリ）保護
  不正なサイトからの意図しないリクエストを防ぐための保護機能を提供し、アプリケーションをより安全にします。

[1] セッションハイジャックとは、不正なユーザーが他のユーザーのセッションIDを盗み取り、そのユーザーとしてWebアプリケーションにアクセスする攻撃のことです。

認可処理とは何でしょうか？認可（Authorization）は、ユーザーやシステムが特定の
リソースへのアクセスや操作を許可するプロセスのことを指します。つまり「権限」です。
Spring Securityには「認可処理」を簡易に実装できる機能があります。

15-3-1 Spring Securityの認可

Spring Securityにおける認可は、アプリケーションの安全性と利便性を高めるための重要な
機能です。適切に設定された認可ルールにより、ユーザーに必要な権限のみが付与され、アプリ
ケーションのセキュリティが強化されます。下記にSpring Securityによる認可の種類を示します。

- アクセスコントロール
  認可は、ユーザーが特定のアクション（ボタン押下など）を実行する権限を持っているかど
  うかをチェックします。
- 権限ベースのアクセスコントロール
  ユーザーには異なる「権限」（管理者、一般ユーザーなど）が割り当てられ、これらの権限に
  基づいてアクセス権が決定されます。
- アノテーションによる認可
  Spring Securityは、プログラムのメソッドレベルでの認可をサポートしています。@
  PreAuthorize, @PostAuthorize, @Securedなどのアノテーションを使用して、特定のロールを
  持つユーザーのみがメソッドを実行できるように制限できます。

本書では、「アノテーションによる認可」については説明しません。

15-3-2 認証と認可の違い

認証（Authentication）は、ユーザーが本人であることを確認するプロセス（簡単に言うとログ
イン）、認可（Authorization）は、ユーザーが特定のリソースや機能にアクセスする権限がある
かを決定するプロセス（簡単に言うと権限）です。認証と認可のイメージを図15.12に示します。

図15.12 認証と認可のイメージ

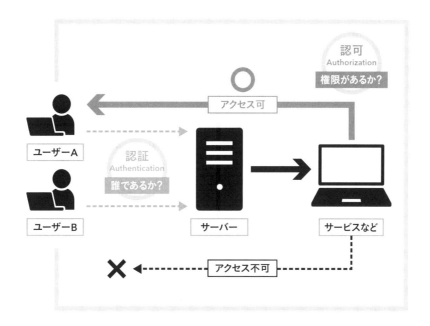

15-3-3 依存関係の追加

認可の基本が理解できたので、「認可」処理をアプリケーションに取り入れましょう。今回は
テンプレートエンジンに「Thymeleaf」を使用しています。まず初めに、「Spring Security」と
「Thymeleaf」を連携させるために必要な依存関係を「build.gradle」ファイルに追加します。

eclipseのwebappプロジェクト内「build.gradle」ファイルの「dependencies」ブロックに
「implementation 'org.thymeleaf.extras:thymeleaf-extras-springsecurity6'」を貼り付けます（**リ
スト15.5**）。

リスト15.5 build.gradle

```
001:   dependencies {
002:       implementation 'org.springframework.boot:spring-boot-starter-thymeleaf'
003:       implementation 'org.springframework.boot:spring-boot-starter-validation'
004:       implementation 'org.springframework.boot:spring-boot-starter-web'
005:       implementation 'org.mybatis.spring.boot:mybatis-spring-boot-starter:3.0.3'
006:       implementation 'org.springframework.boot:spring-boot-starter-security'
007:       implementation 'org.thymeleaf.extras:thymeleaf-extras-springsecurity6'
008:       compileOnly 'org.projectlombok:lombok'
009:       developmentOnly 'org.springframework.boot:spring-boot-devtools'
010:       runtimeOnly 'org.postgresql:postgresql'
011:       annotationProcessor 'org.projectlombok:lombok'
012:       testImplementation 'org.springframework.boot:spring-boot-starter-test'
```

```
013:        testImplementation 'org.springframework.security:spring-security-test'
014:        testImplementation 'org.mybatis.spring.boot:mybatis-spring-boot-starter-
        test:3.0.3'
015:    }
```

7行目「org.thymeleaf.extras:thymeleaf-extras-springsecurity6」は、Thymeleafテンプレート
エンジンとSpring Security 6を統合するためのライブラリです。このライブラリを使用すること
で、Thymeleafテンプレート内で直接、Spring Securityの認証情報や認可ルールを利用すること
ができます。

記述を貼り付けた後は、「build.gradle」をリフレッシュして設定を更新します。パッケージ・
エクスプローラーの「build.gradle」を選択します（図15.13）。

図15.13 build.gradle

```
> 📂 webapp
  🐘 build.gradle
  📄 gradlew
  📄 gradlew.bat
  📄 HELP.md
  🐘 settings.gradle
```

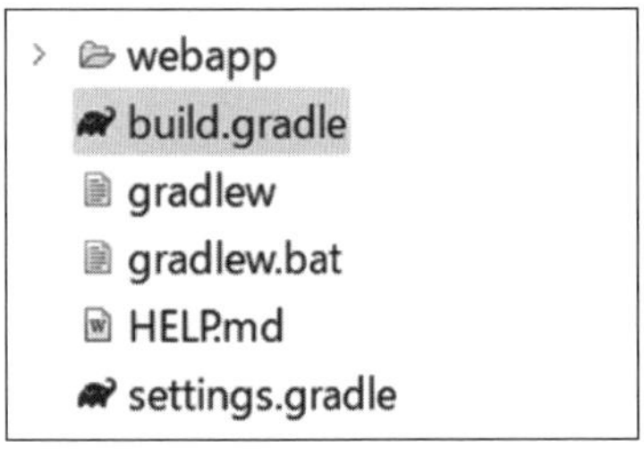

右クリック「Gradle」→「Gradleプロジェクトのリフレッシュ」を実行し、設定内容を更新する
ことで、プロジェクト内のThymeleafテンプレートで直接、Spring Securityの機能が使用でき
るようになります。

使用してみる

認証が成功した後に表示される「メニュー画面」を修正することで、Thymeleafテンプレート
で直接、Spring Securityの機能が使用できるようになったことを確認しましょう。

○ 修正内容

親フォルダーを入力または選択	webapp/src/main/resources/templates
ファイル名	menu.html

「menu.html」の内容は**リスト15.6**のようになります。

リスト 15.6 menu.html

```
001:  <!DOCTYPE html>
002:  <html xmlns:th="http://www.thymeleaf.org"
003:        xmlns:sec="http://www.thymeleaf.org/thymeleaf-extras-springsecurity6">
004:  <head>
005:      <title>メニュー</title>
006:  </head>
007:  <body>
008:      <h2>メニュー画面</h2>
009:      <hr>
010:      <a th:href="@{/todos}">ToDo一覧へ</a>
011:      <div sec:authentication="name">
012:          ログイン情報のname値に書き換わる
013:      </div>
014:      <div sec:authorize="isAuthenticated()">
015:          認証された場合のみ表示
016:      </div>
017:      <br>
018:      <!-- ログアウト -->
019:      <form th:action="@{/logout}" method="post">
020:          <input type="submit" value="ログアウト">
021:      </form>
022:  </body>
023:  </html>
```

3行目「xmlns:sec="http://www.thymeleaf.org/thymeleaf-extras-springsecurity6"」は、HTML
ドキュメント内でsecという名前空間を使用することを宣言しています。secはThymeleafのテ
ンプレートでSpring Securityに関連する機能を利用する際に使います。このプレフィックスを
定義することで、Thymeleafテンプレート内でsec:を使った属性を使用できるようになります。

11行目「sec:authentication="name"」は、現在ログインしているユーザーの名前（username）
を表示するためのものです。Spring Securityによって認証されたユーザーの名前を取得し、そ
の値でHTML内のテキストを動的に置き換えます。つまり、このdiv要素の中身は、ユーザーが
ログインしている場合にはそのユーザーの名前に書き換わります。

14行目「sec:authorize="isAuthenticated()"」は、ユーザーが認証（ログイン）されている場合
にのみ表示されるコンテンツを制御するためのものです。ユーザーが認証されているかどうかを
チェックし、認証されている場合に限り、このdiv要素内のコンテンツを表示することができます。

「sec名前空間」を使用することで、Spring Securityの認証情報に基づいてWebページの表示
内容を動的に変更することができます。これにより、ユーザーのログイン状態に応じたカスタマ
イズされたUX（ユーザーエクスペリエンス）を提供することが可能になります[注1]。

(注1)　UX（ユーザーエクスペリエンス）とは、製品やサービスを使ったときのユーザーの全体的な体験です。これには、使
　　　いやすさ、満足感、そして良い印象など、ユーザーが感じるすべてのことが含まれます。

15-4 カスタムエラーページ とは？

Webアプリケーション作成時、ユーザーが間違ったページにアクセスしたり、予期せぬエラーが発生したりすることがあります。そんな時に、わかりやすい「エラーページ」を表示することで、ユーザーの混乱を防ぎます。Springでは、このようなカスタムエラーページを簡単に設定できる機能があります（この機能はSpring Securityの機能ではありません）。

15-4-1 カスタムエラーページの作成

ユーザーが遭遇する可能性のある一般的なエラー（例えば、404：ページが見つからない）に対して、より分かり易いエラーページを提供することで、UX（ユーザーエクスペリエンス）を向上させるのに役立ちます。ここでは、簡単な手順でこれらのカスタムエラーページを作成する方法を説明します。

■ 作成方法

Spring Bootでは、アプリケーションでエラーが発生した際に表示されるエラーページを簡単に作成することが可能です。

作成方法は、「src/main/resources/templates」ディレクトリ配下に「error」フォルダを作成し、そのフォルダ内に「エラーコード.html」ファイルを配置します。たとえば、404.htmlはHTTP 404エラー（ページが見つからない）に対応し、500.htmlはHTTP 500エラー（サーバー内部エラー）に対応します。

■ カスタムエラーページの作成（404：ページが見つからない）

ステータスコード：404に対応するカスタムエラーページを作成します。

○ 設定内容

親フォルダーを入力または選択	webapp/src/main/resources/templates/error
ファイル名	404.html

「404.html」の内容はリスト15.7のようになります。

リスト15.7 404.html

```
001:    <!DOCTYPE html>
002:    <html xmlns:th="http://www.thymeleaf.org">
003:    <head>
004:        <title>404</title>
005:    </head>
006:    <body>
007:        <h2>404 - ページが見つからない</h2>
008:        <div>
009:            対応するページが存在しません。
010:        </div>
011:        <a th:href="@{/}">メニューへ</a>
012:    </body>
013:    </html>
```

「ステータスコード：404」に対応する、ページが存在しないことがわかるようなレイアウトにしています。

□ ここまでの動作確認

eclipseの「Bootダッシュボード」で「webapp」を選択し、プロジェクトを起動します。ブラウザを立ち上げURL「http://localhost:8080/login」を指定し表示された「デフォルトのログイン画面」にて「username」に「user」、「password」にターミナルに表示されたランダムな文字列を入力して、「Sign in」ボタンをクリックしログイン（認証）を成功させます。

ブラウザのアドレスバーにURL「http://localhost:8080/unknown」を指定します。指定したURLに対するページが見つからない旨のカスタムエラーページが表示されます（**図15.14**）。

図15.14 404.html

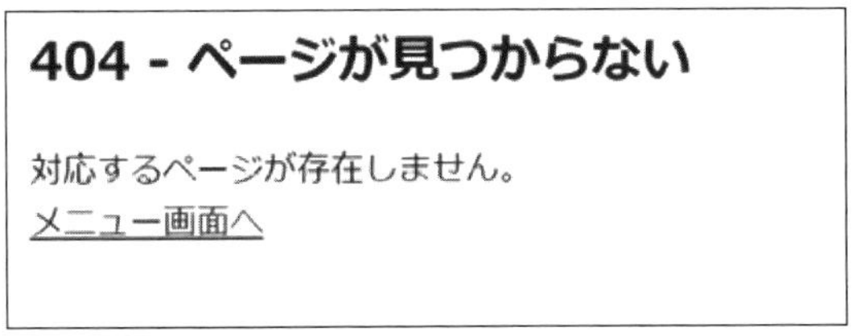

404 - ページが見つからない

対応するページが存在しません。
メニュー画面へ

15-4-2 終わりに

Spring Securityは、初心者にとってかなり高度な内容を含んでいます。そのため、本一冊分にも相当するほど、多岐にわたる設定オプションが存在します。「作成したToDoアプリ」へのSpring Securityを使用した「カスタムログイン設定」、「認可機能」の導入については、本書の書籍ページ数を大幅に超えてしまうことから、本文中に詳細に記載することができませんでした。

しかし、私はビギナーの方にもSpring Securityの基本を理解し、学んでいただきたいと考えています。そこで、ボーナストラックとして「作成したToDoアプリ」へのSpring Securityを使用した「カスタムログイン設定」、「認可機能」の導入について解説した約50ページの追加テキストをPDF形式で用意しました。このテキストは、技術評論社の指定のURLからダウンロード可能です。

ダウンロード方法

技術評論社の指定のURLから、PDFをダウンロードしてください。

https://gihyo.jp/book/2024/978-4-297-14049-6/support

Column │ 一般的なエラーページ

Spring MVCで一般的に用意するカスタムエラーページには、以下のようなものがあります。これらのエラーページを用意することで、エラーが発生した際に、ユーザーがより良いエクスペリエンスを得られるように役立ちます。

○ **404 Not Found**
- ファイル名 ： 404.html
- 概要 ： ユーザーが存在しないページにアクセスしたときに表示されます。
- 使い方 ： 「お探しのページは見つかりませんでした」といったメッセージと共に、ホームページへのリンクやサイトマップへのリンクを提供することが一般的です。

○ **403 Forbidden**
- ファイル名 ： 403.html
- 概要 ： ユーザーがアクセス権限のないリソースにアクセスしようとしたときに表示されます。
- 使い方 ： アクセス権限がないことを通知し、必要に応じてログインページへのリンクを提供することがあります。

○ **500 Internal Server Error**
- ファイル名 ： 500.html
- 概要 ： サーバー内部でエラーが発生したときに表示されます。
- 使い方 ： 「サーバー内部でエラーが発生しました。問題を解決しています」といったメッセージを表示し、ユーザーに対してサイト管理者への連絡方法や、後で再度試してみるよう案内することがあります。

サンプルファイルの使用方法

　プログラミングを学び始める際には、新しい概念やツール、コードの書き方など覚えることがたくさんあります。サンプルファイルを効率的に使用することで、誤字脱字によるプログラムエラーのストレスから解放され、プログラムに注力しましょう。

◎ サンプルファイルの使用

　技術評論社の以下のWebサイトからリンプルファイルをダウンロードし.解凍します。解凍されたフォルダには「リスト」フォルダと「完成プロジェクト」フォルダが格納されています（図A.1）。

URL：https://gihyo.jp/book/2024/978-4-297-14049-6/support

図A.1　サンプルファイルのフォルダ構成

- 「リスト」フォルダ
  書籍内に記述されているリストが全て提供されています。書籍内では部分的な記述の場合も、提供されるリストでは全体が提供され、書籍内で記述されている部分はコメントで強調されています。
  自身でプロジェクトやファイルを作成後、対応するリストを「コピー＆ペースト」してファイルを完成させてください。
- 「完成プロジェクト」フォルダ
  章ごとに作成した各プロジェクトが提供されています。はじめから最終的な動きを確認したい場合は、対象の完成プロジェクトをご自身のIDEにインポートしてください。インポート方法は、書籍内で紹介しているSpring Initializrで作成したプロジェクトのインポート方法と同様です。

おわりに

　筆者はIT講師を生業としています。長期研修時に受講者の方へ私から毎回お話させて頂いている内容を最後に話させて頂きます。

　「ウサギとカメ」という童話には、心に残る教訓が込められています。物語は、自信過剰なウサギと、着実に進むカメのレースから始まります。ウサギは自分の速さを過信し、途中で休憩を取ってしまいます。一方で、カメは一歩一歩、着実に前進し続けました。最終的に、ウサギが目を覚ましたとき、カメは既にゴールしていたのです。

　この物語から私たちは、他人と自分を比較することなく、自分のペースでコツコツと進む大切さを学びます。人にはそれぞれの学び方があり、速いペースで進む人もいれば、じっくりと時間をかける人もいます。重要なのは、自分自身の成長を感じることです。

　プログラミングの学習においても、この教訓は同じく当てはまります。他人と比べることなく、自分だけのペースで着実にスキルを積み上げていくことが重要です。私が考える効率的な学習方法を以下に紹介します。これがビギナーの方にとって、一歩一歩前に進むためのヒントになればと思います。

○ 自分の学習スタイルを理解する

　人によって効果的な学習方法は異なります。視覚的に学ぶ人、聴覚的に学ぶ人、実際に手を動かして学ぶ人など、自分にあった学習スタイルを見つけましょう。

- 目標設定
  学習の目標を明確に設定することで「モチベーション」を保ちましょう。
- 反復的な復習
  新しい情報を定着させるためには、反復的な復習が必要です。学んだことを反復的に復習し、理解を深めましょう。
- ChatAIの活用
  ChatAIは、質問に対する答えを提供したり、新しいトピックについての情報を提供したりすることで、効率的な学習をサポートします。積極的に使用しましょう。
- 休息
  効率的な学習のためには、適度な休息も必要です。休息をとることで、頭をリセットし、新しい情報を吸収する準備をしましょう。

　本書がビギナーの方のプログラム学習に対して「わかることを増やす」手助けになれることを願います。最後までお読みいただきありがとうございました。

著者プロフィール

樹下 雅章
（きのした　まさあき）

大学卒業後、ITベンチャー企業に入社し、様々な現場にて要件定義、設計、実装、テスト、納品、保守、全ての工程を経験。
SES、自社パッケージソフトの開発経験。その後大手食品会社の通販事業部にてシステム担当者としてベンダーコントロールを担当。
事業部撤退を機会に株式会社フルネスに入社し現在はIT教育に従事。

カバーデザイン	菊池 祐（ライラック）
本文デザイン＆DTP	五野上 恵美
編集	原田 崇靖
技術評論社ホームページ	https://gihyo.jp/book/

■ 問い合わせについて

本書の内容に関するご質問は、下記の宛先までFAXまたは書面にてお送りください。なお電話によるご質問、および本書に記載されている内容以外の事柄に関するご質問にはお答えできかねます。あらかじめご了承ください。

なお、ご質問の際に記載いただいた個人情報は、ご質問の返答以外の目的には使用いたしません。また、ご質問の返答後は速やかに破棄させていただきます。

〒162-0846
新宿区市谷左内町 21-13
株式会社技術評論社　書籍編集部
「改訂新版　Spring Framework超入門
　やさしくわかるWebアプリ開発」　質問係

［FAX］　03-3513-6167
［URL］　https://book.gihyo.jp/116

改訂新版
（かいていしんばん）
Spring Framework超入門
（スプリング　フレームワーク　ちょう にゅうもん）
やさしくわかるWebアプリ開発
（ウェブ　かいはつ）

2021年12月 9日　初 版　第1刷発行
2024年 4月30日　第2版　第1刷発行

著　者	樹下 雅章（きのした まさあき）
発行者	片岡 巌
発行所	株式会社 技術評論社
	東京都新宿区市谷左内町 21-13
	電話　03-3513-6150　販売促進部
	03-3513-6160　書籍編集部
印刷／製本	図書印刷株式会社

定価はカバーに表示してあります。

ISBN978-4-297-14049-6　C3055
Printed in Japan